国家林业局普通高等教育"十三五"规划教材

机械三维创新设计

沈嵘枫　主编

U0199374

中国林业出版社

内 容 简 介

　　本教材以 SolidWorks 2016 软件的中文版本为演示平台，全面介绍了 SolidWorks 2016 软件设计和操作内容，结合实例帮助读者从入门走向精通。全书共包含 9 章内容。本教材参考很多国内外的文献和培训整理而成，具有很强的实用性和广泛的适用性。在内容安排上，为了使读者更快地掌握该软件的基本功能，书中结合大量针对性的实例进行详细的操作过程描述，对 SolidWorks 2016 软件中的一些抽象的概念、命令和功能进行讲解，方便读者的使用和学习；在主要章节中还安排了习题，便于读者进一步巩固所学的知识。在写作上紧贴软件的实际操作界面，使初学者能够尽快上手，提高学习效率。

　　本教材内容全面、条理清晰、实例丰富、讲解详细，可作为大中专院校学生和各类培训学校学员相关课程的上课和上机练习教材。

图书在版编目（CIP）数据

机械三维创新设计／沈嵘枫主编. —北京：中国林业出版社，2017.6（2018.7重印）
国家林业局普通高等教育"十三五"规划教材
ISBN 978-7-5038-8998-1

Ⅰ．①机…　Ⅱ．①沈…　Ⅲ．①机械设计 – 高等学校 – 教材　Ⅳ．①TH122

中国版本图书馆 CIP 数据核字（2017）第 102111 号

国家林业和草原局生态文明教材及林业高校教材建设项目

中国林业出版社·教育出版分社

策划、责任编辑：张东晓
电话：（010）83143560　　　　传真：（010）83143516

出版发行　中国林业出版社（100009　北京市西城区德内大街刘海胡同 7 号）
　　　　　E-mail：jiaocaipublic@163.com　　电话：（010）83143500
　　　　　http://lycb.forestry.gov.cn
经　　销　新华书店
印　　刷　三河市祥达印刷包装有限公司
版　　次　2017 年 6 月第 1 版
印　　次　2018 年 7 月第 2 次印刷
开　　本　850mm×1168mm　1/16
印　　张　20.25
字　　数　592 千字
定　　价　45.00 元

前　言

SolidWorks 软件是基于 Windows 系统开发的三维软件。该软件以参数化特征造型为基础，具有功能强大、易学、易用等特点。应用到航空航天、汽车、机械、造船、通用机械、医疗器械和电子等诸多领域，备受广大群众的好评，许多高等院校也将 SolidWorks 软件作为本科生的教学和课程设计的首选软件。

本教材为学习 SolidWorks 2016 软件提供了快速入门和提高途径，内容全面，涵盖了产品设计的零件创建、产品装配和工程图制作的全过程。范例丰富，对软件中的主要命令和功能，先结合简单的范例进行讲解，然后安排一些较复杂的综合范例帮助读者深入学习和理解。讲解详细，条理清晰，保证自学的读者能独立学习和灵活运用 SolidWorks 2016 软件。写法独特，采用 SolidWorks 2016 软件真实的对话框、操控板和按钮等进行讲解，使初学者能够直观、准确地操作软件，从而大大地提高学习效率。

本教材主要包括 SolidWorks 2016 设计基础、绘制草图、实体特征设计、参考几何体和特征编辑、曲线与曲面设计、装配体、工程图设计、钣金和焊件设计、有限元结构分析等内容。每一章节都含有大型、综合的实例，操作步骤都有详细说明和清晰图例展示。全书内容安排遵循由浅入深、循序渐进的原则，力求读者看得懂、学得会、用得上，能够尽快地掌握 SolidWorks 2016 软件中操作和设计的诀窍。

本教材由福建农林大学沈嵘枫主编，参加本书编写的人员还有张小珍、林曙、许浩等。

本教材在编辑过程中，曾得到许多专家和同行的热情支持，并参考和借鉴了许多国内外公开出版和发表的文献，在此一并致谢。本教材的编写同时得到福建农林大学出版基金资助。

由于时间仓促，水平有限，书中可能存在不妥或疏漏之处，恳请广大读者批评指正，以便再次出版时修订。

读者可以通过 fjshenrf@163.com 与编者联系，我们将竭诚为您服务，共同促进技术进步。

沈嵘枫

2017 年 2 月

目　录

前　言

第 1 章　SolidWorks 2016 设计基础 ················· (1)

　　1.1　SolidWorks 2016 概述 ················· (1)

　　1.2　SolidWorks 软件基本操作 ················· (3)

　　1.3　SolidWorks 2016 操作界面 ················· (5)

　　1.4　SolidWorks 操作的快捷方式 ················· (16)

　　本章小结 ················· (17)

第 2 章　绘制草图 ················· (18)

　　2.1　草图的绘制基础 ················· (18)

　　2.2　草图的绘制 ················· (23)

　　2.3　草图绘制工具 ················· (32)

　　2.4　标注尺寸与尺寸驱动 ················· (44)

　　2.5　几何关系 ················· (50)

　　2.6　绘制草图实例 ················· (52)

　　本章小结 ················· (55)

第 3 章　实体特征设计 ················· (56)

　　3.1　拉伸凸台/基体特征 ················· (56)

　　3.2　旋转特征 ················· (65)

　　3.3　扫描特征 ················· (71)

　　3.4　放样特征 ················· (90)

　　3.5　综合实例分析 ················· (109)

　　本章小结 ················· (115)

第 4 章　参考几何体和特征编辑 ················· (116)

　　4.1　创建基准面 ················· (116)

　　4.2　创建基准轴 ················· (118)

　　4.3　坐标系 ················· (120)

4.4　参考点 ……………………………………………………………………（121）

4.5　建立基准综合范例 ………………………………………………………（123）

4.6　附加特征 …………………………………………………………………（124）

4.7　动态修改特征 ……………………………………………………………（144）

4.8　线性阵列特征 ……………………………………………………………（147）

4.9　圆周阵列特征 ……………………………………………………………（150）

4.10　镜向特征 ………………………………………………………………（151）

4.11　由表格驱动的阵列特征 ………………………………………………（152）

4.12　由草图驱动的阵列特征 ………………………………………………（153）

4.13　由曲线驱动的阵列特征 ………………………………………………（154）

4.14　填充阵列 ………………………………………………………………（155）

4.15　特征状态的压缩与解除压缩 …………………………………………（157）

4.16　操作特征应用 …………………………………………………………（158）

本章小结 ………………………………………………………………………（166）

第5章　曲线与曲面设计 ………………………………………………………（167）

5.1　曲线 ………………………………………………………………………（167）

5.2　曲面 ………………………………………………………………………（177）

本章小结 ………………………………………………………………………（190）

第6章　装配体 …………………………………………………………………（191）

6.1　装配体操作 ………………………………………………………………（191）

6.2　配合方式 …………………………………………………………………（194）

6.3　装配中的零部件操作 ……………………………………………………（196）

6.4　装配体的检查 ……………………………………………………………（201）

6.5　自底向上的装配综合实例 ………………………………………………（202）

6.6　自顶向下的装配综合实例 ………………………………………………（212）

6.7　SolidWorks 高级配合 …………………………………………………（215）

6.8　装配体工程图 ……………………………………………………………（220）

6.9　实例分析 …………………………………………………………………（223）

本章小结 ………………………………………………………………………（230）

第7章　工程图设计 ……………………………………………………………（231）

7.1　工程图概述 ………………………………………………………………（231）

7.2　标准视图 …………………………………………………………………（237）

7.3　派生工程图 ………………………………………………………………（239）

7.4　剖面视图 …………………………………………………………………（242）

7.5　工程图的尺寸标注和技术要求 …………………………………………（247）

7.6　工程图注解 ………………………………………………………………（250）

7.7　工程图综合应用 ……………………………………………………………（255）

7.8　自主练习 …………………………………………………………………………（258）

本章小结 …………………………………………………………………………………（259）

第 8 章　钣金和焊件设计………………………………………………………………（260）

8.1　钣金零件建模 ……………………………………………………………………（260）

8.2　焊件设计 …………………………………………………………………………（276）

本章小结 …………………………………………………………………………………（292）

第 9 章　有限元结构分析………………………………………………………………（293）

9.1　有限元结构分析概述 ……………………………………………………………（293）

9.2　SolidWorks Simulation 插件 …………………………………………………（294）

9.3　SolidWorks 零件有限元分析的一般过程 ……………………………………（298）

本章小结 …………………………………………………………………………………（315）

参考文献 …………………………………………………………………………………（316）

▶▶▶ 第 1 章　SolidWorks 2016 设计基础

SolidWorks 软件具有三大特点，分别是功能强大、易学易用和技术创新，这使得 SolidWorks 成为领先的、主流的三维 CAD 解决方案。它不仅能够提供不同的设计方案、减少设计过程中错误以及提高产品质量，同时对每个工程师和设计者来说，操作简单方便、易学易用。SolidWorks 2016 包含许多增强和改进功能，大多数功能可直接响应客户的要求。本章初步介绍 SolidWorks 操作界面的各个组成部分。

➲ 学习目标

了解 SolidWorks 2016 软件工作界面。

掌握 SolidWorks 的启动、退出和文件基本操作。

熟练掌握 SolidWorks 的快捷操作方法。

1.1　SolidWorks 2016 概述

1.1.1　SolidWorks 简介

SolidWorks 是美国 SolidWorks 公司开发的三维 CAD 产品，是实行数字化设计的造型软件，在国际上得到广泛应用。它同时具有开放的系统，添加各种插件后，可实现产品的三维建模、装配校验、运动仿真、有限元分析、加工仿真、数控加工及加工工艺的制定，以保证产品从设计、工程分析、工艺分析、加工模拟、产品制造过程中数据的一致性，从而真正实现产品的数字化设计和制造，并大幅度提高产品的设计效率和质量。

SolidWorks 是一个在 Windows 环境下进行机械设计的软件，是一个以设计功能为主的 CAD/CAE/CAM 软件，其界面操作完全使用 Windows 风格，具有人性化的操作界面，从而具备使用简单、操作方便的特点。SolidWorks 是一个基于特征、参数化的实体造型系统，具有强大的实体建模功能；同时也提供了二次开发的环境和开放的数据结构。

可见，SolidWorks 软件不止是简单的三维建模工具，而是一套高度集成的 CAD/CAE/CAM 一体化软件，是产品级的设计和制造系统，为工程师提供了功能强大的模拟工作平台。

1.1.2　主要设计特点

SolidWorks 是一款参变量式 CAD 设计软件。与传统的二维机械制图相比，参变量式 CAD 设计软件具有许多优越的性能，是当前机械制图设计软件的主流和发展方向。参变量式 CAD 设计软件是参数式和变量式 CAD 设计软件的通称。其中，参数式设计是 SolidWorks 最主要的设计特点。所谓参数式设计，是将零件尺寸的设计用参数描述，并在设计修改的过程中通过修改参数的数值改变零件的外形。SolidWorks 中的参数不仅代表了设计对象的相关外形尺寸，并且具有实质上的物理意义。例如，可以将系统参数(如体积、表面积、重心、三维坐标等)或者用户定义参数即用户按照设计流程需求所定义的参数(如密度、厚度等具有设计意义的物理量或字符)加入到设计构思中来表达设计思想。这不仅从根本上改变了设计理念,而且将设计的便捷性向前推进了一大步。用户可以运用强大的数学运算方式,建立各个尺寸参数间的关系式,使模型可以随时自动计算出应有的几何外形。

下面对 SolidWorks 参数式设计进行简单介绍。

(1)模型的真实性

利用 SolidWorks 设计出的是真实三维模型。这种三维实体模型弥补传统画结构和线结构的不足,将用户设计思想以最直观方式表现出来。用户可以借助系统参数,计算出产品的体积、面积、重心、重量以及惯性等参数,以便更清楚地了解产品的真实性,并进行组件装配等操作,在产品设计的过程中随时掌握设计重点,调整物理参数,省去了人为计算的时间。

(2)特征便捷性

初次使用 SolidWorks 的用户大多会对特征感到十分亲切。SolidWorks 中的特征正是基于人性化理念而设计的。孔、开槽、圆角等均被视为零件设计的基本特征,用户可以随时对其进行合理的、不违反几何原理的修正操作(如顺序调整、插入、删除、重新定义等)。

(3)数据库的单一性

SolidWorks 可以随时由三维实体模型生成二维工程图,并可以自动标示工程图的尺寸数据。设计者在三维实体模型中作任何数据的修正,其相关的二维工程图以及组合、制造等相关设计参数均会随之改变,这样既确保了数据的准确性和一致性,又避免了由于反复修正而耗费大量时间,有效地解决了人为改图产生的疏漏,减少了错误的发生。这种采用单一数据库、提供所谓双关联性的功能,也正符合了现代产业中同步工程的指导思想。

1.1.3 功能模块简介

在 SolidWorks 软件里有零件建模、装配体、工程图等基本模块,因为 SolidWorks 软件是一套基于特征的、参数化的三维设计软件,符合工程设计思维,并可以与 CAMWorks 及 DesignWork 等模块构成一套设计与制造相结合的 CAD/CAM/CAE 系统,使用它可以提高设计精度和设计效率;可以用插件的形式加进其他专业模块(如工业设计、模具设计、管路设计等)。

其特征是指可以用参数驱动的实体模型,是一个实体或者零件的具体构成之一,对应形状,具有工程上的意义;因此这里的基于特征就是指零件模型是由各种特征生成的,零件的设计其实就是各种特征的叠加。参数化是指对零件上各种特征分别进行各种约束,各个特征的形状和尺寸大小用变量参数来表示,其变量可以是常数,也可以是代数式;若一个特征的变量参数发生变化,则这个零件的这一个特征的几何形状或者尺寸大小将发生变化,与这个参数有关的内容都自动改变,用户不需要自己修改。这里介绍零件建模、装配体、工程图等基本模块的特点。

(1)零件建模

SolidWorks 提供了基于特征的、参数化的实体建模功能,可以通过特征工具进行拉伸、旋转、抽壳、阵列、拉伸切除、扫描、扫描切除、放样等操作完成零件的建模。建模后的零件,可以生成零件的工程图,还可以插入装配体中形成装配关系,并且生成数控代码,直接进行零件加工。

(2)装配体

在 SolidWorks 中自上而下生成新零件时,要参考其他零件并保持这种参数关系,在装配环境里,可以方便地设计和修改零部件。在自下而上的设计中,可利用已有的三维零件模型,将两个或者多个零件按照一定的约束关系进行组装,形成产品的虚拟装配,还可以进行运动分析、干涉检查等,因此可以形成产品的真实效果图。

（3）工程图

利用零件及其装配实体模型，可以自动生成零件及装配的工程图，需要指定模型的投影方向或者剖切位置等，就可以得到需要的图形，且工程图是全相关的，当修改图纸的尺寸时，零件模型，各个视图及装配体都自动更新。

1.2　SolidWorks 软件基本操作

要使用一个软件，首先要了解该软件在操作系统中如何启动和退出，一般软件的启动和退出方法和微软其他软件的启动和退出类似。

1.2.1　SolidWorks 的启动

在安装完 SolidWorks 2016 后，需要启动程序。启动 SolidWorks 2016 有以下 4 种方式：

①安装完 SolidWorks 2016 后，系统会在 Windows 的桌面上生成快捷方式，双击快捷方式图标便可启动 SolidWorks。

②单击"开始"→ SOLIDWORKS 2016 ×64 Edition。

③双击 SolidWorks 文件启动。双击带有如". sldprt"". sldasm"". slddrw"后缀格式的文件也可以启动 SolidWorks 2016 应用程序。

启动 SolidWorks 2016 后，会出现启动画面，如图 1-1 所示。

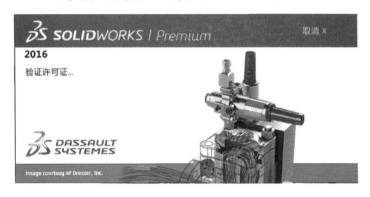

图 1-1　启动画面

启动后的 SolidWorks 2016 界面如图 1-2 所示，图中显示了 SolidWorks 用户界面的主要组成部分，包括"菜单栏""标准工具栏""任务窗格""版本栏"等。界面右侧中包含了"设计库"弹出面

图 1-2　SolidWorks 2016 界面

板，用户在空白处单击可隐藏面板。

1.2.2　SolidWorks 的退出

用户退出 SolidWorks 2016 有以下 4 种方式：

①单击 SolidWorks 2016 界面右上角的 ✕ 按钮，退出
SolidWorks 应用程序。

②单击【文件】菜单→【退出】命令，退出 SolidWorks 应
用程序。

③用键盘退出，按 Alt + F4 组合键，退出 SolidWorks 应
用程序。

④在菜单栏左侧的 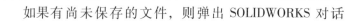 上单击鼠标右键，在弹出
的快捷菜单中选择"关闭"命令，退出 SolidWorks 应用程序。

图 1-3　"SolidWorks"对话框

如果有尚未保存的文件，则弹出 SOLIDWORKS 对话
框，如图 1-3 所示，提示保存文件。单击"全部保存(S)"按钮，将保存所有修改的文档；单击
"不保存(N)"按钮，将丢失对未保存文档所作的所有修改。

1.2.3　新建文件

新建一个 SolidWorks 文件，有以下 3 种方式：

①单击【文件】菜单→【新建】命令，新建 SolidWorks 文件。

②单击【标准工具栏】中的按钮，新建 SolidWorks 文件。

③按组合快捷键 Ctrl + N，新建 SolidWorks 文件。

新建一个 SolidWorks 文件，步骤如下：

①单击【标准工具栏】中的【新建】按钮 ▭ ▾，新建 SolidWorks 文件。系统会弹出【新建 Solid-
Works 文件】对话框，如图 1-4 所示，用户可以根据需要选择文件类型。

②单击 ▭ 确定 ▭ 按钮，即可进入到 SolidWorks 相应的工作环境。如选择文件模板后，再单
击 ▭ 确定 ▭ 按钮就可以进入到新零件的工作界面，如图 1-5 所示。

图 1-4　"新建 SolidWorks 文件"对话框

图 1-5　新零件的工作界面

1.2.4　打开文件

打开现存文件，有以下 3 种方法：

①单击【文件】菜单→  打开(O)... （打开）命令，打开文件。

②单击【标准工具栏】中的  ▾（打开）按钮，打开文件。

③按组合快捷键 Ctrl + O，打开文件。

打开 SolidWorks 文件，步骤如下：

①单击【标准工具栏】中的 ▾（打开）按钮，系统弹出【打开】对话框。在查找范围选择文件所在的文件夹，在文件类型中选择 零件 (*.prt;*.sldprt) ▾（零件），在列表中选择"零件 11"文件，如图 1-6 所示。

②单击 保存(S)（打开）按钮，界面显示"基座"文件，如图 1-7 所示。

图 1-6　"打开"对话框

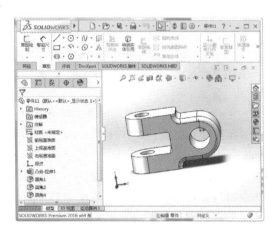

图 1-7　界面显示"零件 11"文件

1.2.5　保存文件

保存创建的 SolidWorks 文件，有以下 3 种方法：

①单击【文件】菜单→ 保存(S) 保存命令，保存文件。

②单击【标准工具栏】中的保存按钮 ▾，保存文件。

③按组合快捷 Ctrl + S，保存文件。

保存一个 SolidWorks 文件，步骤如下：

①单击【标准工具栏】中的保存按钮 ▾ 在弹出的对话框中输入要保存的文件名"零件 20"，并设置文件保存的路径，如图 1-8 所示。

②单击保存按钮  保存(S)，便可以将当前文件保存。

图 1-8　文件保存的路径

1.3　SolidWorks 2016 操作界面

SolidWorks 2016 的操作界面是用户对创建文件进行操作的基础。图 1-9 所示为一个零件文件的操作界面，包括菜单栏、工具栏、特征管理区、绘图区及状态栏等。装配体文件和工程同文件与零

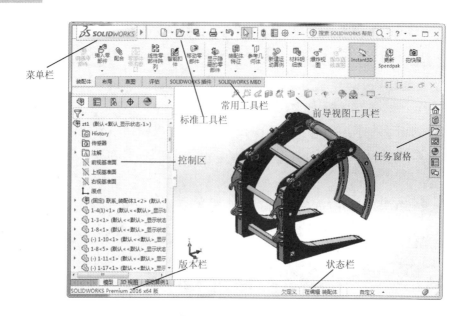

图 1-9　SolidWorks 2016 操作界面

件文件的操作界面类似，本节以零件文件操作界面为例，介绍 SolidWorks 2016 的操作界面。

SolidWorks 2016 操作界面中，菜单栏包括了所有的操作命令，工具栏一般显示常用的按钮，可以根据用户需要进行相应的设置。

命令管理器可以将工具栏按钮集中起来使用，从而为回执窗口节省空间。

特征管理器设计树记录文件的创建环境以及每一步骤的操作，对于不同类型的文件，其特征管理区有所差别。

绘图窗口是用户绘图的区域，文件的所有草图及特征生成都在该区域中完成，特征管理器设计树和绘图窗口为动态链接，可在任一窗格中选择特征、草图、工程视图和构造几何体。

状态栏显示编辑文件目前的操作状态。特征管理器中的注解、材质和基准面是系统默认的，可根据实际情况对其进行修改。

1.3.1　菜单栏

菜单栏中几乎可以使用所有 SolidWorks 的指令。菜单栏主要包括文件、编辑、视图、插入、工具、窗口、帮助菜单，如图 1-10 所示。

◀　文件(F)　编辑(E)　视图(V)　插入(I)　工具(T)　窗口(W)　帮助(H)　➤

图 1-10　菜单栏

注意：①SolidWorks 的菜单栏默认被隐藏，只要把鼠标放在 SolidWorks 图标右侧的按钮上，就可以自动显示菜单栏。单击菜单栏右侧的按钮，其形状变为像一颗图钉被按下一样，就可以一直显示菜单栏了。

②单击【工具】菜单→【插件】命令，弹出【插件】对话框，如图 1-11 所示。用户可以选中常用的插件复选框，将其添加到菜单栏中。

（1）【文件】菜单

单击 文件(F)（文件）按钮，弹出如图 1-12 所示的下拉菜单。通过【文件】菜单可以对 Solid-Works 文件进行新建、打开、关闭、保存、打印退出等操作。在其他的菜单栏中也可以通过(自定义菜单)命令，对菜单栏中的命令进行添加和删除。

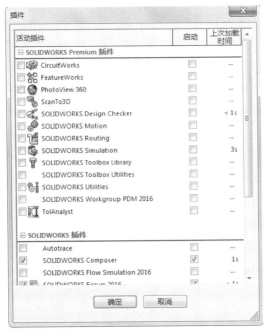

图 1-11　【插件】对话框　　　　　　　　图 1-12　【文件】菜单

（2）【编辑】菜单

单击 **编辑(E)**（编辑）按钮，弹出如图 1-13 所示的下拉菜单。通过【编辑】菜单可以进行撤销、剪切、复制、粘贴、重建模型、退回、压缩、外观编辑等操作。

（3）【视图】菜单

单击 **视图(V)**（视图）按钮，弹出如图 1-14 所示的下拉菜单。通过【视图】菜单可以进行显示或隐藏参考基准、草图、草图几何关系，显示和隐藏 FeatureManager 树区域等操作。

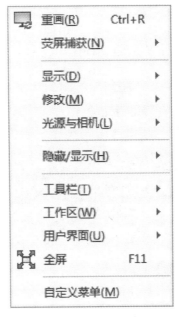

图 1-13　【编辑】菜单　　　　　　　　图 1-14　【视图】菜单

（4）【插入】菜单

单击 插入(I)（插入）按钮，弹出如图1-15所示的下拉菜单。通过【插入】菜单可以进行各种特征命令操作。

（5）【工具】菜单

单击 工具(T)（工具）按钮，弹出如图1-16所示的下拉菜单。通过【工具】菜单可以使用草图命令、分析命令、插入命令和选项设置等操作。

图1-15 【插入】菜单

图1-16 【工具】菜单

（6）【窗口】菜单

单击 窗口(W)（窗口）按钮，弹出如图1-17所示的下拉菜单，通过【窗口】菜单可以对打开文件进行排列操作。

（7）【帮助】菜单

单击 帮助(H)（帮助）按钮，弹出如图1-18所示的下拉菜单，用户通过【帮助】菜单中的命令可了解SolidWorks并查看提供的帮助。

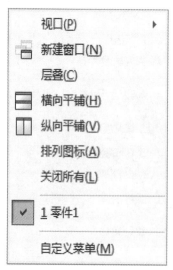

图1-17 【窗口】菜单

图1-18 【帮助】菜单

1.3.2 工具栏

（1）标准工具栏

标准工具栏如图 1-19 所示，这是一个简化后的工具栏。把鼠标放在工具按钮上面，就出现说明。其他工具和 Windows 的使用方法是一样的，这里就不再说明，读者可以在操作的过程中熟悉。

图 1-19 标准工具栏

从零件/装配体制作工程图：生成当前零件或装配体的新工程图。

从零件/装配体制作装配体：生成当前零件或装配体的新装配体。

重建模型：重建零件、装配体或工程图。

打开系统选项对话框：更改 SolidWorks 选项的设定。

打开颜色的属性：将颜色应用到模型中的实体。

打开材质编辑器：将材料及其物理属性应用到零件。

打开纹理的属性：将纹理应用到模型中的实体。

切换选择过滤器工具栏：切换到过滤器工具栏的显示。

选择按钮：用来选择草图实体、边线、顶点、零部件等。

如图 1-20 所示的是视图工具栏。

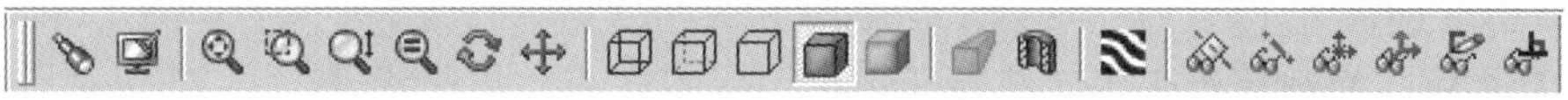

图 1-20 视图工具栏

确定视图的方向：显示对话框来选择标准或用户定义的视图。

整屏显示全图：缩放模型以符合窗口的大小。

局部放大图形：将选定的部分放大到屏幕区域。

放大或缩小：按住鼠标左键上下移动鼠标来放大或缩小视图。

旋转视图：按住鼠标左键拖动鼠标来旋转视图。

平移视图：按住鼠标左键，拖动图形的位置。

线架图：显示模型的所有边线。

带边线上色：以其边线显示模型的上色视图。

剖面视图：使用一个或多个横断面基准面生成零件或装配体的剖切。

斑马条纹：显示斑马条纹，可以看到以标准显示很难看到的面中更改。

观阅基准面：控制基准面显示的状态。

观阅基准轴：控制基准轴显示的状态。

⊹ 观阅原点：控制原点显示的状态。

⊹ 观阅坐标系：控制坐标系显示的状态。

⊹ 观阅草图：控制草图显示的状态。

⊹ 观阅草图几何关系：控制草图几何关系显示的状态。

（2）草图绘制工具栏

草图绘制工具栏几乎包含了与草图绘制有关的大部分功能，里面的工具按钮很多，在这里只是介绍一部分比较常用的功能（图1-21）。

图1-21 草图绘制工具栏

⊡ 草图绘制：绘制新草图，或者编辑现有草图。

⊹ 智能尺寸：为一个或多个实体生成尺寸。

／ 直线：绘制直线。

⊡ 矩形：绘制一个矩形。

⊙ 多边形：生成带有一定边数（一般是3~40个边）的等边多边形。

⊙ 圆：绘制圆，选择圆心，然后拖动来设定其半径。

⊹ 圆心/起点/终点画弧：绘制中心点圆弧，设定中心点，拖动鼠标来放置圆弧的起点，然后设定其程度和方向。

Ｎ 样条曲线：绘制样条曲线，单击来添加形成曲线的样条曲线点。

⊙ 椭圆：绘制一完整椭圆，选择椭圆中心，然后拖动来设定长轴和短轴。

▫ 点：绘制点。

⊹ 中心线：绘制中心线。使用中心线生成对称草图实体、旋转特征或作为改造几何线。

Ａ 文字：绘制文字。可在面、边线及草图实体上绘制文字。

⌐ 绘制圆角：在两个草图实体的交叉处剪裁掉角部，从而生成一个切线弧。

⌐ 绘制倒角：在两个草图实体交叉点添加倒角。

⊑ 等距实体：通过指定距离等距面、边线、曲线或草图实体来添加草图实体。

⊡ 转换实体引用：将模型上所选的边线或草图实体转换为草图实体。

✄ 裁剪实体：裁剪或延伸草图实体以使之与另一实体重合或删除草图实体。

⊼ 移动实体：移动草图实体和注解。

⊹ 旋转实体：旋转草图实体和注解。

⊼ 复制实体：复制草图实体和注解。

⊞ 镜像实体：沿中心线镜像所选的实体。

線性草图阵列：添加草图实体的线性阵列。

圆周草图阵列：添加草图实体的圆周阵列。

（3）尺寸/几何关系工具栏

尺寸/几何关系工具栏用于标注各种控制尺寸以及和添加的各个对象之间的相对几何关系，如图 1-22 所示。这里简要说明各按钮的作用。

图 1-22　尺寸/几何关系工具栏

智能尺寸：为一个或多个实体生成尺寸。

水平尺寸：在所选实体之间生成水平尺寸。

垂直尺寸：在所选实体之间生成垂直尺寸。

尺寸链：从工程图或草图的横纵轴生成一组尺寸。

水平尺寸链：从第一个所选实体水平测量而在工程图或草图中生成的水平尺寸链。

垂直尺寸链：从第一个所选实体水平测量而在工程图或草图中生成的垂直尺寸链。

自动标注尺寸：在草图和模型的边线之间生成适合定义草图的自动尺寸。

添加几何关系：控制带约束（例如同轴心或竖直）的实体的大小或位置。

自动几何关系：打开或关闭自动添加几何关系。

显示/删除几何关系：显示和删除几何关系。

搜寻相等关系：在草图上搜寻具有等长或等半径的实体。在等长或等半径的草图实体之间设定相等的几何关系。

（4）参考几何体工具栏

参考几何体工具栏用于提供生成与使用参考几何体的工具，如图 1-23 所示。

基准面：添加参考基准面。

图 1-23　参考几何体工具栏

基准轴：添加参考轴。

坐标系：为零件或装配体定义坐标系。

点：添加参考点。

配合参考：指定零部件的一个或多个实体供自动配合参考。

（5）特征工具栏

特征工具栏提供生成模型特征的工具，其中命令功能很多，如图 1-24 所示。特征包括多实体零件功能，可在同一零件文件中包括单独的拉伸、旋转、放样或扫描特征。

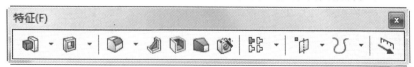

图 1-24　特征工具栏

拉伸凸台/基体：以一个或两个方向拉伸草图或绘制的草图轮廓来生成实体。

旋转凸台/基体：绕轴心旋转草图或所选草图轮廓来生成实体特征。

扫描：沿开环或闭合路径，通过扫描闭合轮廓来生成实体特征。

放样凸台/基体：在两个或多个轮廓之间添加材质来生成实体特征。

拉伸切除：以一个或两个方向拉伸所绘制的轮廓来切除实体模型。

旋转切除：通过绕轴心旋转绘制的轮廓来切除实体模型。

扫描切除：沿开环或闭合路径，通过扫描闭合轮廓来切除实体模型。

放样切除：在两个或多个轮廓之间，通过移除材质来切除实体模型。

圆角：沿实体或曲面特征中的一条或多条边线来生成圆形内部面或外部面。

倒角：沿边线、一串切边或顶点生成倾斜的边线。

筋：给实体添加薄壁支撑。

抽壳：从实体移除材料来生成一个薄壁特征。

拔模：使用中性面或分型线，按所指定的角度削减模型面。

异型孔向导：用预先定义的剖面插入孔。

线性阵列：以一个或两个线性方向阵列特征、面及实体。

圆周阵列：绕轴心阵列特征、面及实体。

参考几何体：具有参考的基准面、基准轴等。

曲线：具有分割线、组合曲线、投影曲线等。

Instant3D：启用拖动控标、尺寸及草图来动态修改特征。

(6) 工程图工具栏

工程图工具栏用于提供对齐尺寸及生成工程视图的工具，如图1-25所示。一般来说，工程图包含几个由模型建立的视图，也可以由现有的视图建立视图。例如，剖面视图是由现有的工程视图生成的，这个过程是由这个工具栏实现的。

图 1-25　工程图工具栏

模型视图：根据现有零件或装配体添加正交或命名视图。

投影视图：从一个已经存在的视图展开新视图而添加投影视图。

辅助视图：从线性实体(边线、草图实体等)通过展开新视图而添加视图。

剖面视图：以剖面线切割俯视图来添加剖面视图。

局部视图：添加局部视图来显示视图某部分，通常放大比例。

相对视图：添加一个由两个正交面或基准面及其各自方向所定义的相对视图。

标准三视图：添加 3 个标准、正交视图。视图的方向可以为第一角或第三角。

断开的剖视图：将断开的剖视图添加到显露模型内部细节的视图。

水平折断线：给所选视图添加水平折断线。

剪裁视图：剪裁现有视图以只显示视图的一部分。

交替位置视图：添加显示模型配置置于模型另一配置之上的视图。

空白视图：添加包含草图实体的空白视图。

预定义视图：添加以后以模型增值的预定义正交、投影或命名视图。

更新视图：更新所选视图到当前参考模型的状态。

替换模型：更改所选实体的参考模型。

（7）装配体工具栏

装配体工具栏用于控制零部件的管理、移动及其配合，插入智能扣件，如图 1-26 所示。

图 1-26　装配体工具栏

插入零部件：添加现有零件或子装配体到装配体。

新零件：生成一个新零件并插入到装配体中。

新装配体：生成新装配体并插入到当前的装配体中。

随配合复制：配合的零部件可以被复制。

配合：定位两个零部件使之相互配合。

线性阵列：以一个或两个线性方向阵列零部件。

圆周阵列：绕轴心阵列零部件。

智能扣件：使用 SolidWorks Toolbox 标准件库将扣件添加到装配体。

移动零部件：在由其配合所定义的自由度内移动零部件。

旋转零部件：在由其配合所定义的自由度内旋转零部件。

隐藏/显示零部件：隐藏或显示零部件。

装配体特征：生成各种装配体的特征。

参考几何体：具有参考的基准面、基准轴等。

新建运动算例：插入新运动算例。

材料明细表：添加材料明细表。

爆炸视图：将零部件分离成爆炸视图。

爆炸直线草图：添加或编辑显示爆炸的零部件之间几何关系的3D草图。

干涉检查：检查零部件之间的任何干涉。

间隙验证：验证零部件之间的间隙。

孔对齐：检查装配体的孔对齐。

装配体直观：按自定义属性直观装配体零部件。

性能评估：显示相应的零件、装配体、工程图统计，如零部件的重建次数和数量。

Instant3D：启用拖动控标、尺寸及草图来动态修改特征。

1.3.3 控制区

控制区在工作界面的左侧，包括 FeatureManager 特征管理器、PropertyManager 属性管理器、ConfigurationManager 配置管理器、DimXpertMananger 尺寸管理器、DisplayManager 外观管理器。下面对 FeatureManager 特征管理器进行详细介绍。

FeatureManager(设计树)位于 SolidWorks 窗口的左侧，是 SolidWorks 软件窗口中比较常用的部分，如图 1-27 所示，它提供了激活的零件、装配体或工程图的大纲视图，从而可以方便地查看模型或装配体的构造情况，或者查看工程图中的不同图纸和视图。

单击鼠标右键可以对每一步进行重新定义、退回、隐藏、压缩或删除等操作，如图 1-28 所示。

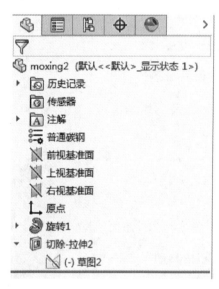

图 1-27　SolidWorks 控制区

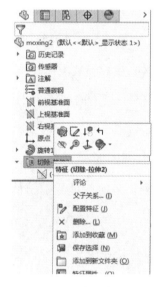

图 1-28　右键菜单

FeatureManager(设计树)和图形区域是动态链接的。在使用时可以在任何窗格中选择特征、草图、工程视图和构造几何线。设计树用来组织和记录模型中的各个要素及要素之间的参数信息和相互关系，以及模型、特征和零件之间的约束关系等，几乎包含了所有设计信息。主要功能包括以下几种。

(1)选择模型中的项目

设计树按照时间记录了各种特征的建模过程，设计树中每个节点代表一个特征。单击该特征前的节点，特征节点就会展开，显示特征构建的要素。

在设计树中用鼠标单击特征节点，绘图区中该节点对应的特征就会高亮显示。同样，在绘图区中用鼠标选择某一特征，设计树中对应的节点也会高亮显示。

在选择时若按住 Ctrl 键，可以逐个选择多个特征；当选择两个间隔的特征时，可按住 Shift 键，其间的特征都将被选取。

（2）确认和更改特征的生成顺序

通过拖拽设计树中的特征名称，可以改变特征的构建次序。由于模型特征构建次序与模型的几何结构密切相关，因此改变特征的生成顺序直接影响到最终零件的几何形状。

（3）显示特征的尺寸

当单击设计树中的特征节点或特征节点目录下的草图时，绘图区会显示相应的特征或草图的尺寸，如图 1-29 所示。

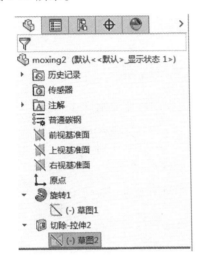

图 1-29　对应特征

（4）更改项目名称

单击两次特征的名称，此时用户可为该特征取一个有实际意义的名称，如图 1-30 所示。

（5）压缩和隐藏

单击或在特征名称上单击鼠标右键，系统弹出关联工具栏和快捷菜单，如图 1-31 所示，在其中选择(压缩)命令按钮↓🔲 或(隐藏)命令按钮🔲，可以对特征或零部件进行压缩、隐藏等操作。

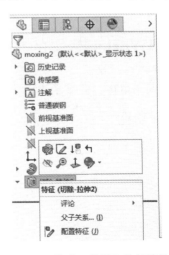

图 1-30　名字修改　　　　　　　　　图 1-31　关联工具栏和快捷菜单

1.3.4 前导视图工具栏

使用前导视图工具栏的图标进行调整和操控视图，可对绘图区域的模型进行扩大、缩小、旋转，如图 1-32 所示。

图 1-32 前导视图工具栏

🔍整屏显示全图：单击此按钮，屏幕上的零部件会整屏显示。

🔍局部扩大：在绘图区域中选需扩大显示的部分。

🎣上一视图：可将模型或工程图返回到上一视图，可撤销最近十次的视图变更。

🗄剖面视图：显示零件的剖面视图，以切除状态显示。

🎇动态注解视图：用于切换动态注解视图。

📦 ▾视图定向：单击展开右边的小箭头，可更改当前视图定向。

📦 ▾显示样式：单击展开右边的小箭头，为活动视图改变显示样式。

💡 ▾隐藏/显示项目：单击展开右边的小箭头，可在图形区域中更改图形显示状态。

🎨编辑外观：改变模型的外观。

🌐 ▾应用布景：单击展开右边的小箭头，可循环使用或应用特定的布景。

🖥 ▾视图设定：单击展开右边的小箭头，可切换各种视图设定，如 RealBiew、阴影、环境封闭及透视图。

1.3.5 状态栏

状态栏位于绘图区的右下方，可以显示草图的绘制状态、正在编辑的内容以及草图绘制过程中光标的坐标位置等，如图 1-33 所示。

X: 8.67mm Y: -195.77mm Z: 15.89mm ｜ 在编辑 零件 ｜ MMGS ▲ 🖉

图 1-33 状态栏

1.4 SolidWorks 操作的快捷方式

用户可以使用鼠标、键盘来操作 SolidWorks 软件。

1.4.1 鼠标功能

鼠标被分为以下几个功能。

（1）左键

左键为选择、拖动键。在模型上选择面或边等要素、菜单按钮、FeatureManager 设计树中的对象时使用。

（2）右键

右键为求助键，单击鼠标右键会依据当前的状况出现所需要的快捷菜单。

（3）中键

中键具有旋转、缩放或平移画面等操作。

将光标置于模型欲放大或缩小的区域，前后拨动滚轮，即可实现模型的放大或缩小。

将光标置于模型上，按下滚轮不松开，前后、左右移动鼠标，可实现模型的翻转。

双击滚轮，可实现模型的全屏显示。

在绘图区域按 Shift 键，并用鼠标中键拖动，让模型扩大或缩小。

在绘图区域按 Ctrl 键，并用鼠标中键拖动，让模型平移。

1.4.2　键盘功能

SolidWorks 中命令可以由快捷键来启动，表 1-1 中列出了几个常用的键盘操作。

表 1-1　常用快捷键

命令作用	快捷键	命令作用	快捷键
旋转	方向键	关闭/打开激活的过滤器	F6
缩小	Z	过滤边线	E
放大	Shift + Z	过滤顶点	V
平行移动	Ctrl + 方向键	过滤面	X
绕某轴旋转	Shift + 方向键	画面重绘	Ctrl + R
弹出视图方向工具栏	空格键	整屏显示	F
启动帮助文件	F1	弹出相应的工具快捷栏	S
切换过滤器工具栏	F5	放大镜	G

在不同状态下按 S 键，会弹出相应的工具快捷栏。

在新建零件或新建特征中，按 S 键可在光标旁边弹出常见特征工具快捷栏。

进入草图编辑状态后，按 S 键在光标旁边弹出草图绘制工具快捷栏。

在装配体中，按 S 键在光标旁边弹出常用装配工具快捷栏。

本章小结

本章主要包含了四个章节，第一章节阐述了 SolidWorks 2016 概述，对 SolidWorks 2016 软件的简介、设计特点、功能模块进行详解。第二章节是软件基本操作，详细的阐述退出、新建、打开、保存文件的操作方式。在第三章节中概括了操作界面的菜单栏、工具栏、控制区、前导视图工具栏、状态栏。最后阐述了 SolidWorks 操作的快捷方式，主要是让读者对 SolidWorks 2016 软件有着初步的认识。

▶▶▶ 第 2 章　绘制草图

在 SolidWorks 里，大部分的特征命令都是基于草图进行的，因此草图是建模的基础。这些草图由基本的草图实体绘制而成，再通过添加驱动尺寸和草图几何关系来约束这些草图实体的大小和位置，以达到设计要求的效果。

➲ 学习目标

了解草图绘制基础。
掌握草图绘制实体的方法。
熟练应用草图添加几何关系。
熟练应用草图尺寸标注。

2.1　草图的绘制基础

在进行草图绘制前，首先了解草图绘制的基本概念、草图绘制的流程和绘制原则，养成良好的习惯。

2.1.1　草图绘制概述

在 SolidWorks 里，草图是建模的基础，大部分的特征命令都是基于草图进行的。在 Solid-Works 里，用于绘制草图的命令非常丰富，各个命令的使用也很灵活。在 SolidWorks 零件里，空间是三维的，因此绘制草图需要为草图选择草图绘制平面，草图绘制平面可以是视图基准面、模型面和添加的基准面。很多 SolidWorks 初学者，很难把握草图和草图平面的概念，草图和草图绘制平面的关系。下面给读者详细地介绍。一个草图包含草图绘制平面和草图实体两部分，可以理解为如果要绘制一个草图，那么就选择一个平面来绘制草图，选择了绘制平面后绘制了线条，才能是一个完整的图。

2.1.2　草图的构成

草图实体：由图元构成的基本形状，草图中实体包括直线、矩形、平行四边形、多边线、圆、圆弧、椭圆、抛物线、样条曲线、中心线和文字等。

几何关系：表明草图实体之间、实体与参照物之间的几何关系。

尺寸：标注草图实体大小的尺寸，可以用来驱动草图实体的形状变化。

SolidWorks 中的常用的几何约束关系见表 2-1 所列。

表 2-1　常用的几何约束关系

几何约束关系	加入前	加入后
将端点重合在线上		
合并两端点		
使两条线平行		
使两条线垂直		
使两条线共线		
使一条或更多条直线变成水平线		
使两端点位于同一水平高度		
使一条或更多条直线变成竖直线		
使两端点位于同一垂直高度		
使两条线等长		

（续）

几何约束关系	加入前	加入后
置于线段中点		
使两圆等径		
使两圆相切		
使两圆同心		
直线与圆相切		
交叉		
穿透		

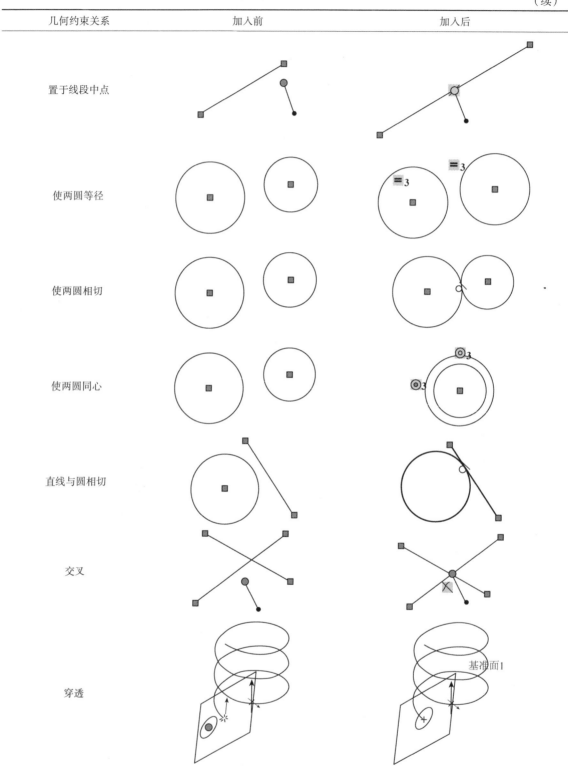

2.1.3　草图状态

　　草图可能处于以下 5 种状态中的任何一种。草图的状态显示于 SolidWorks 窗口底端的状态栏上。

（1）未完整定义（欠定义）

在系统默认的颜色设置中，未完整定义的草图几何体是蓝色的，这时草图处于不确定的状态。在零件的早期设计阶段，往往没有足够的信息来定义草图，Solidworks 容许用这样的草图来创建特征，容许设计师在有了更多的信息后，再逐步加入其他的定义，但这样做容易产生意想不到的结果，因此应尽可能地完整定义草图。未完整定义的草图可以拖动端点、直线或曲线，改变其形状。

（2）完整定义

完整定义的草图是黑色的（系统默认的颜色设置），草图具有了完整的信息，即可以得到唯一确定的图形。一般规则是用于特征造形的草图应该是完整定义的。

（3）过定义

过定义的草图是红色的（系统默认的颜色设置），这时草图中有重复或互相矛盾的约束条件，如多余的尺寸或互相冲突的几何关联，必须修正后才能使用。单个草图实体（相对于整个草图）也有草图状态。

（4）无解

草图为红色（系统默认的颜色设置），草图未解出，显示导致草图不能解出的几何体、几何关系和尺寸。

（5）无效几何体

草图为黄色（系统默认的颜色设置），草图虽解出但会导致无效的几何体，如零长度线段、零半径圆弧或自相交叉的样条曲线。

2.1.4 绘制草图的流程

绘制草图时流程很重要，必须考虑先从哪里入手来绘制复杂草图，在基准面或平面上绘制草图时如何选择基准面等。下面介绍绘制草图的流程。

①生成新文件。单击【标准】工具栏中的【新建】按钮 或选择【文件】→【新建】菜单命令，打开【新建 SolidWorks 文件】对话框，单击【零件】图标，然后单击【确定】按钮。

②进入草图绘制状态。选择基准面或某一平面，单击【草图】工具栏中的【草图绘制】按钮 或选择【插入】→【草图绘制】菜单命令，也可用鼠标右键单击【特征管理器设计树】中的草图或零件的图标，在弹出的快捷菜单中选择【编辑草图】命令。

③选择基准面。进入草图绘制后，绘图区域将出现如图 2-1 所示的系统默认基准面，系统要求选择基准面。第一个选择的草图基准面决定零件的方位。默认情况下，新草图在前视基准面中打开。也可在【特征管理器设计树】或绘图窗口中选择任意平面作为草图绘制的平面，单击【视图】工具栏中的【视图定向】按钮 ，在弹出的菜单中选择 【正视于】命令，将视图切换至指定平面的法线方向。

④如果操作时出现错误或需要修改，可选择【视图】→【修改】→【视图定向】菜单命令，在弹出的【方向】对话框中单击【重设标准视图】按钮 重新定向，如图 2-2 所示。

⑤选择切入点。在设计零件基体特征时常会面临这样的选择。在一般情况下，利用一个复杂轮廓的草图生成拉伸特征，与利用一个由较简单轮廓的草图生成拉伸特征、再添加几个额外的特征，具有相同的结果。

⑥使用各种草图绘制工具绘制草图实体，如直线、矩形、圆、样条曲线等。

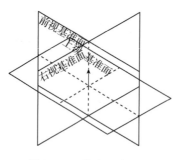

图2-1 系统默认基准面

图2-2 【方向】对话框

⑦在属性管理器中对绘制的草图进行属性设置，或单击【草图】工具栏中的【智能尺寸】按钮✍和【尺寸/几何关系】工具栏中的【添加几何关系】按钮⊥，添加尺寸和几何关系。

⑧关闭草图。完成并检查草图绘制后，单击【草图】工具栏中的【退出草图】按钮⊏，退出草图绘制状态。

2.1.5 绘制光标

在SolidWorks中，绘制草图实体或者编辑草图实体时，光标会根据所选择的命令，在绘图时变为相应的图标。同时SolidWorks软件提供了自动判断绘图位置的功能，在执行命令时，自动寻找端点、中心点、圆心、交点、中点等，这样提高了鼠标定位的准确性和快速性，从而提高了绘制图形的效率。

执行不同命令时，光标会在不同草图实体及特征实体上显示不同的类型，光标既可以在草图实体上形成，也可以在特征实体上形成。在特征实体上的光标，只能在绘图平面的实体边缘产生。表2-2为几种常见的光标类型。

表2-2 绘图光标的类型与功能

光标类型	功能说明	光标类型	功能说明
	绘制一点		绘制直线或者中心线
	绘制圆弧		绘制抛物线
	绘制圆		绘制椭圆
	绘制样条曲线		绘制矩形
	标注尺寸		绘制多边形
	剪裁实体		延伸草图实体
	圆周阵列复制草图		线性阵列复制草图

为了提高绘制图形的效率，SolidWorks 软件提供了自动判断绘图位置的功能。在执行绘图命令时，光标会在图形区自动寻找端点、中心点、圆心、交点、中点以及其上任意点，这样提高了光标定位的准确性和快速性。

光标的相应位置会变成相应的图形，成为锁点光标。锁点光标可以在草图实体上形成，也可以在特征实体上形成。需要注意的是在特征实体上的锁点光标，只能在绘图平面的实体边缘产生，在其他平面的边缘不能产生。

2.2　草图的绘制

草图是 SolidWorks 里进行零件建模，以及装配体操作和制作工程图的基础，这些草图是由基本的草图实体构成的，再通过添加驱动、尺寸和草图几何关系，来约束这些草图实体的大小和位置。SolidWorks 提供了一些基本的命令来生成草图实体，如直线、圆、长方形等(图 2-3)。下面介绍这些命令的使用方法。

图 2-3　【草图】命令

2.2.1　直线和中心线

利用直线工具可以在草图中绘制直线，绘制过程中可以通过查看绘图过程中光标的不同形状来绘制水平线或竖直线。

(1)打开命令

调用"直线"命令，有以下 3 种方式：

①单击【草图】常用工具栏中的 ✏ (直线)按钮，打开"直线"命令。

②单击【工具】菜单→草图绘制实体→ ✏ 直线(L)(直线)命令，打开"直线"命令。

③按 S 键，在快捷栏中选择 ✏ (直线)命令，打开"直线"命令。

(2)绘制步骤

绘制直线的步骤如下：

①单击【草图】常用工具栏中的 ✏ (直线)按钮，光标移动到绘图区，鼠标指针的形状变为 ✏ 。

②在绘图区域单击后移动光标，光标旁的数值提示直线的长度。系统有以下反馈：

a. 绘制的直线为斜线时，如图 2-4 所示。

b. 绘制的直线为水平线时，系统自动添加"水平"几何关系，如图 2-5 所示。

c. 绘制的直线为竖直线时，系统自动添加"竖直"几何关系，如图 2-6 所示。

图 2-4　斜　线　　　　　　　　图 2-5　"水平"几何关系

③单击确定第二点，继续绘制直线，如图 2-7 所示。图中虚线为推理线，它反映推理绘制的直线和之前绘制的实体或原点的约束关系。

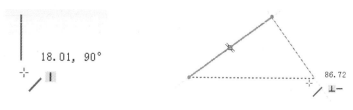

图 2-6　"竖直"几何关系　　　　图 2-7　继续绘制直线

④单击确定第三点，如图 2-8 所示。

⑤双击、按 Esc 键或在单击鼠标右键，在快捷菜单中选择【结束链】命令，结束直线的绘制，得到如图 2-9 所示的图形。

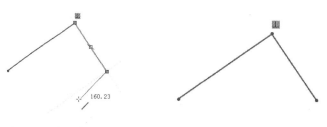

图 2-8　确定第三点　　　　　图 2-9　结束直线的绘制

（3）绘制中心线

单击【草图】常用工具栏中的 　（中心线）按钮。

中心线的绘制方法和直线相同，唯一的区别就是绘制出来的线是辅助的中心线，不能用作创建实体模型。

①单击选择要转换成"构造线"的直线，在关联菜单中选择【构造几何线】命令。

②单击选择要转换成"构造线"的直线，在属性管理器的【选项】区选中【作为构造线】复选框，如图 2-10 所示，绘制的中心线如图 2-11 所示。

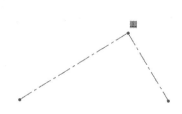

图 2-10　"线条属性"属性管理器　　　　图 2-11　绘制的中心线

2.2.2　圆

根据圆的定义方式，SolidWorks 提供了两种绘制圆的方式：圆心、半径方式和周边圆方式。

（1）绘制圆的步骤

①单击【草图】常用工具栏中的 　（圆）按钮，光标移动到绘图区，鼠标指针的形状变为 　。

②在绘图区域单击，确定圆心的位置。移动光标，光标旁的数值提示半径的长度，如图 2-12 所示。单击以确定圆的半径，得到如图 2-13 所示的圆。

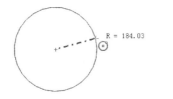

图 2-12　提示半径的长度　　　　图 2-13　绘制的圆

（2）绘制周边圆的步骤

①单击【草图】常用工具栏中的 （周边圆）按钮，光标移动到绘图区，鼠标指针的形状变为 。

②在绘图区域单击，确定圆上的第一点。移动光标，光标旁的数值提示半径的长度，如图 2-14 所示。继续单击确定圆上的第二点，如图 2-15 所示。在合适的位置单击确定圆上的第三点完成圆的绘制。

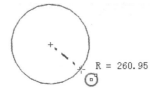
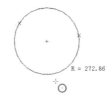

图 2-14　周边圆　　　　　　图 2-15　绘制的圆

注意：确定了圆上两个点后，单击鼠标左键即可绘制一个圆，要改变图的大小时，可单击鼠标左键后，输入圆的半径大小。

2.2.3　圆弧

根据圆弧的定义方式，SolidWorks 里给出了 3 种绘制圆弧方式：圆心/起/终点画弧、切线弧和三点圆弧。下面分别介绍 3 种"圆弧类型"的使用方法。

（1）使用"圆心/起/终点画弧"绘制圆弧

使用"圆心/起/终点画弧"绘制圆弧步骤如下：

①单击【草图】常用工具栏中的 （圆心/起/终点画弧）按钮，光标移动到绘图区，鼠标指针的形状变为 。

②在绘图区域单击，确定圆心的位置。移动光标，光标旁的数值提示半径的长度，如图 2-16 所示。单击以确定圆弧的起点，继续移动光标，如图 2-17 所示圆弧。

③在合适的角度位置单击确定圆弧的终点，如图 2-18 所示，按 Esc 键得到如图 12-19 所示圆弧。

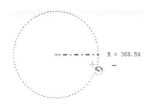
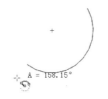

图 2-16　圆心/起/终点画弧　　　　图 2-17　圆弧的起点

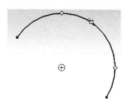

图 2-18　圆弧的终点　　　　　图 2-19　圆　弧

（2）使用"切线弧"绘制圆弧

使用"切线弧"绘制圆弧步骤如下：

①单击【草图】常用工具栏中的 ⌒（切线弧）按钮，光标移动到绘图区，鼠标指针的形状变为 ⌒。

②绘图区域已有的圆弧如图 2-20 所示。单击线段或边线端点，放置圆弧的端点。

③单击确定切线弧上的第一点，移动光标，光标旁的数值提示半径的长度，如图 2-21 所示。

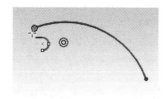

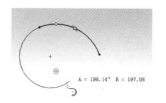

图 2-20　放置圆弧的端点　　　图 2-21　提示半径的长度

④继续单击确定切线弧上的第二点，如图 2-22 所示。继续绘制连续的切线弧，在合适的位置单击确定切线弧的端点，按 Esc 键完成切线弧的绘制，得到如图 2-23 所示的圆弧。

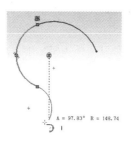

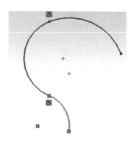

图 2-22　确定第二点　　　　　图 2-23　圆　弧

（3）使用"三点圆弧"绘制圆弧

使用"三点圆弧"绘制圆弧步骤如下：

①单击【草图】常用工具栏中的 ⌒（三点圆弧）按钮，将光标移动到绘图区，鼠标指针的形状变为 ⌒。

②在绘图区域单击，确定圆弧的起点位置。移动光标，光标旁的数值提示弦长，如图 2-24 所示。

③单击确定圆弧上终点，移动光标，光标旁的数值提示圆弧的圆心角和半径的长度，如图 2-25 所示。

④继续单击确定圆弧位置和形状，得到如图 2-26 所示圆弧。

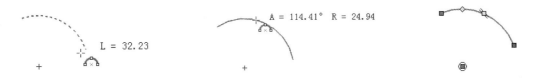

| 图 2-24 提示弦长 | 图 2-25 提示圆弧的圆心角和半径的长度 | 图 2-26 圆弧位置和形状 |

2.2.4 矩形、平行四边形

矩形系列包括矩形和平行四边形，矩形有多种绘制方式。在 SolidWorks 中，通过矩形类型，选择不同的方式绘制矩形。

（1）使用"边角矩形"绘制矩形

使用"边角矩形"绘制矩形的步骤如下：

①单击【草图】常用工具栏中的 ▢ （边角矩形）按钮，将光标移动到绘图区，鼠标指针的形状变为 ▢ 。

②在绘图区域单击，确定边角矩形的第一个角点。移动光标，光标旁的数值提示矩形的长度和宽度，如图 2-27 所示。

③在合适的位置单击，确定边角矩形的第二个角点，得到如图 2-28 所示矩形。

| 图 2-27 两点矩形 | 图 2-28 矩 形 |

（2）使用"中心矩形"绘制矩形

使用"中心矩形"绘制矩形的步骤如下：

①单击【草图】常用工具栏中的 ▣ （中心矩形）按钮，在矩形属性管理器中选择【添加构造性直线】，然后选择从边角或从中点。光标移动到绘图区，鼠标指针的形状变为 ▣ 。

②在绘图区域单击，确定中心矩形的中心点。移动光标，光标旁的数值提示矩形的长度和宽度，如图 2-29 所示。

③在合适的位置，单击确定中心矩形的角点，得到如图 2-30 所示图形。

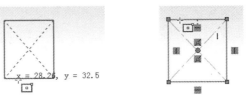

| 图 2-29 中心矩形 | 图 2-30 矩 形 |

（3）使用"三点边角矩形"绘制矩形

使用"三点边角矩形"绘制矩形的步骤如下：

①单击【草图】常用工具栏中 ◇ （三点边角矩形）按钮，光标移动到绘图区，鼠标指针的形

状变为 ◇。

②在绘图区域单击，确定矩形的第一个角点。移动光标，光标旁的数值提示矩形的长度与 X 轴的夹角，如图 2-31 所示。

③单击确定矩形的第二个角点，继续移动光标，光标旁的数值提示矩形的宽度和与 X 轴的夹角，如图 2-32 所示。

④在合适的位置，单击确定矩形的第三个角点，得到如图 2-33 所示矩形。

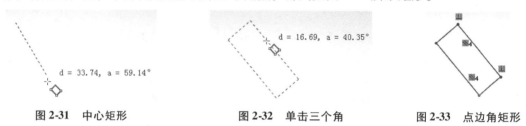

图 2-31　中心矩形　　　　图 2-32　单击三个角　　　　图 2-33　点边角矩形

（4）使用"三点中心矩形"绘制矩形

使用"三点中心矩形"绘制矩形的步骤如下：

①单击【草图】常用工具栏中的 ◇（3 中心矩形）按钮，光标移动到绘图区，鼠标指针的形状变为 ◇。

②在绘图区域单击，确定矩形的中心点。移动光标，光标旁的数值提示矩形的中线点到边线的距离和与 X 轴的夹角，如图 2-34 所示。

③单击确定矩形长度方向上的点，继续移动光标，光标旁的数值提示矩形的宽度和与 X 轴的夹角如图 2-35 所示。

④单击确定矩形的角点，得到的矩形如图 2-36 所示。

图 2-34　选择中心　　　　　　图 2-35　确定矩形长度方向上的点

（5）绘制平行四边形

绘制平行四边形的步骤如下：

①单击【草图】常用工具栏中的 ▱（平行四边形）按钮，光标移动到绘图区，鼠标指针的形状变为 ▱。

②在绘图区域单击，确定平行四边形的第一个边角。移动光标，光标旁的数值提示平行四边形的长度和与 X 轴的夹角，如图 2-37 所示。

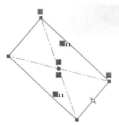

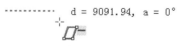

图 2-36　中心矩形　　　　　图 2-37　确定矩形长度方向上的点

③单击确定平行四边形长度方向上的点，继续移动光标，光标旁的数值提示矩形的宽度和与 X 轴夹角，如图 2-38 所示。

④单击确定平行四边形宽度方向上点，得到如图 2-39 所示的平行四边形。

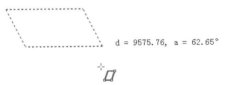

d = 9575.76, a = 62.65°

图 2-38　确定平行四边形长度方向上的点

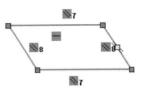

图 2-39　平行四边形

2.2.5　多边形

"多边形"命令用于绘制正多边形，为正多边形设定中心点和变数，即可生成所需的正多边形。

绘制多边形步骤如下：

①单击【草图】常用工具栏中的 ⬡ (多边形)按钮，光标移动到绘图区，鼠标指针的形状变为 ⬡。

②FeatureManager 设计树切换到"多边形"属性管理器，在参数区设置边数和方式，如图 2-40 所示。

③在绘图区域单击，确定中心点的位置。移动光标，光标旁的数值提示半径的长度和与 X 轴的夹角，如图 2-41 所示。

④单击确定圆的半径，得到如图 2-42 所示的多边形。

图 2-40　"多边形"
属性管理器

10718.22, 344.05°

图 2-41　确定中心点的位置

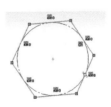

图 2-42　多边形

2.2.6　椭圆和椭圆弧

绘制椭圆，需要为椭圆制定中心、短半轴长和长半轴长，如果两个周长相等，则生成圆。

(1)绘制椭圆

绘制椭圆的步骤如下：

①单击【草图】常用工具栏中的 ⬭ (椭圆)按钮，光标移动到绘图区，鼠标指针的形状变为 ⬭。

②在绘图区域单击，确定椭圆中心的位置。移动光标，光标旁的数值提示短半轴和长半轴的长度，如图 2-43 所示。

③将鼠标移动到合适位置，单击以指定椭圆的一个半轴长和方向，继续移动光标。

④将鼠标移动到合适位置，单击以指定椭圆的另一个半轴长，得到如图 2-44 所示椭圆。

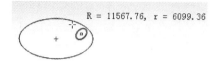

图 2-43 椭圆中心的位置　　　　　**图 2-44 指定椭圆的一个半轴长和方向**

（2）绘制椭圆弧

绘制椭圆弧的步骤如下：

①单击【草图】常用工具栏中的 $\mathbb{G}$ （椭圆弧）按钮，光标移动到绘图区，鼠标指针的形状变为 $\mathbb{G}$ 。

②在绘图区域单击，确定椭圆中心的位置。移动光标，光标旁的数值提示短半轴和长半轴的长度，如图 2-45 所示。

③将鼠标移动到合适位置，单击以指定椭圆的一个半轴长和方向，移动光标，如图 2-46 所示。

图 2-45 指定椭圆的另一半轴长　　　**图 2-46 确定椭圆中心的位置**

④单击以指定椭圆弧的一个端点，移动光标如图 2-47 所示。

⑤在合适位置单击确定椭圆弧的另一个端点，按 Esc 键结束椭圆弧的绘制，得到如图 2-48 所示圆弧。

图 2-47 指定椭圆弧的一个端点　　　**图 2-48 单击确定椭圆弧的另一个端点**

2.2.7 样条曲线

样条曲线可有单击添加两个或多个制定样条曲线的控制点，以某种插值方式添加样条曲线。

绘制样条曲线的步骤如下：

①单击【草图】常用工具栏中的 $\mathbb{N}$ （样条曲线）按钮，光标移动到绘图区，鼠标指针的形状变为 $\mathbb{N}$ 。

②在绘图区域单击，确定样条曲线的起点。移动光标，如图 2-49 所示。

③移动光标，单击确定样条曲线的第二点，如图 2-50 所示。

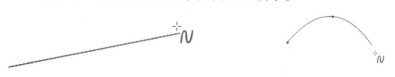

图 2-49 确定样条曲线的起点　　　**图 2-50 确定样条曲线的第二点**

④移动光标，单击确定样条曲线的第三点，如图 2-51 所示。

⑤移动光标，单击确定样条曲线的终点，如图 2-52 所示。

⑥按 Esc 键结束样条曲线的绘制，如图 2-53 所示。

图 2-51　确定样条曲线的第三点　　　图 2-52　确定样条曲线的终点　　　图 2-53　结束样条曲线

2.2.8　文字

在草图里绘制文字，需要为文字选择依附的曲线。可以在任何连续曲线或边线组上绘制文字，包括零件上的直线、圆弧、样条曲线或轮廓。文字和草图一样，可以用于特征操作。

绘制文字的步骤如下：

①绘图区域已有的曲线如图 2-54 所示。单击【草图】常用工具栏中的 🄰（文字）按钮，将光标移动到绘图区，鼠标指针的形状变为 ⁺🅝。

②将 FeatureManager 设计树切换到"草图文字"属性管理器，激活曲线列表框，选择现有曲线，在【文字】区域输入为 SolidWorks，文字样式选择 ▤（两端对齐），如图 2-55 所示。

③单击【确定】按钮，得到草图文字如图 2-56 所示。

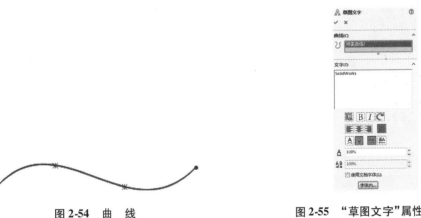

图 2-54　曲　线　　　　　　　　　　图 2-55　"草图文字"属性管理器

图 2-56　草图文字

2.2.9　槽口

槽口命令主要用来绘制键槽口草图，包括直槽口和圆弧槽口。SolidWorks 提供了 4 种槽口类型。其中"直槽口"命令按钮最为常用。下面以"直槽口"命令为例，来说明键槽的绘制方法。

绘制直槽口的步骤如下：

①单击【草图】常用工具栏中的 ▭【直槽口】按钮，光标移动到绘图区，鼠标指针的形状变为 ⁺。

②将 FeatureManager 设计树切换到"槽口"属性管理器，槽口类型中 ▭【直槽口】命令处于选中状态，选择槽口标注类型为 ▭，如图 2-57 所示。

③在绘图区域单击，移动光标，如图 2-58 所示。

④再次单击确定槽口长度，继续移动鼠标来改变槽口的宽度，如图 2-59 所示。

⑤继续单击确定槽口轮廓，得到如图 2-60 所示直槽口。

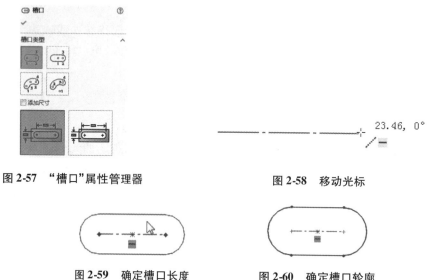

图 2-57　"槽口"属性管理器　　　　　　　图 2-58　移动光标

图 2-59　确定槽口长度　　　　　　图 2-60　确定槽口轮廓

2.3　草图绘制工具

草图绘制工具包括圆角、倒角、镜向、等距实体、剪裁、延伸、线性草图排列和复制、圆周草图排列和复制、转化实体应用等方法。

2.3.1　选取实体

选取实体的方法有以下几种：

单一选取：单击要选取的实体，每一次只能选择一个实体，如图 2-61 所示。

多重选取：按 Ctrl 键不放，依次单击实体，如图 2-62 所示。

窗口选取：单击矩形第一点（按住不放），拖动要选取范围的第二点，放开鼠标，如图 2-63 所示。

图 2-61　单一选取　　　　　　　图 2-62　多重选取

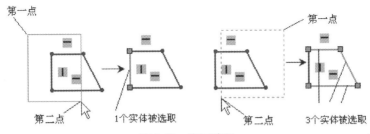

图 2-63　窗口选取

说明：选择过滤器可为窗口选取设置不同的选择类型。

2.3.2　圆角、倒角

（1）绘制圆角

【绘制圆角】工具在两个草图实体的交叉处剪裁掉角部，从而生成一个切线弧。此工具在二维和三维草图中均可使用。

绘制圆角的操作步骤：在打开的草图中，单击【草图】工具栏上的【绘制圆角】按钮 ，出现"绘制圆角"属性管理器，在【半径】文本输入框中输入半径值。选中【保持拐角处约束条件】复选框，如图 2-64（a）所示。

在 选择要圆角化的草图实体。

单击【确定】按钮 ，接受圆角，或单击【撤销】按钮来移除圆角，如图 2-64（b）所示。

（a）【绘制圆角】属性管理器　　　　（b）绘制圆角

图 2-64　绘制圆角过程

（2）绘制倒角

【绘制倒角】工具在二维和三维草图中将倒角应用到相邻的草图实体中。此工具在二维和三维草图中均可使用。

绘制倒角的操作步骤：在打开的草图中，单击【草图】工具栏上的【绘制圆角】按钮 ，出现"绘制倒角"属性管理器。

设定倒角参数。

（1）角度距离

选中【角度距离】单选按钮，并分别输入距离和角度，如图 2-65（a）所示，然后在 选中需要做倒角的两条直线，生成倒角，如图 2-65（b）所示。

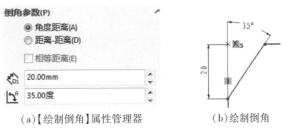

（a）【绘制倒角】属性管理器　　　　（b）绘制倒角

图 2-65　绘制"角度距离"形式的倒角

（2）不等距离

选中【距离-距离】单选按钮，取消【相等距离】复选框，并分别输入两个距离，如图2-66（a）所示，然后在 ⌕∥选中需要做倒角的两条直线，生成倒角，如图2-66（b）所示。

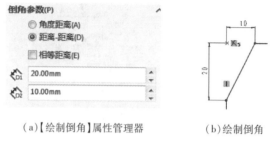

（a）【绘制倒角】属性管理器　　　　　　（b）绘制倒角

图2-66　绘制【距离-距离】不等距形式的倒角

（3）等距离

选中【距离-距离】单选按钮，选中【相等距离】复选框，并输入距离，如图2-67（a）所示，然后在 ⌕∥选中需要做倒角的两条直线，生成倒角，如图2-67（b）所示。

（a）【绘制倒角】属性管理器　　　　　　（b）绘制倒角

图2-67　绘制【距离-距离】等距形式的倒角

单击【确定】按钮✅，接受倒角，或单击【撤销】按钮来移除倒角。

2.3.3　镜向

（1）镜向已有草图图形

【镜向实体】用来镜向预先存在的草图实体。SolidWorks会在每一对相应的草图点（镜向直线的端点、圆弧的圆心等）之间应用一对称关系。如果更改被镜向的实体，则其镜向图像也会随之更改。

镜向已有草图图形的具体操作过程：在打开的草图中，单击【草图】工具栏上的【镜向实体】按钮⚠，出现【镜向】属性管理器，如图2-68所示。

设定参数：

激活【要镜向的实体】列表框。在 ⌕∥选择要镜向的某些或所有实体。

选中【复制】复选框，包括原始实体和镜向实体。清除【复制】复选框仅包括镜向实体。

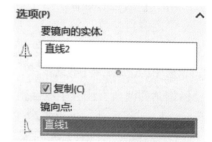

图2-68　【镜向】属性管理器

激活【镜向点】列表框，在 ⌕∥选择镜向所绕的任意中心线、直线、模型线性边线或工程图线性边线。

单击【确定】按钮✅。

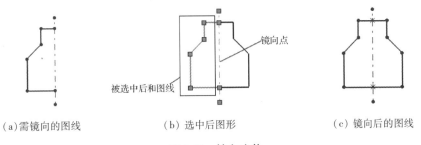

（a）需镜向的图线　　　　　（b）选中后图形　　　　　（c）镜向后的图线

图 2-69　镜向实体

例如，绘制如图 2-69（a）所示的草图，单击【草图】工具栏上的【镜向实体】按钮 ，选中要镜向的实体和镜向点，如图 2-69（b）所示，单击【确定】按钮 ，完成镜向，如图 2-69（c）所示。

（2）动态镜向草图实体

先选择镜向所绕的实体，然后绘制要镜向的草图实体。

动态镜向草图实体的操作步骤：在打开的草图中，单击【草图】工具栏上的【动态镜向实体】按钮 ，选择镜向所绕的实体，此时在实体上下方会出现"＝"号，如图 2-70（a）所示。

在对称线的一侧绘制图线，如图 2-70（b）所示。

自动生成对称图形，如图 2-70（c）所示。

依次完成对称图形，如图 2-70（d）所示。

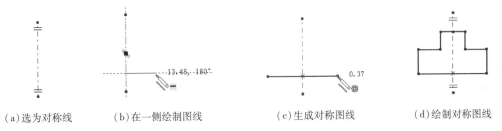

（a）选为对称线　　（b）在一侧绘制图线　　（c）生成对称图线　　（d）绘制对称图线

图 2-70　动态镜向实体

再次单击【草图】工具栏上的【动态镜向实体】按钮 ，结束动态镜向草图实体。

2.3.4　等距实体

将已有草图实体沿其法向偏移一段距离的方法称为等距实体，其操作对象既可以是同一个草图中已有的草图实体，也可以是已有模型边界或者其他草图中的草图实体。SolidWorks 软件会在每个原始实体和相对应的草图实体之间生成边线上几何关系。如果当重建模型时原始实体改变，则等距实体也会随之改变。

（1）等距实体的具体操作过程

在打开的草图中，选择一个或多个草图实体、一个模型面或一条模型边线。

单击【草图】绘制工具栏上的【等距实体】按钮 ，出现"等距实体"属性管理器。

设定参数

在【等距距离】文本框中输入数值，以设定距离来等距草图实体，如图 2-71 所示。

选中【添加尺寸】复选框。这不会影响到包括在原有草图实体中的任何尺寸。

选中【反向】复选框，更改单向等距的方向，如图 2-72 所示。

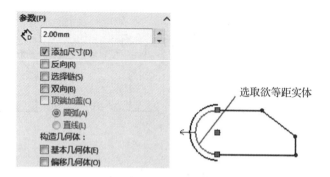

图 2-71　绘制等距实体过程

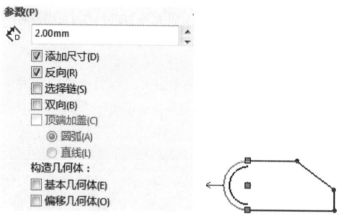

图 2-72　绘制反向等距实体过程

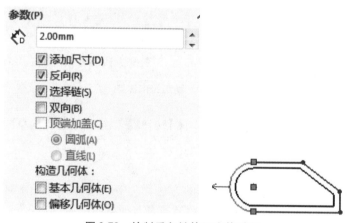

图 2-73　绘制反向链等距实体过程

选中【选择链】复选框。生成所有连续草图实体的等距，如图 2-73 所示。

选中【双向】复选框。在双向生成等距实体，如图 2-74 所示。

（2）顶端加盖等距实体的具体操作过程

在打开的草图中，单击草图绘制工具栏上的【等距实体】按钮 ，出现"等距实体"属性管理器，如图 2-75(a)所示。

选中【双向】复选框。

单击【确定】按钮 。

选中【制作基体结构】复选框。将原有草图实体转换到"构造性直线"。

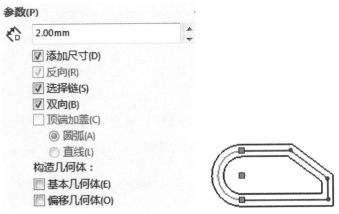

图 2-74　绘制双向反向链等距实体过程

选中【顶端加盖】复选框。

选中【圆弧】或【直线】单选按钮，为延伸顶盖类型，如图 2-75（b）所示。

单击【确定】按钮。

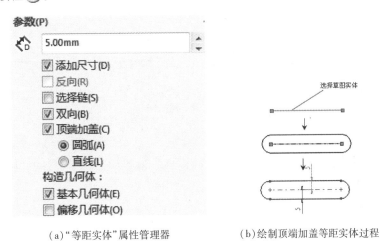

（a）"等距实体"属性管理器　　　　　　（b）绘制顶端加盖等距实体过程

图 2-75　绘制顶端加盖等距实体

2.3.5　剪裁

在 SolidWorks 中，剪裁实体包括以下 5 种方式：强劲剪裁，边角，在内剪除，在外剪除和剪裁到最近端。

在打开的草图中，单击【草图】工具栏上的【剪裁实体】按钮，出现"剪裁"属性管理器，如图 2-76 所示。

（1）强劲剪裁

单击【强劲剪裁】按钮，在图形区的草图中，按下鼠标左键并移动光标，使其通过欲删除的线段，只要是该轨迹通过的线段都可被删除，如图 2-77 所示。

单击【强劲剪裁】按钮，在图形区的草图中，单击左键选取实体，移动鼠标可延伸或缩短实体，如图 2-78 所示。

图 2-76　"剪裁"
属性管理器

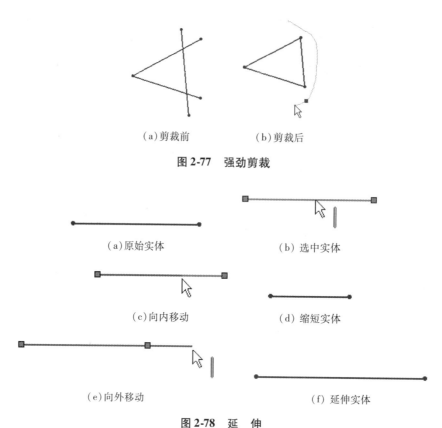

（a）剪裁前　　　　　　（b）剪裁后

图 2-77　强劲剪裁

（a）原始实体　　　　　　　　　　（b）选中实体

（c）向内移动　　　　　　　　　　（d）缩短实体

（e）向外移动　　　　　　　　　　（f）延伸实体

图 2-78　延　伸

（2）边角

单击【边角】按钮 ，用于保留选择的几何实体，剪裁结合体虚拟交点以外的其他部分，如图 2-79 所示。

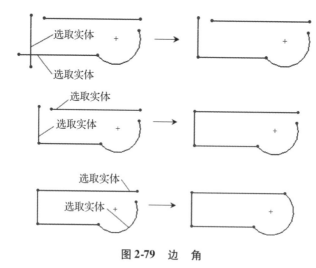

图 2-79　边　角

说明：如果所选的两个实体之间不可能有几何上的自然交叉，则剪裁操作无效。

（3）在内剪除

单击【在内剪除】按钮 ，用于剪裁交叉与两个所选边界之间的开环实体。先选择两条边界实体（B），然后选择要剪裁的部分（T），如图 2-80 所示。

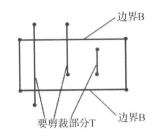

图 2-80　在内剪除

（4）在外剪除

单击【在外剪除】按钮，用于剪裁交叉与两个所选边界之外的部分。先在选择两条边界实体（B），然后在选择要保留的部分（T），如图 2-81 所示。

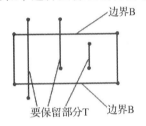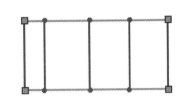

图 2-81　在外剪除

（5）剪裁到最近端

单击【剪裁到最近端】按钮，用于将在所选的实体剪裁到最近的交点，如图 2-82 所示。

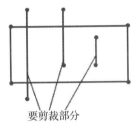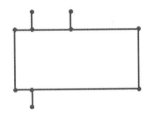

图 2-82　剪裁到最近端

单击【剪裁到最近端】按钮，在的草图中，单击左键选取实体端点，移动鼠标可延伸实体，如图 2-83 所示。

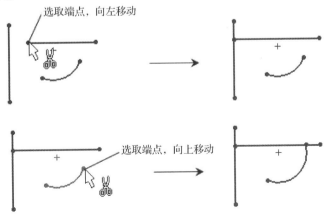

图 2-83　延伸实体

2.3.6　延伸实体

可增加草图实体(直线、中心线、或圆弧)的长度。

在打开的草图中，单击【草图】工具栏上的【延伸实体】按钮 T，指针形状变为 ↘T。将指针移到草图实体上以延伸。

所选实体以浅蓝色出现，延伸实体在预览中以粉红色出现。

如果预览以错误方向延伸，将指针移到直线或圆弧另一半上。

单击草图实体进行预览，如图2-84所示。

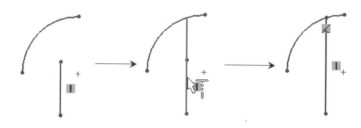

图2-84　延伸实体

2.3.7　转换实体引用

通过将边线、环、面、曲线、外部草图轮廓线、一组边线或一组草图曲线投影到草图基准面上，在该绘图平面上生成草图实体。

在打开的草图中，单击模型边线、环、面、曲线、外部草图轮廓线、一组边线或一组曲线。

单击【草图】工具栏上的【转换实体引用】按钮 ⬜，将建立以下几何关系，如图2-85所示。

【在边线上】：鼠标指在 ⬜ 图标时显示在"在边线上"是在新的草图曲线和实体之间生成。

【固定】：◉图标表示草图实体的端点，由草图实体内部生成，使草图保持"完全定义"状态。当使用【显示/删除几何关系】时，不会显示此内部几何关系。拖动这些端点可移除"固定"几何关系。

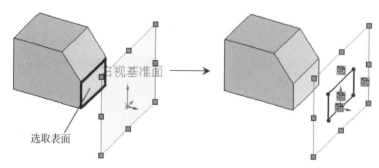

图2-85　延伸实体

2.3.8　线性草图阵列

利用线性草图阵列可将草图中的图形生成线性排列。

(1)线性草图阵列的具体操作过程

在模型面上打开一张草图，并绘制一个或多个需阵列的项目。选择下拉菜单【工具】→【草图绘制工具】→【线性阵列】命令，出现【线性阵列】对话框。

在【方向 1】选项卡下，设定：

①在【间距】文本框输入阵列实例之间的距离。

②在【数量】在文本框输入阵列实例的总数，包括原始草图实体。

③在【角度】文本框输入阵列的旋转角度。

④单击【反向】按钮 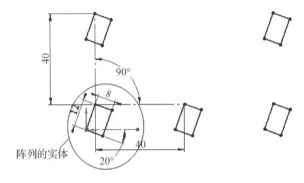，反转阵列的方向。

⑤选中【添加尺寸】复选框。若想以两个方向生成阵列，重复步骤②并为【方向 2】设定数值。选中【在轴之间添加角度尺寸】复选框。

⑥激活【要阵列的实体】列表框，在 选择草图实体。

⑦激活【可跳过的实例】列表框，在草图中选择要删除的实例。若想将实例返回到阵列中，在【可跳过的实例】中选择实例然后按 Delete 键。

⑧单击【确定】按钮。

（2）线性草图阵列的应用

【例 2-1】 完成如图 2-86 所示线性阵列。

图 2-86 删除第二行第二列实体的线性阵列实例

操作步骤：

①选择下拉菜单【工具】→【草图绘制工具】→【线性阵列】命令，出现【线性阵列】对话框。

②设置【方向 1】，在【间距】文本框输入"40mm"，在【数量】文本框输入"3"，选中【添加尺寸】复选框。

③设置【方向 2】，在【间距】文本框输入"40mm"，在【数量】文本框输入"2"，选中【添加尺寸】复选框。

④激活【要阵列的实体】列表框，在图形区选择要阵列的实体。

⑤选中【在轴之间添加角度尺寸】复选框。

⑥激活【可跳过的实例】列表框，在草图中选择要删除的实例。

⑦单击【确定】按钮，如图 2-87 所示。

由于第一个实体在坐标原点且已标注尺寸，所以该圆为黑色，另外 4 个实体为蓝色，下面添加几何关系和标注尺寸，使其完全定义。

单击【草图】工具栏上的【添加几何关系】按钮，出现"添加几何关系"属性管理器，在图形区选择水平构造线，单击【水平】按钮，添加水平几何关系，单击【确定】按钮，如图 2-88 所示。完成线性阵列。

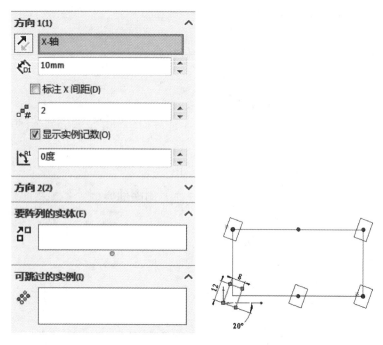

图 2-87　完成线性阵列

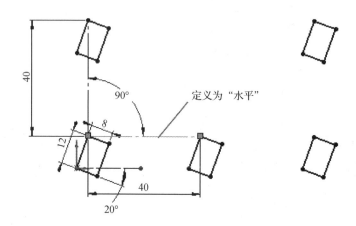

图 2-88　定义线性阵列几何关系

2.3.9　圆周草图阵列

利用圆周草图阵列可将草图中的图形生成圆周排列。

（1）圆周草图阵列的具体操作过程

在模型面上打开一张草图，并绘制一个需阵列的项目。选择下拉菜单【工具】→【草图绘制工具】→【圆周阵列】命令，出现【圆周阵列】对话框。

单击【反向旋转】按钮 ⟳ ，反转阵列旋转。

在【中心 X】文本框输入 X 坐标数值以定位阵列的中心点或顶点。

在【中心 Y】文本框输入 Y 坐标数值以定位阵列的中心点或顶点。

说明：在图形区中拖动阵列的中心点或顶点。X 和 Y 坐标相应更新。

在【数量】文本框输入阵列实例总数，包括原始草图实体在内。

在【间距】文本框输入阵列实例之间的角度 。

选中【等间距】复选框，"间距"为指定阵列中第一和最后实例之间的角度。

取消【等间距】复选框，此时"间距"为指定阵列实例之间的角度。

【半径】 ，指测量自阵列的中心到所选实体上中心点或顶点的距离。

【圆弧角度】 ，指测量从所选实体的中心到阵列的中心点或顶点的夹角。

激活【要阵列的实体】列表框，在图形区选择要阵列的实体。

选中【在轴之间添加角度尺寸】复选框。

激活【可跳过的实例】列表框，在草图中选择要删除的实例。若想将实例返回到阵列中，在【可跳过的实例】中选择实例然后按 Delete 键。

单击【确定】按钮 。

(2)圆周草图阵列的应用

【例 2-2】 完成如图 2-89 所示圆周阵列。

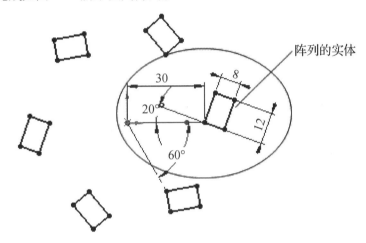

图 2-89　圆周阵列实例

操作步骤：

选择下拉菜单【工具】→【草图绘制工具】→【圆周阵列】命令，出现【圆周阵列】对话框。

在【中心 X】文本框输入"0"。

在【中心 Y】文本框输入"0"。

在【数量】文本框输入"6"。

选中【等间距】复选框。

选中【添加尺寸】复选框。

激活【要阵列的实体】列表框，在图形区选择要阵列的实体。

单击【确定】按钮 ，如图 2-90 所示。

由于第一个实体在坐标原点且已标注尺寸，所以该圆为黑色，另外 5 个实体为蓝色，下面添加几何关系和标注尺寸，使其完全定义。

先删除"30"尺寸，如图 2-91(a)，再将圆心调整离开坐标原点，如图 2-91(b)，然后将其拖到坐标原点，结果如图 2-91(c)所示，5 个实体完全变黑。完成圆周阵列。

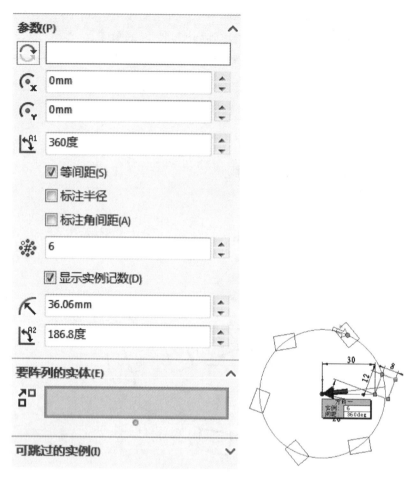

图 2-90　完成圆周阵列

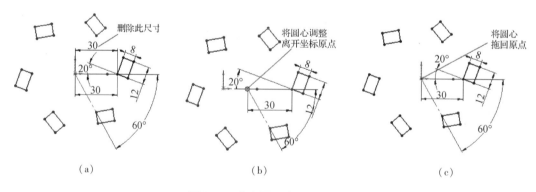

（a）　　　　　　　　（b）　　　　　　　　（c）

图 2-91　定义圆周阵列几何关系

2.4　标注尺寸与尺寸驱动

在 SoildWorks 中绘制草图，不需按尺寸一步到位，可以先绘制大致形状，然后标注尺寸加以约束，图形将自动按尺寸发生变化。SolidWorks 中的尺寸标注是一种参数式的软件，即图形的形状或各部分间的相对位置与所标注的尺寸相关联，若想改变图形的形状大小或各部分间的相对位置，只要改变所标注的尺寸就可完成。

2.4.1　标注尺寸的方法

单击【草图】工具栏上的【智能尺寸】按钮 ，鼠标指针变为 ，进行尺寸标注。按 Esc 键，或再次单击 ，退出尺寸标注。

（1）线性尺寸的标注

线性尺寸一般分为水平尺寸、垂直尺寸或平行尺寸 3 种。

启动标注尺寸命令后，鼠标移动到需标注尺寸的直线位置附近，当光标形状为 时，表示系统捕捉到直线，如图 2-92（a）所示，单击鼠标。

移动鼠标，将拖出线性尺寸，当尺寸成为如图 2-92（b）所示的水平尺寸时，在尺寸放置的合适位置单击鼠标，确定所标注尺寸的位置，同时出现【修改】对话框，图 2-92（c）所示。

在【修改】对话框中输入尺寸数值。

单击【确定】按钮，完成该线性尺寸的标注。

当需标注垂直尺寸或平行尺寸时，只要在选取直线后，移动鼠标拖出垂直或平行尺寸，如图 2-93 所示。

 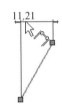  

（a）选取直线　　（b）单击后拖出水平尺寸　　（c）单击确定尺寸位置，出现对话框　　（d）标注水平尺寸

图 2-92　线性水平尺寸的标注

 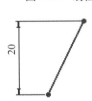

（a）拖出垂直尺寸　　（b）标注垂直尺寸　　（c）拖出平行尺寸　　（d）标注平行尺寸

图 2-93　线性水平尺寸的标注

（2）角度尺寸的标注

角度尺寸分为两种：一种是两直线间的角度尺寸；另一种是直线与点间的角度尺寸。

启动标注尺寸命令后，移动鼠标，分别单击选取需标注角度尺寸的两条边。

移动鼠标，将拖出角度尺寸，鼠标位置的不同，将得到不同的标注形式。

单击鼠标，将确定角度尺寸的位置，同时出现【修改】对话框。

在【修改】对话框中输入尺寸数值。

单击【确定】按钮，完成该角度尺寸的标注，如图 2-94 所示。

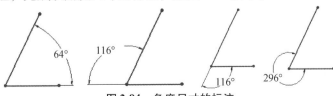

图 2-94　角度尺寸的标注

当需标注直线与点的角度时，不同的选取顺序，会导致尺寸标注形式的不同，一般的选取顺序是：直线一端点→直线另一个端点→点。如图 2-95 所示。

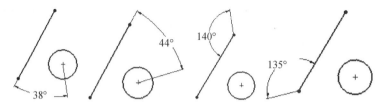

图 2-95　直线与点间角度尺寸标注

（3）圆弧尺寸的标注

圆弧的标注分为标注圆弧半径、标注圆弧的弧长和标注圆弧对应弦长的线性尺寸。

①圆弧半径的标注。直接单击圆弧，如图 2-96（a）所示，拖出半径尺寸后，在合适位置放置尺寸，如图 2-96（b）所示，单击鼠标出现【修改】对话框，在【修改】对话框中输入尺寸数值，单击【确定】按钮，完成该圆弧半径尺寸的标注，如图 2-96（c）所示。

（a）选取圆弧　　　　（b）拖动尺寸，单击确定尺寸位置　　　　（c）完成圆弧半径的标注

图 2-96　标注圆弧半径

②圆弧弧长的标注。分别选取圆弧的两个端点，如图 2-97（a）所示，再选取圆弧，如图 2-97（b）所示，此时，拖出的尺寸即为圆弧弧长。在合适位置单击鼠标，确定尺寸的位置，如图 2-97（c）所示，单击鼠标出现【修改】对话框，在【修改】对话框中输入尺寸数值，单击【确定】按钮，完成该圆弧半弧长尺寸的标注，如图 2-97（d）所示。

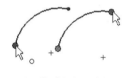

（a）分别选取两端点　　（b）选取圆弧　　（c）拖动尺寸，单击确定尺寸位置　　（d）完成圆弧弧长的标注

图 2-97　标注圆弧弧长

③圆弧对应弦长的标注。分别选取圆弧的两个端点，拖出的尺寸即为圆弧对应弦长的线性尺寸，出现【修改】对话框，在【修改】对话框中输入尺寸数值，单击【确定】按钮，完成该圆弧对应弦长尺寸的标注，如图 2-98 所示。

（4）圆的尺寸的标注

启动标注尺寸命令后，移动鼠标，单击选取需标注直径尺寸的圆。

移动鼠标，将拖出直径尺寸，鼠标位置不同，将得到不同的标注形式。

单击鼠标，将确定直径尺寸的位置，同时出现【修改】对话框。

在【修改】对话框中输入尺寸数值。

单击【确定】按钮，完成该圆尺寸的标注，如图 2-99 所示。

（5）中心距标注

启动标注尺寸命令后，移动鼠标，单击选取需标注中心距尺寸的圆，如图 2-100（a）所示。

移动鼠标，拖出中心距尺寸，如图 2-100（b）所示。

图 2-98　标注圆弧对应弦长

单击鼠标，将确定角度尺寸得位置，同时出现【修改】对话框。

在【修改】对话框中输入尺寸数值。

单击【确定】按钮，完成该中心距尺寸的标注，如图2-100(c)所示。

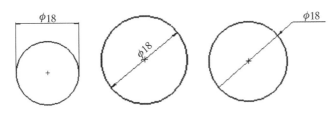

图2-99 圆尺寸的标注的三种形式

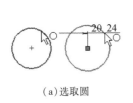 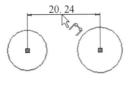 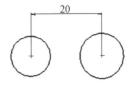

(a)选取圆　　　　　(b)移动鼠标，拖出中心距尺寸　　　　　(c)中心距尺寸的标注

图2-100 中心距尺寸的标注

(6)同心圆之间标注尺寸并显示延伸线

启动标注尺寸命令后，移动鼠标，单击一同心圆，然后单击第二个同心圆。

若想显示延伸线，单击右键。

单击以放置尺寸，如图2-101所示。

图2-101 同心圆之间
标注尺寸并显示延伸线

2.4.2 修改尺寸的方法

在绘制草图过程中，常常需要修改尺寸。

(1)修改尺寸数值

在草图绘制状态下，移动鼠标至需修改数值的尺寸附近，当尺寸被高亮显示且光标形状为
 时，如图2-102(a)所示，双击鼠标，出现【修改】对话框，在【修改】对话框中输入尺寸数值，
如图2-102(b)所示，单击【确定】按钮，完成尺寸的修改，如图2-102(c)所示。

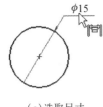  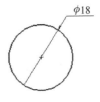

(a)选取尺寸　　　　　(b)【修改】尺寸对话框　　　　　(c)完成尺寸的修改

图2-102 修改尺寸数值

(2)修改尺寸属性

大半径尺寸可缩短其尺寸线，具体操作步骤如下：

选择标注好的尺寸，在【尺寸】属性管理器中单击【更多属性】按钮，出现【尺寸属性】对话
框，如图2-103(a)所示，选中【半径尺寸线打折】复选框，单击【确定】按钮，如图2-103(b)
所示。

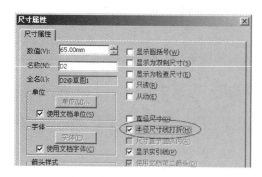
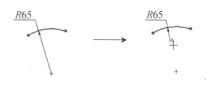

（a）【尺寸属性】对话框　　　　　　　　（b）半径尺寸线打折

图 2-103　缩短尺寸线

标注两圆，具体操作步骤如下：

选择两圆标注如图 2-104（a），选择标注好的尺寸，在【尺寸】属性管理器中单击【更多属性】按钮，出现【尺寸属性】对话框，第一圆弧条件选择【最小】单选按钮，第二圆弧条件选择【最小】单选按钮，如图 2-104（b）所示，标注最小距离；第一圆弧条件选择【最大】单选按钮，第二圆弧条件选择【最大】单选按钮，如图 2-104（c）所示，标注最大距离。

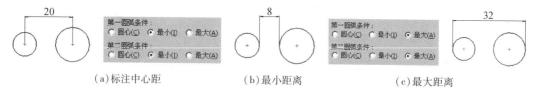

（a）标注中心距　　　　　　　　（b）最小距离　　　　　　　　（c）最大距离

图 2-104　圆之间距离的方式标注

2.4.3　实例分析

（1）标注尺寸

①选择【文件】→【新建】命令，在弹出的对话框中选择【零件】，然后单击【确定】按钮。如图 2-105 所示，进入草图绘制状态后绘制矩形，图形为蓝色，表示草图未完整定义，在鼠标显示状态，可拖动 4 个角点改变矩形的大小。

②单击【标注尺寸】按钮，用下列方法之一标注尺寸：

- 选取需要标注尺寸的线段。
- 选取需要标注尺寸的线段的两端点。
- 选取两条线。

用鼠标确定尺寸的位置后，在弹出的对话框中修改尺寸为"40"，如图 2-106 所示。

③单击【确定】按钮后，图形将自动按尺寸发生变化。

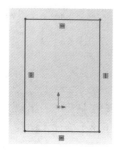
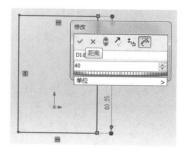

图 2-105　绘制一矩形　　　　　　　　图 2-106　修改尺寸

④按图2-107所示标注其余的尺寸，标注完毕图形变为黑色，表示草图已完整定义。

⑤角度标注。这时如果继续标注相邻的两条边的角度将发生过定义（试一试），如图2-108所示，屏幕将出现对话框提示"此尺寸已过定义"，问是否将此尺寸设为从动尺寸，点击【确定】，则尺寸90°将作为从动尺寸，即参考尺寸。从动尺寸将以灰色显示（系统默认设置）。

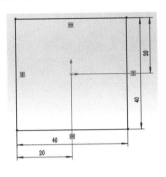
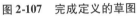

图2-107 完成定义的草图

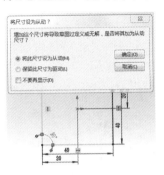

图2-108 草图过定义

⑥圆弧标注。如图2-109所示，以"圆心/起点/终点 🗗"方式画圆弧，圆心在原点上，起点在竖线上，终点在水平线上，用"修剪 🗙"剪去多余线段，圆弧尺寸为"R20"，如图2-110所示。

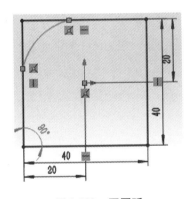

图2-109 画圆弧

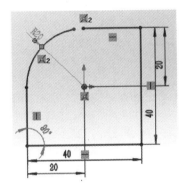

图2-110 标注圆弧尺寸

（2）修改实体模型的尺寸

当要改变草图尺寸时，只需在要改变的尺寸上双击，如图2-111所示，双击尺寸"40"，然后在弹出的【修改】对话框中输入新的数据50，单击【确定】按钮 ✔ 后，其外形将随尺寸而改变，如图2-112所示。

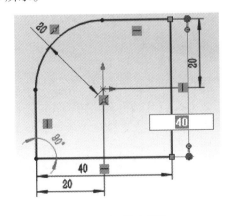

图2-111 尺寸修改

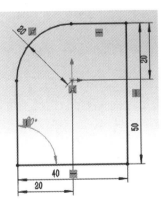

图2-112 尺寸修改后

• 将上述草图拉伸为一个实体以用于下面的操作：单击【拉伸凸台/基体】图标 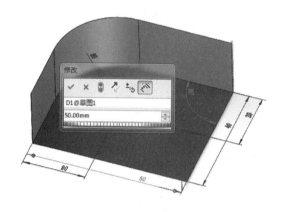，终止条件选择【给定深度】，总深度为"20"，单击【确定】按钮 ✔。

• 对于实体模型也可改变尺寸，只需要将鼠标指针移至需要修改尺寸的面上双击，尺寸会自动显示出来，再双击具体的尺寸，进行修改，如图2-113所示。

• 点击屏幕空白处尺寸将隐藏。

• 若要始终显示尺寸，点击特征管理设计树上的"注解"，单击右键，在右键菜单中选"显示特征尺寸"，如图2-114所示。

注：复杂的零件尺寸较杂乱，可分别修改草图和特征定义。

图2-113　修改实体模型的尺寸

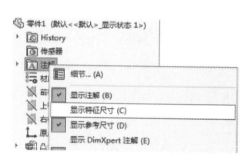

图2-114　显示特征尺寸

2.5　几何关系

2.5.1　自动添加几何关系

使用SoildWorks绘2D轮廓线时，会自动在所绘制的轮廓线上添加几何关系，请注意光标提示，如图2-115所示。

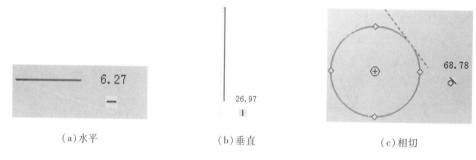

（a）水平　　　　　　（b）垂直　　　　　　　　（c）相切

图2-115　光标提示

自动添加几何关系在多数情况下可以提高绘图效率，但有时也会给初学者带来以下问题：

• 当你想画一根接近水平但不是水平的线时，自动添加了水平几何关系使你只能画水平线。

• 当你想从靠近已有线段的中点处画线时，系统将自动添加与中点重合的关系。

类似的情况还有很多，这时应注意光标提示，采用夸张的画法避开自动添加几何关系，以后通过标尺寸使其约束到位；或选取【工具】→【选项】→【系统选项】→【草图】，然后取消【自动添加几何关系】前的 ✔，关闭自动添加几何关系。

2.5.2 添加几何关系

几何约束除了自动添加外还可以手动添加，表 2-3 为可以手动添加的几何关系的类型。

表 2-3 几何关系的类型

几何关系	图像像素选取的方式	结果
水平	一条或多条直线	维持水平关系
共线	两条或多条直线	对齐于同一条直线上
垂直	两条直线	相互垂直于对方
相切	弧与弧	维持相切的关系
中点	一个点与一条直线	维持线段上的中点
重合	一个点与一图像像素	点与图像像素重合
对称	一条中心线与两个图像像素	产生左右对称的关系
穿透	一个草图点与另一草图或实体边线	使两不同草图或实体边线重合
竖直	一条或多条直线	维持垂直关系
全等	两个或多的弧	两个或多个弧的圆心和半径相同
平行	两条或多条直线	图像像素之间保持平行
同心	两个或多的弧	圆或弧共享一个圆心
交叉点	两条直线	置于两线段的交叉点
相等	两条或多条直线两个或多的弧	线长及圆弧保持相等
固定	任何图像像素	将图像像素固定
融合点	两个草图或端点	合并成一个点

2.5.3 删除几何关系

在上例基础上如果标注相邻的两条边的角度将发生过定义，如图 2-116 所示，屏幕将出现对话框提示"此尺寸已过定义"，点击【确定】后，将出现又一对话框，问是否将此尺寸设为从动尺寸，选择"保留此尺寸为驱动"，点击【确定】，这样将发生过定义，过定义的边为黄色。

发生过定义后可以删除多余的尺寸或将尺寸的属性改为从动，也可以删除多余的几何关系，方法如下：

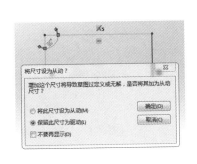

图 2-116 草图过定义

图 2-117 几何关系属性管理

①点击常用工具栏中【显示/删除几何关系】按钮 ⊥₀ 或选择【工具】→【几何关系】→【显示/删除】命令，属性管理器中将列出当前草图的几何约束，默认的状态是显示当前草图中的所有几何关系，过定义的几何关系将以黄色显示(图 2-117)。

②选中某一项几何关系，草图中有关部分将以亮蓝色显示，由此可查看所有几何关系。

本例中过定义的是"水平 13""竖直 12""角度 24"(注：几何关系后的序号与定义的先后有关，读者在操作时不一定与本书一致)，分别表示了 L13 具有水平关系，L12 具有竖直关系及 L2 与 L4 之间的夹角。删除任意一个都可以解决过定义问题，现选中"竖直 12"，点击【删除】，这时草图将解除过定义。

说明：已往所标的尺寸也以距离和角度的形式反映在几何关系中，删除某一距离关系将删除对应的长度尺寸；删除某一角度关系也将删除对应的角度尺寸。

2.6 绘制草图实例

下面通过绘制如图 2-118 所示的草图，熟悉草图的绘制过程。

①新建零件文件。单击【标准】工具栏中的 ▢(新建)按钮，系统弹出【新建 SolidWorks 文件】对话框，选择 ▨(零件)，单击 **确定**(确定)按钮，进入零件设计环境。

②单击【草图】工具栏上的 草图绘制(草图绘制)按钮，系统提示进入选择基准面，在绘图区选择【前视基准面】，如图 2-119 所示，进入草图绘制界面。

③单击【草图】常用工具栏中的 ╱(中心线)按钮，绘制如图 2-120 所示的中心线。

④单击【草图】常用工具栏中的 ◉(圆)按钮，绘制如图 2-121 所示的图。

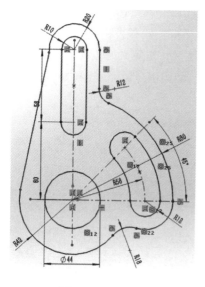

图 2-118 草 图

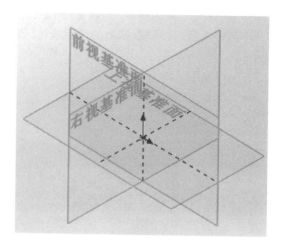

图 2-119 选择"前视基准面"

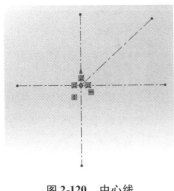

图 2-120　中心线

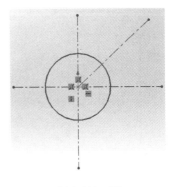

图 2-121　圆

⑤单击【草图】常用工具栏中的 （直槽口）按钮，在绘图区绘制如图 2-122 所示直槽口。

⑥单击【草图】常用工具栏中的 （三点圆弧槽口）按钮，在绘图区域绘制如图 2-123 所示圆弧槽口。

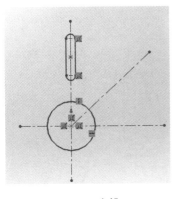

图 2-122　直槽口

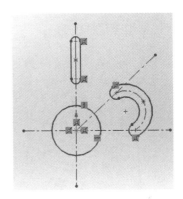

图 2-123　圆弧槽口

⑦按住 Ctrl 键，依次选择三点圆弧槽口的中心线和圆的边线，在关联工具栏中选择 （同心）几何关系，如图 2-124 所示，得到草图如图 2-125 所示。

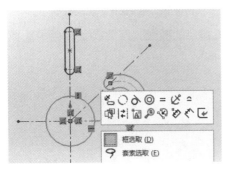

图 2-124　添加几何关系

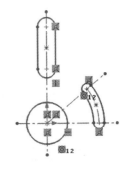

图 2-125　草　图

⑧单击常用【草图】工具栏中的 （智能尺寸）按钮，添加如图 2-126 所示的尺寸标注。

⑨单击【草图】常用工具栏中的 （圆心/起/终点画弧）按钮，绘制如图 2-127 所示的两端圆弧。

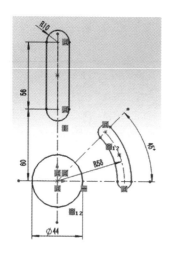

图 2-126　尺寸标注

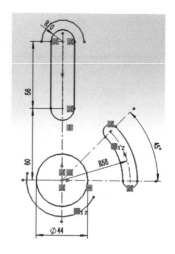

图 2-127　两端圆弧

⑩单击【草图】常用工具栏中的 （直线）按钮，绘制如图 2-128 所示的两条直线。

⑪单击【草图】常用工具栏中的 （切线弧）按钮，绘制如图 2-129 所示的切线弧。

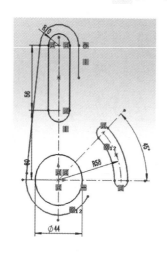

图 2-128　两条直线

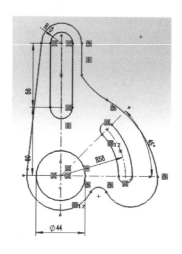

图 2-129　圆切线弧

⑫按住 Ctrl 键，依次选择圆弧和三点圆弧槽口的圆弧，在关联工具栏中选择 （同心）几何关系，如图 2-130 所示，得到草图如图 2-131 所示。

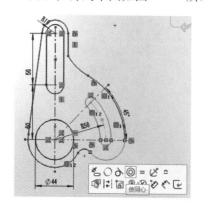

图 2-130　添加"同心"几何关系

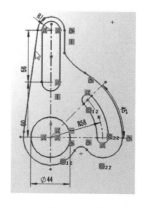

图 2-131　添加几何关系后草图

⑬继续添加几何关系，按住 Ctrl 键，依次选择圆弧和三点圆弧槽口的圆弧，在关联工具栏中选择 ◎ (同心) 几何关系，如图 2-132 所示。

⑭继续添加几何关系，按住 Ctrl 键，依次选择如图 2-133 所示的圆弧和直线，在关联工具栏中选择 ○ (相切) 几何关系。

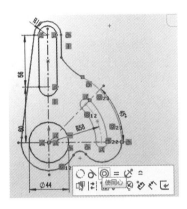

图 2-132　添加"同心"几何关系

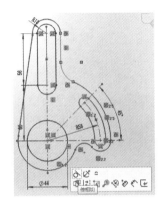

图 2-133　添加"相切"几何关系

⑮单击常用【草图】工具栏中的 ✦ (智能尺寸) 按钮，添加如图 2-134 所示的尺寸标注。草图完全定义，完成草图，如图 2-135 所示。

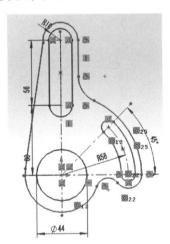

图 2-134　添加几何关系后图形

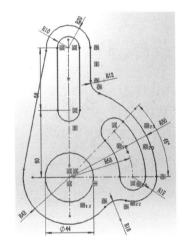

图 2-135　完成草图

⑯单击绘图区右上角【草图确认区】的 ↵ (退出草图) 命令。

⑰单击标准工具栏的 💾 (保存) 按钮，弹出【另存为】对话框，选择保存路径，输入文件名，单击 保存(S) (保存) 按钮。

本章小结

通过本章的学习，应该了解 SolidWorks 中绘制草图的基本概念、流程和绘制原则；掌握草图绘制实体命令的操作方法；熟练为草图添加几何关系，为草图标注尺寸，解除草图的完全定义等问题。

▶▶▶ 第3章 实体特征设计

草图绘制是建立三维几何模型的基础。SolidWorks 的核心功能是零件的三维建模，其建模工具包括特征造型和曲面设计等。零件模型由各种特征生成，零件的设计过程就是特征的相互组合、叠加、切割和减除过程。特征可分为基本特征、附加特征和参考几何体，本章重点阐述的是基本特征，包括拉伸、旋转、扫描和放样等特征造型工具。这些基本特征大部分是在草图基础上形成的，又称为基于草图的特征。

➲ 学习目标

了解 SolidWorks 特征建模的思路。
熟练设置拉伸特征和旋转特征的参数。
熟练使用拉伸特征和旋转特征创建三维模型。
熟练设置扫描特征和放样特征的参数。
熟练使用扫描特征和放样特征创建三维模型。

3.1 拉伸凸台/基体特征

拉伸凸台/基体特征是 SolidWorks 模型中最常用的建模特征，是将草图沿着一个或两个方向延伸一定距离生成的特征。建立拉伸特征需要给定拉伸特征的有关要素，即草图轮廓、拉伸方向、"从"下拉列表和"方向1"下拉列表。拉伸可以是拉伸基体、凸台、拉伸切除、薄壁或曲面。

3.1.1 拉伸特征的分类及操作

按照拉伸特征形成的形状以及对零件产生的作用，可以将拉伸特征分为实体或薄壁拉伸、凸台/基体拉伸、切除拉伸、曲面拉伸，如图 3-1 所示。

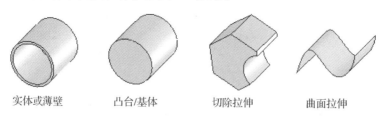

实体或薄壁　　　　凸台/基体　　　　切除拉伸　　　　曲面拉伸

图 3-1　拉伸的分类

建立【拉伸】特征的操作步骤如下：
①生成草图。
②单击拉伸工具之一：

单击【特征】工具栏上的【拉伸凸台/基体】按钮▣，或选择下拉菜单【插入】→【凸台/基体】→【拉伸】命令。

单击【特征】工具栏上的【拉伸切除】按钮 ▣，或
选择下拉菜单【插入】→【切除】→【拉伸】命令。

单击【曲面】工具栏上的【拉伸曲面】按钮 ◈，或
选择下拉菜单【插入】→【曲面】→【拉伸】命令。

出现【拉伸】属性管理器，如图 3-2 所示，设定以下
选项，然后单击【确定】按钮 ✅。

3.1.2　确定拉伸特征的选项

（1）反向

单击【反向】按钮 ↗，延伸特征的方向与预览中
方向相反。

（2）拉伸方向

在图形区域中选择方向向量拉伸草图。

（3）设定拉伸特征的开始条件

设定拉伸特征的开始条件，拉伸特征有 4 种不同形
式的开始类型，如图 3-3 所示。

【草图基准面】：从草图所在的基准面开始拉伸。

【曲面/面/基准面】：从这些实体之一开始拉伸。

【顶点】：从选择的顶点开始拉伸。

【等距】：从与当前草图基准面等距的基准面
上开始拉伸。在【输入等距值】中设定等距距离。

（4）设定拉伸特征的终止条件

设定拉伸特征的终止条件，拉伸特征有 7 种
不同形式的终止类型，如图 3-4 所示。

【给定深度】：从草图的基准面拉伸特征到指
定的距离。

【完全贯穿】：从草图的基准面拉伸特征直到
贯穿所有现有的几何体。

【成形到顶点】：从草图的基准面拉伸特征到
一个与草图基准面平行，且穿过指定顶点的平面。

【成形到下一面】：从草图的基准面拉伸特征
到相邻的下一面。

图 3-2　【拉伸】属性管理器

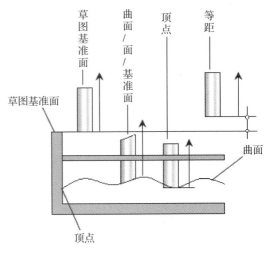

图 3-3　各种开始条件及其结果

【成形到一面】：从草图的基准面拉伸特征到一个要拉伸到的面或基准面。

【到离指定面指定的距离】：从草图的基准面拉伸特征到一个面或基准面指定距离平移处。

【两侧对称】：从草图的基准面开始，沿正、负两个方向拉伸特征。

（5）拔模

【拔模开/关】 ◪：设定拔模角度，如图 3-5 所示。

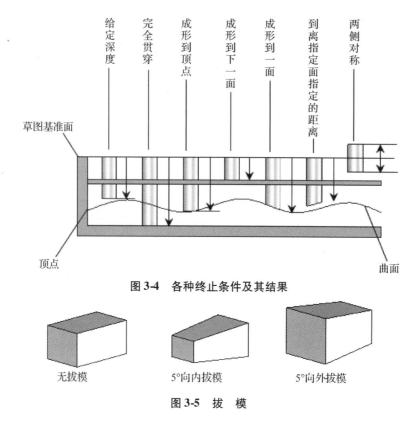

图3-4　各种终止条件及其结果

图3-5　拔　模

（6）反侧切除

反侧切除仅限于拉伸的切除。移除轮廓外的所有材质。默认情况下，材料从轮廓内部移除，如图3-6所示。

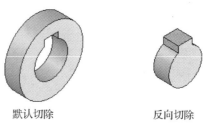

图3-6　反侧切除

（7）薄件特征

选中【薄壁特征】复选框，则拉伸得到的是薄壁体，在薄壁特征中，可以选择薄壁特征厚度对于草图的方向类型。

【单向】：设定从草图以一个方向（向外）拉伸的【厚度】。

【两侧对称】：设定同时以两个方向从草图拉伸的【厚度】。

【两个方向】：设定不同的拉伸厚度，【方向1 厚度】和【方向2 厚度】。

选中【自动加圆角】复选框，在每一个具有直线相交夹角的边线上生成圆角。指定【圆角半径】设定圆角的内半径。

选中【顶端加盖】复选框，为薄壁特征拉伸的顶端加盖，生成一个中空的零件。

选中【加盖厚度】复选框，选择薄壁特征从拉伸端到草图基准面的加盖厚度。

（8）所选轮廓

【所选轮廓】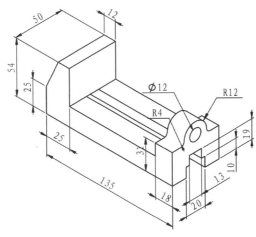：允许使用部分草图来生成拉伸特征。在图形区域中选择草图轮廓和模型边线，如图 3-7 所示。

说明：若想从草图基准面以双向拉伸，在【方向 1】和【方向 2】中设定【属性管理器】选项。

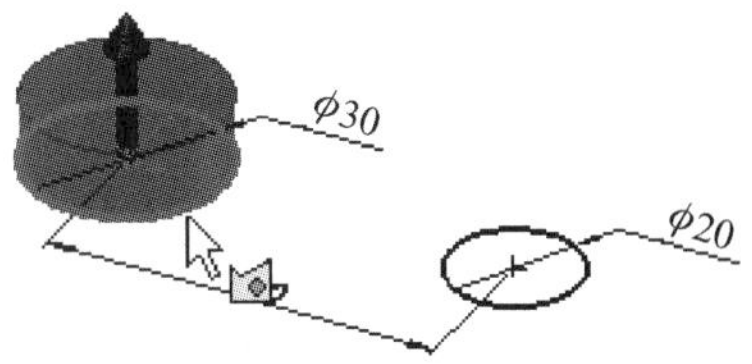

图 3-7　选择轮廓

3.1.3　拉伸特征的应用

【例 3-1】　应用拉伸特征创建台钳钳身三维模型，如图 3-8 所示。

图 3-8　台钳钳身

（1）建模分析

建立模型时，应先创建凸台特征，后创建切除特征，此模型的建立将分为 A→B→C 三部分完成，如图 3-9 所示。

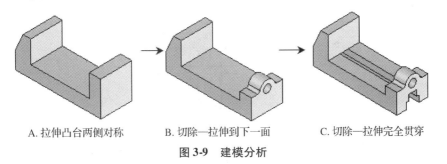

A.拉伸凸台两侧对称　　B.切除—拉伸到下一面　　C.切除—拉伸完全贯穿

图 3-9　建模分析

（2）建模步骤

新建零件：选择下拉菜单【文件】→【新建】命令，在新建对话框中单击【零件】图标，单击【确定】。

A 部分：在 FeatureManager 设计树中选择"前视基准面"，单击【草图】工具栏上的【草图绘制】按钮，进入草图绘制，绘制如图 3-10 所示的草图。

单击【特征】工具栏上的【拉伸凸台/基体】按钮，出现【拉伸】属性管理器，在【开始条件】下拉列表框内选择【草图基准面】选项，在【终止条件】下

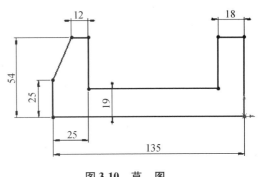

图 3-10　草　图

拉列表框内选择【两侧对称】选项，在【深度】文本框内输入"50mm"，如图 3-11 所示，单击【确定】按钮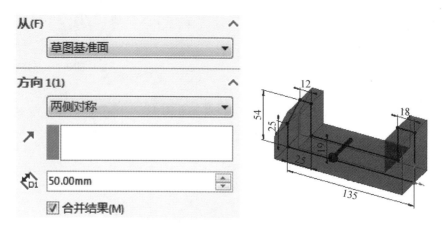。

图 3-11 基体拉伸特征

B 部分：在图形区选择右端面，单击【草图】工具栏上的【草图绘制】按钮 ，进入草图绘制，绘制如图 3-12 所示的草图。

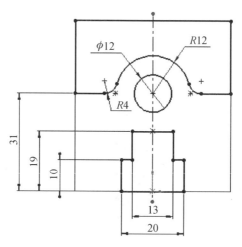

图 3-12 草 图

单击【特征】工具栏上的【拉伸切除】按钮 ，出现【切除-拉伸】属性管理器，在【开始条件】下拉列表框内选择【草图基准面】选项，在【终止条件】下拉列表框内选择【成形到下一面】选项，激活【所选轮廓】列表框，在绘图区选择需要切除的面，在【所选轮廓】中出现"草图 2 – 局部范围 ＜1 ＞"和"草图 2-轮廓 ＜1 ＞"，如图 3-13 所示，单击【确定】按钮 。

C 部分：在 FeatureManager 设计树中选择"草图 2"，单击【特征】工具栏上的【拉伸切除】按钮 ，出现【切除-拉伸】属性管理器，在【开始条件】下拉列表框内选择【草图基准面】选项，在【终止条件】下拉列表框内选择【完全贯穿】选项，激活【所选轮廓】列表框，在绘图区选择需要切除的面，在【所选轮廓】中出现"草图 2-局部范围 ＜1 ＞"，如图 3-14 所示，单击【确定】按钮 。

完成，存盘。

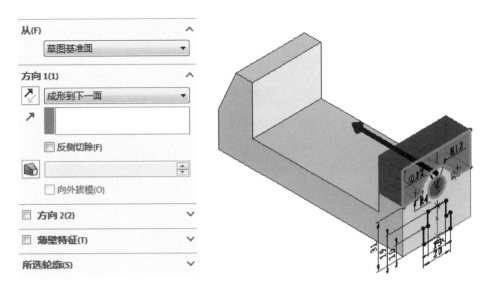

图 3-13　拉伸切除特征

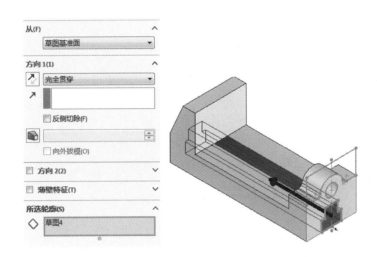

图 3-14　拉伸切除特征

【例 3-2】　应用拉伸特征创建支架三维模型，如图 3-15 所示。

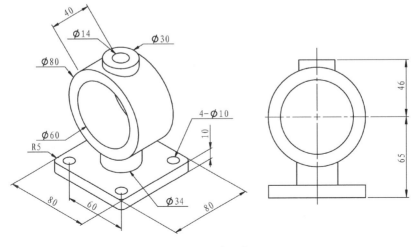

图 3-15　支　架

（1）建模分析

建立模型时，应先创建凸台特征，后创建切除特征，此模型的建立将分为 A→B→C→D→E 五部分完成，如图 3-16 所示。

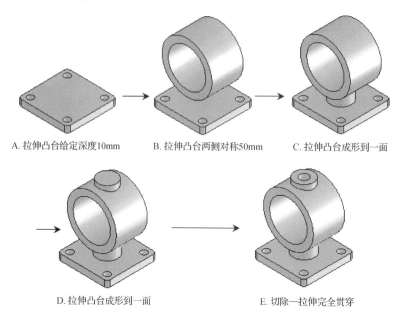

A. 拉伸凸台给定深度10mm　　B. 拉伸凸台两侧对称50mm　　C. 拉伸凸台成形到一面

D. 拉伸凸台成形到一面　　　　　　　　　　E. 切除—拉伸完全贯穿

图 3-16　建模分析

（2）建模步骤如下

新建模型：选择下拉菜单【文件】→【新建】命令，在新建对话框中单击【零件】图标，单击【确定】。

A 部分：在 FeatureManager 设计树中选择"上视基准面"，单击【草图】工具栏上的【草图绘制】按钮，进入草图绘制，绘制如图 3-17 所示的草图。

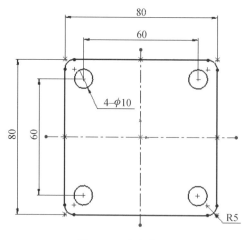

图 3-17　底座草图

单击【特征】工具栏上的【拉伸凸台/基体】按钮，出现【拉伸】属性管理器，在【开始条件】下拉列表框内选择【草图基准面】选项，在【终止条件】下拉列表框内选择【给定深度】选项，在【深度】文本框内输入"10mm"，如图 3-18 所示，单击【确定】按钮。

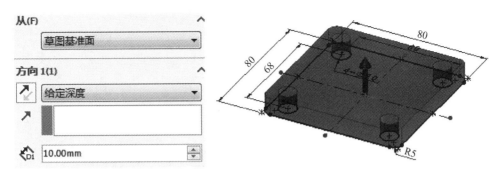

图 3-18　基体拉伸特征

B 部分：在 FeatureManager 设计树中选择"前视基准面"，单击【草图】工具栏上的【草图绘制】按钮 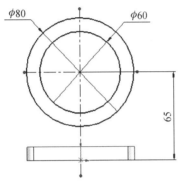，进入草图绘制，绘制如图 3-19 所示的草图。

图 3-19　端面草图

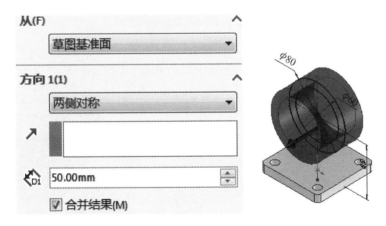

图 3-20　拉伸特征

单击【特征】工具栏上的【拉伸凸台/基体】按钮 ，出现【拉伸】属性管理器，在【开始条件】下拉列表框内选择【草图基准面】选项，在【终止条件】下拉列表框内选择【两侧对称】选项，在【深度】文本框内输入"50mm"，如图 3-20 所示，单击【确定】按钮 。

C 部分：选择底面，单击【草图】工具栏上的【草图绘制】按钮 ，进入草图绘制，绘制如图 3-21 所示的草图。

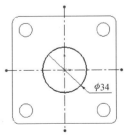

图 3-21　底面草图

单击【特征】工具栏上的【拉伸凸台/基体】按钮 🗔，出现【拉伸】属性管理器，在【开始条件】下拉列表框内选择【草图基准面】选项，在【终止条件】下拉列表框内选择【成形到一面】选项，将光标移到绘图区选择需要拉伸的终止面，如图 3-22 所示，单击【确定】按钮 ✅。

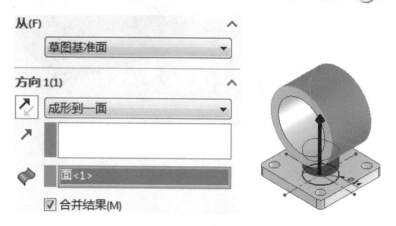

图 3-22　基体拉伸特征

D 部分：在 FeatureManager 设计树中选择"上视基准面"，单击【草图】工具栏上的【草图绘制】按钮 ✏️，进入草图绘制，绘制如图 3-23 所示的草图。

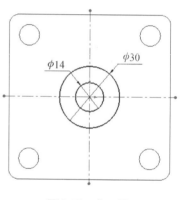

图 3-23　草　图

单击【特征】工具栏上的【拉伸凸台/基体】按钮 🗔，出现【拉伸】属性管理器，在【开始条件】下拉列表框内选择【等距】选项，单击【反向】按钮 🔁，在【深度】文本框内输入"111mm"，在【终止条件】下拉列表框内选择【成形到一面】选项，将光标移到绘图区选择需要拉伸的终止面，激活【所选轮廓】列表框，在绘图区选择需要拉伸的面，在【所选轮廓】中出现"草图 4 – 轮廓 < 1 >"，如图 3-24 所示，单击【确定】按钮 ✅。

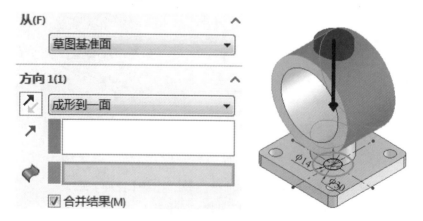

图 3-24　基体拉伸特征

E 部分：在 FeatureManager 设计树中选择"草图 4"，单击【特征】工具栏上的【拉伸切除】按钮 🗔，出现【切除–拉伸】属性管理器，在【开始条件】下拉列表框内选择【等距】选项，单击【反向】按钮 🔁，在【深度】文本框内输入"65mm"，在【终止条件】下拉列表框内选择【完全贯穿】选

项，激活【所选轮廓】列表框，在绘图区选择需要切除的面，在【所选轮廓】中出现"草图 4 - 轮廓
< 1 >"，如图 3-25 所示，单击【确定】按钮 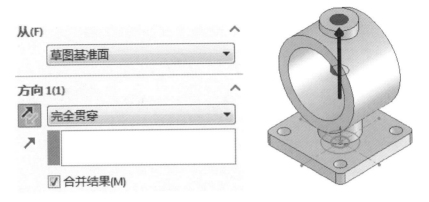。

完成，存盘。

图 3-25　切除拉伸特征

3.2　旋转特征

旋转特征是轮廓围绕一个轴旋转一定角度而得到的特征。旋转特征的草图中包含一条构造
线，草图轮廓以该构造线为轴旋转，即可建立旋转特征。另外，也可以选择草图中的草图直线
作为旋转轴建立旋转特征。轮廓不能与中心线交叉。如果草图包含一条以上中心线，应选择想
要用作旋转轴的中心线。

3.2.1　旋转特征的分类及操作

旋转特征起源于机加工中的车削加工，大多数轴盘类零件可以使用旋转特征来建立。设计
中常用旋转特征来完成下面这些零件的建模：

球或含有球面的零件，如图 3-26 所示；有多个台阶的轴、盘类零件，如图 3-27 所示；"O"
型密封圈，如图 3-28 所示；侧轮廓复杂的轮毂类零件，如图 3-29 所示。

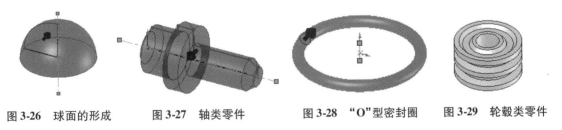

图 3-26　球面的形成　　　　图 3-27　轴类零件　　　　图 3-28　"O"型密封圈　　　　图 3-29　轮毂类零件

建立【旋转】特征的操作步骤如下：

生成一草图，包含一个或多个轮廓和特征旋转所绕轴，此轴可以是一条中心线、直线或
边线。

单击以下拉伸工具之一：

● 单击【特征】工具栏上的【旋转凸台/基体】按钮 ，或选择下拉菜单【插入】→【凸台/基
体】→【旋转】命令。

● 单击【特征】工具栏上的【旋转切除】按钮 ，或选择下拉菜单【插入】→【切除】→【旋转】

图 3-30 【旋转】属性管理器

命令。

• 单击【曲面】工具栏上的【旋转曲面】按钮 ⌂，或选择下拉菜单【插入】→【曲面】→【旋转】命令。

出现【旋转】属性管理器，如图 3-30 所示，设定以下选项，然后单击【确定】按钮 ✓。

3.2.2 确定旋转的选项

根据旋转特征的类型设定属性管理器选项。

（1）旋转参数

【旋转轴】⟋：选择特征旋转所绕的轴。根据所生成的旋转特征的类型，此可能为中心线、直线或边线。

【旋转类型】：从草图基准面定义旋转方向。单击【反向】按钮 ⟳ 来反转旋转方向。

【单向】：从草图以单一方向生成旋转。

【两侧对称】：对称的从草图基准面以顺时针和逆时针方向生成旋转。

【双向】：从草图基准面以顺时针和逆时针方向生成旋转。说明：两个方向的角度总和不能超过 360°。

【角度】⌂：定义旋转角度。默认的角度为 360°。角度以顺时针从所选草图测量。

（2）薄壁特征

【类型】：定义厚度的方向。选择以下选项之一：

【单向】：从草图以单一方向添加薄壁特征。单击【反向】按钮 ⟲ 来反转薄壁特征添加的方向。

【两侧对称】：通过使用草图为中心，在草图两侧均等应用薄壁特征。

【双向】：在草图两侧添加薄壁特征。【方向1厚度】⟋T1从草图向外添加薄壁体积。【方向2厚度】⟋T2从草图向内添加薄壁体积。

（3）所选轮廓

当使用多轮廓生成旋转时使用此选项。

【所选轮廓】⬠：在图形区域中选择轮廓来生成旋转。

3.2.3 旋转特征的应用

【例3-3】 应用旋转特征创建轮三维模型，如图 3-31 所示。

（1）建模分析

建立模型时，应先创建旋转凸台特征，后创建切除特征，此模型的建立将分为 A→B 两部分完成，如图 3-32 所示。

（2）建模步骤

新建文件：选择下拉菜单【文件】→【新建】命令，在新建对话框中单击【零件】图标，单击【确定】。

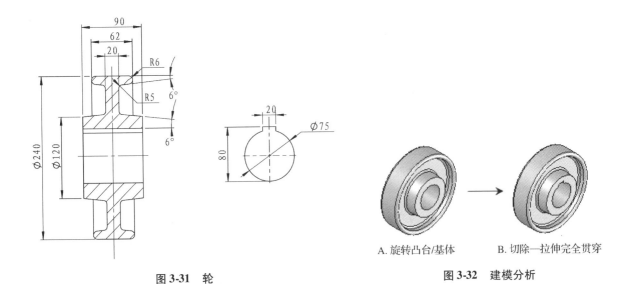

图 3-31 轮

A. 旋转凸台/基体   B. 切除—拉伸完全贯穿

图 3-32 建模分析

A 部分：在 FeatureManager 设计树中选择"上视基准面"，单击【草图】工具栏上的【草图绘制】按钮，进入草图绘制，绘制如图 3-33 所示的草图。

单击【特征】工具栏上的【旋转凸台/基体】按钮，出现【旋转】属性管理器，在【旋转轴】选择"直线 2"，在【旋转类型】下拉列表框内选择【给定深度】选项，在【角度】文本框内输入"360度"，如图 3-34 所示，单击【确定】按钮。

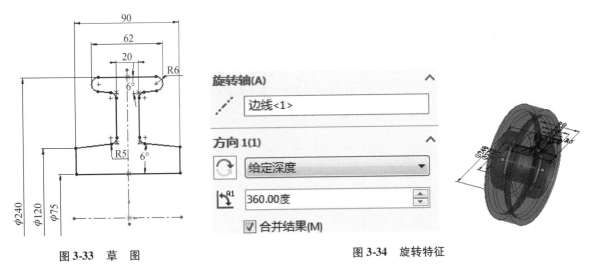

图 3-33 草 图   图 3-34 旋转特征

B 部分：在 FeatureManager 设计树中选择"右视基准面"，单击【草图】工具栏上的【草图绘制】按钮，进入草图绘制，绘制如图 3-35 所示的草图。

单击【特征】工具栏上的【拉伸切除】按钮，出现【切除-拉伸】属性管理器，在【开始条件】下拉列表框内选择【草图基准面】选项，在【终止条件】下拉列表框内选择【完全贯穿】选项，选中【方向 2】复选框，在【终止条件】下拉列表框内选择【完全贯穿】选项，如图 3-36

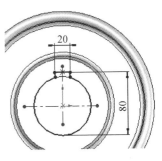

图 3-35 草 图

图 3-36 切除拉伸特征

所示，单击【确定】按钮 ✅。

完成，存盘。

【例 3-4】 应用旋转特征创建曲轴三维模型，如图 3-37 所示。

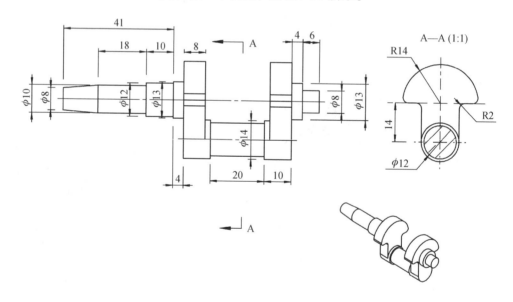

图 3-37 曲 轴

（1）建模分析

建立模型时，应先创建旋转凸台特征，后创建拉伸特征，此模型的建立将分为 A→B→C→D 四部分完成，如图 3-38 所示。

（2）建模步骤

选择下拉菜单【文件】→【新建】命令，在打开对话框中单击【零件】图标，单击【确定】。

A 部分：在 FeatureManager 设计树中选择"前视基准面"，单击【草图】工具栏上的【草图绘制】按钮 ，进入草图绘制，绘制如图 3-39 所示的草图。

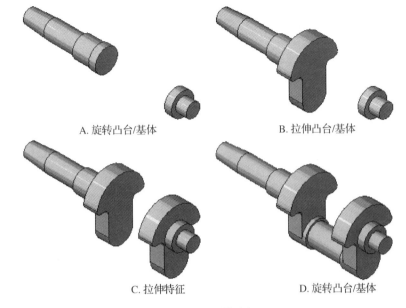

A. 旋转凸台/基体　　　　　　B. 拉伸凸台/基体

C. 拉伸特征　　　　　　　D. 旋转凸台/基体

图 3-38　建模分析

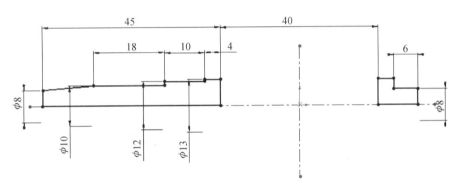

图 3-39　草　图

单击【特征】工具栏上的【旋转凸台/基体】按钮 ，出现【旋转】属性管理器，在【旋转轴】选择"直线 1"，在【旋转类型】下拉列表框内选择【单向】选项，在【角度】文本框内输入"360 度"，如图 3-40 所示，单击【确定】按钮 。

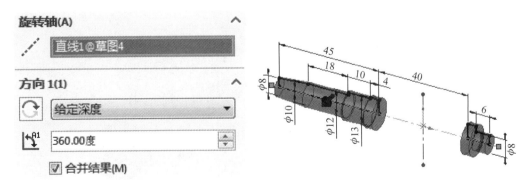

图 3-40　旋转特征

B 部分：选择左端面，单击【草图】工具栏上的【草图绘制】按钮 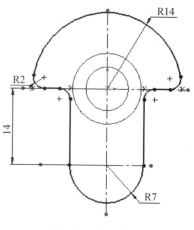，进入草图绘制，绘制如图 3-41 所示的草图。

单击【特征】工具栏上的【拉伸凸台/基体】按钮 ，出现【拉伸】属性管理器，在【开始条件】下拉列表框内选择【草图基准面】选项，在【终止条件】下拉列表框内选择【给定深度】选项，在【深度】文本框内输入"8mm"，如图 3-42 所示，单击【确定】按钮 。

C 部分：在 FeatureManager 设计树中展开"拉伸 1"，选择"草图 2"，单击【特征】工具栏上的【拉伸凸台/基体】按钮 ，出现【拉伸】属性管理器，在【开始条件】下拉列表框内选择【顶点】选项，在图形区选择【顶点】，在【终止条件】下拉列表框内选择【给定深度】选项，在【深度】文本框内输入"8mm"，单击【反向】按钮 ，如图 3-43 所示，单击【确定】按钮 。

图 3-41　草　图

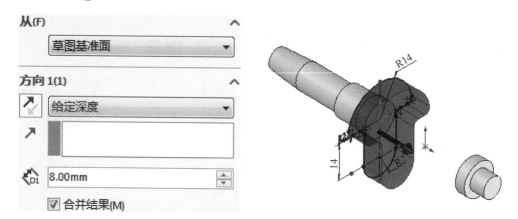

图 3-42　拉伸特征

D 部分：在 FeatureManager 设计树中选择"前视基准面"，单击【草图】工具栏上的【草图绘制】按钮 ，进入草图绘制，绘制如图 3-44 所示的草图。

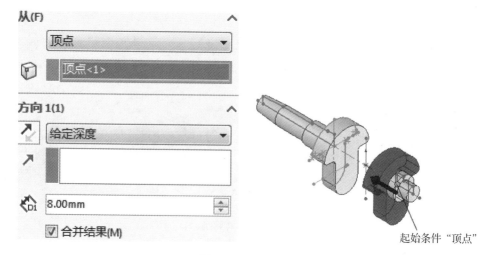

图 3-43　拉伸特征

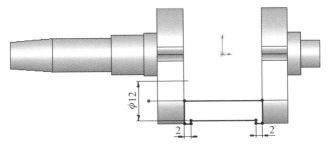

图 3-44　草　图

单击【特征】工具栏上的【旋转凸台/基体】按钮 ，出现【旋转】属性管理器，在【旋转轴】选择"直线 1"，在【旋转类型】下拉列表框内选择【单向】选项，在【角度】文本框内输入"360 度"，如图 3-45 所示，单击【确定】按钮 。完成，存盘。

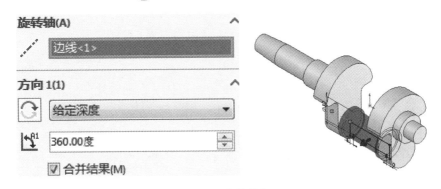

图 3-45　旋转特征

3.3　扫描特征

扫描是断面轮廓沿着一条路径的起点到终点所扫过面积的集合，常用于建构变化较多且不规则的模型。为了使扫描的模型更具多样性，通常会加入一条甚至多条引导线以控制其外形。

3.3.1　扫描特征的条件

建立扫描特征，必须同时具备扫描路径和扫描轮廓，当扫描特征的中间截面要求变化时，应定义扫描特征的引导线。

（1）扫描路径

扫描路径描述了轮廓运动的轨迹，有以下几个特点：

①扫描特征只能有一条扫描路径。

②可以使用已有模型的边线或曲线，可以是草图中包含的一组草图曲线，也可以是曲线特征。

③可以是开环的或闭环的。

④扫描路径的起点必须位于轮廓的基准面上。

⑤扫描路径不能有自相交叉的情况。

（2）扫描轮廓

使用草图定义扫描特征的截面，草图有以下几点要求：

①基体或凸台扫描特征的轮廓应为闭环。曲面扫描特征的轮廓可为开环或闭环，都不能有自相交叉的情况。

②草图可以是嵌套或分离的，但不能违背零件和特征的定义。

③扫描截面的轮廓尺寸不能过大，否则可能导致扫描特征的交叉情况。

（3）引导线

引导线是扫描特征的可选参数。利用引导线，可以建立变截面的扫描特征。由于截面是沿路径扫描的，如果需要建立变截面扫描特征（轮廓按一定方法产生变化），则需要加入引导线。使用引导线的扫描，扫描的中间轮廓由引导线确定。在使用引导线时需要注意以下几点：

①引导线可以是草图曲线、模型边线或曲线。

②引导线必须和截面草图相交于一点。

③使用引导线的扫描以最短的引导线或扫描路径为准，因此引导线应该比扫描路径短，这样便于对截面的控制。

3.3.2　简单扫描

一个扫描轮廓、一条扫描路径组成了最简单的扫描特征，即扫描轮廓沿扫描路径运动形成特征。

（1）创建【简单扫描】的操作步骤

在一基准面上绘制一个闭环的非相交轮廓。

生成轮廓将遵循的路径。使用草图、现有的模型边线或曲线。

单击以下扫描工具之一：

①单击【特征】工具栏上的【扫描】按钮 ![扫描按钮]，或选择下拉菜单【插入】→【凸台/基体】→【扫描】命令。

②单击【特征】工具栏上的【扫描切除】按钮 ![扫描切除按钮]，或选择下拉菜单【插入】→【切除】→【扫描】命令。

③单击【曲面】工具栏上的【扫描曲面】按钮 ![扫描曲面按钮]，或选择下拉菜单【插入】→【曲面】→【扫描曲面】命令。

出现【扫描】属性管理器，如图 3-46 所示，设定以下选项，然后单击【确定】按钮 ![确定按钮]。

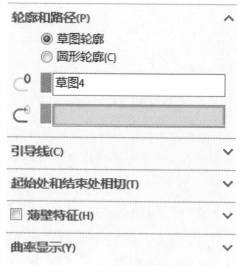

图 3-46　【扫描】属性管理器

（2）【简单扫描】应用

以建立如图 3-47 所示的模型为例，介绍如何利用单一路径建立扫描特征。

新建文件：选择下拉菜单【文件】→【新建】命令，在新建对话框中单击【零件】图标，单击【确定】按钮，单击【保存】按钮 ![保存按钮]，文件名为"单一路径扫描 . SLDPRT"。

建立路径：在 FeatureManager 设计树中选择"前视基准面"，单击【草图】工具栏上的【草图绘制】按钮 ![草图绘制按钮]，进入草图绘制，绘制如图 3-48 所示草图，单击【标准】工具栏上的【重建模型】按钮 ![重建模型按钮]。在 FeatureManager 设计树中右击"草图 1"，从快捷菜单中选择【属性】命令，出现【特征属性】对话框，在【名称】文本框中输入"路径"，单击【确定】按钮。

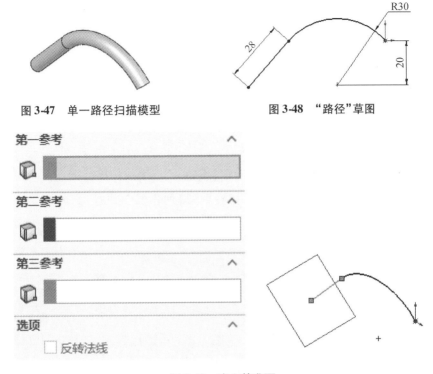

图 3-47　单一路径扫描模型　　　　　　　　图 3-48　"路径"草图

图 3-49　建立基准面

建立基准面：单击【参考几何体】工具栏上的【基准面】按钮 ◇，出现【基准面】属性管理器，选择第一、第二或第三参考面，建立基准面，如图 3-49 所示，单击【确定】按钮 ✅。

建立轮廓：在 FeatureManager 设计树中选择"基准面1"，单击【草图】工具栏上的【草图绘制】按钮 ✐，进入草图绘制，绘制如图 3-50（a）所示 φ6mm 的圆形草图。单击【草图】工具栏上的【添加几何关系】按钮 ⊥，出现【添加几何关系】属性管理器，在【所选实体】下单击【清单】列表框，然后在图形区域中选择"圆心"和"路径"，单击【穿透】按钮 ⬦，添加穿透几何关系，如图 3-50（b）所示，单击【确定】按钮 ✅，单击【标准】工具栏上的【重建模型】按钮 ⓧ。在 FeatureManager 设计树中右击"草图4"，从快捷菜单中选择【属性】命令，出现【特征属性】对话框，在【名称】文本框中输入"轮廓"，单击【确定】按钮。

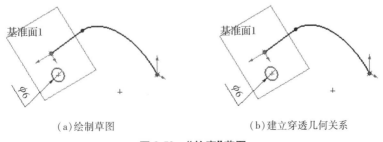

（a）绘制草图　　　　　　　　　　　　（b）建立穿透几何关系

图 3-50　"轮廓"草图

建立扫描：单击【特征】工具栏上的【扫描】按钮 ⬭，出现【扫描】属性管理器，在【轮廓和路径】下单击【轮廓】 ⌒，然后在图形区域中选择"轮廓"草图。单击【路径】 ⌒，然后在图形区域

图 3-51　单一路径扫描

中选择"路径"草图，如图 3-51 所示，单击【确定】按钮 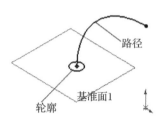，生成扫描特征。

在建立模型时，【选项】选项组中【方向/扭转类型】列表框中共有 5 个选项，即 5 种断面控制方式，选择不同的选项，建立的模型也不同，本例介绍"随路径变化"和"保持法向不变"。

① 打开文件。打开"断面控制 . SLDPRT"，如图 3-52 所示。

② 建立扫描特征，设置【选项】选项组。单击【特征】工具栏上的【扫描】按钮 ⑤，出现【扫描】属性管理器，在【轮廓和路径】下单击【轮廓】 ⑤，然后在图形区域中选择"轮廓"草图。单击【路径】 ⑤，

图 3-52　"断面控制 . SLDPRT"

然后在图形区域中选择"路径"草图，激活【选项】选项组，在【轮廓方位】下拉列表框内选择【随路径变化】选项，如图 3-53（a）所示或选择【保持法向不变】选项，如图 3-53（b）所示，单击【确定】按钮 ✅，生成扫描特征。

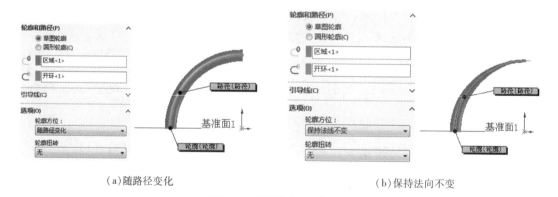

（a）随路径变化　　　　　　　　　　　　　　　　（b）保持法向不变

图 3-53　设置【选项】选项组

本例介绍【选项】列表框中【沿轮廓扭转】选项。

① 打开文件。打开"沿轮廓扭转 . SLDPRT"，如图 3-54 所示。

② 建立曲面扫描特征，在【选项】下拉列表框内选择设置【沿轮廓扭转】选项。单击【曲面】工具栏上的【扫描曲面】按钮 ⑤，出现【曲面-扫描】属性管理器，在【轮廓和路径】下单击【轮廓】 ⑤，然后在图形区域中选择"轮廓"草图。单击【路径】 ⑤，然后在图形区域中选择"路径"草图，激活【选项】选项组，在【方向/扭转类型】下拉列表框内选择【沿路径扭转】选项，在【扭转角度】文本框输入"720°"如图 3-55 所示，单击【确定】按钮 ✅，生成扫描曲面特征。

图 3-54 "沿轮廓扭转 . SLDPRT" 　　　　图 3-55 沿路径扭转

使用【与结束端面对齐】来继续扫描轮廓直到路径所遇到的最后一个面。如选择了【与结束端面对齐】，扫描的面延伸或缩短以匹配扫描终点的面，而不要求额外的几何体。

① 打开文件。打开"与结束端面对齐 . SLDPRT"，如图 3-56 所示。

② 建立切除扫描特征，设置【与结束端面对齐】复选框。选择下拉菜单【插入】→【切除】→【扫描】命令，出现【切除-扫描】属性管理器，在【轮廓和路径】下单击【轮廓】 C，然后在图形区域中选择"轮廓"草图。单击

图 3-56 与结束端面对齐 . SLDPRT

【路径】 C，然后在图形区域中选择"路径"草图，激活【选项】选项组，取消【与结束端面对齐】复选框，如图 3-57(a) 所示或选中【与结束端面对齐】复选框，如图 3-57(b) 所示，单击【确定】按钮 ，生成切除扫描特征。

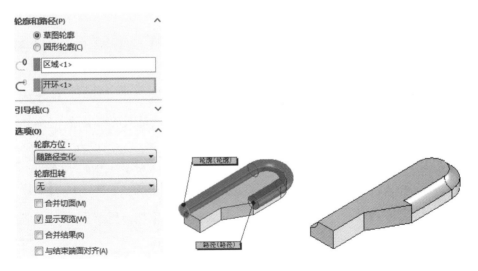

(a) 取消【与结束端面对齐】复选框

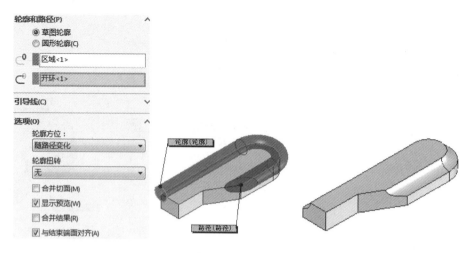

（b）选中【与结束端面对齐】复选框

图 3-57　与结束端面对齐

3.3.3　使用引导线扫描

由于草图是沿着路径扫描的，可以使用引导线来控制中间的草图轮廓。

（1）路径与一条引导线

利用一条路径线和一条引导线再加上一个剖面可以完成一些有曲线的造型，其中路径决定了扫出的长度，而引导线控制了外型，剖面则决定端面形状。

以建立如图 3-58 所示的模型为例，介绍如何利用路径与一条引导线建立扫描特征。

新建文件：选择下拉菜单【文件】→【新建】命令，在打开对话框中单击【零件】图标，单击【确定】按钮，单击【保存】按钮 ，文件名为"路径与一条引导线 . SLDPRT"。

图 3-58　路径与一条
引导线扫描模型

建立引导线：在 FeatureManager 设计树中选择"前视基准面"，单击【草图】工具栏上的【草图绘制】按钮 ，进入草图绘制，绘制如图 3-59 所示草图，单击【标准】工具栏上的【重建模型】按钮 。在 FeatureManager 设计树中右击"草图 1"，从快捷菜单中选择【属性】命令，出现【特征属性】对话框，在【名称】文本框中输入"引导线"，单击【确定】按钮。

建立路径：在 FeatureManager 设计树中选择"前视基准面"，单击【草图】工具栏上的【草图绘制】按钮 ，进入草图绘制，绘制如图 3-60 所示草图，单击【标准】工具栏上的【重建模型】按钮 。在 FeatureManager 设计树中右击"草图 2"，从快捷菜单中选择【属性】命令，出现【特征属性】对话框，在【名称】文本框中输入"路径"，单击【确定】按钮。

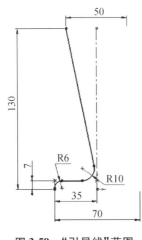

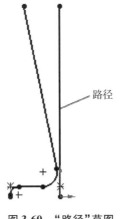

图 3-59　"引导线"草图　　　　　图 3-60　"路径"草图

建立轮廓：在 FeatureManager 设计树中选择"上视基准面"，单击【草图】工具栏上的【草图绘制】按钮，进入草图绘制，绘制圆形草图。单击【草图】工具栏上的【添加几何关系】按钮，出现【添加几何关系】属性管理器，在【所选实体】下单击【清单】列表框，然后在图形区域中选择"圆心"和"路径"，单击【穿透】按钮，添加穿透几何关系，单击【确定】按钮，再次单击【草图】工具栏上的【添加几何关系】按钮，出现【添加几何关系】属性管理器，在【所选实体】下单击【清单】列表框，然后在图形区域中选择"圆周边"和"引导线端点"，单击【重合】按钮，添加重合几何关系，单击【确定】按钮，如图 3-61 所示。单击【标准】工具栏上的【重建模型】按钮。在 FeatureManager 设计树中右击"草图 3"，从快捷菜单中选择【属性】命令，出现【特征属性】对话框，在【名称】文本框中输入"轮廓"，单击【确定】按钮。

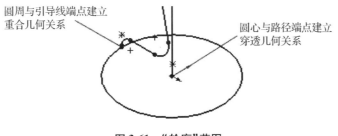

图 3-61　"轮廓"草图

建立使用引导线扫描：单击【特征】工具栏上的【扫描】按钮，出现【扫描】属性管理器，在【轮廓和路径】下单击【轮廓】，然后在图形区域中选择"轮廓"草图。单击【路径】，然后在图形区域中选择"路径"草图，在【引导线】下单击【引导线】，然后在图形区域中选择"引导线"草图，激活【选项】选项组，在【方向/扭转类型】下拉列表框内选择【随路径和第一引导线变化】选项，如图 3-62 所示，单击【确定】按钮，生成扫描特征。

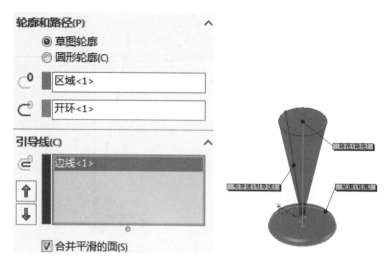

图 3-62　路径与一条引导线

说明：在引导线扫描中，重合与穿透作用相同。

（2）路径与二条引导线

在产品设计中常需要设计一些有曲线的造型，但使用路径及一条引导线仍不足，尤其是在限制某方向的宽度时，就无法使用路径与一条引导线扫描，而必须使用第一条与第二条引导线来做出。

以建立如图 3-63 所示的模型为例，介绍如何利用"路径与二条引导线"方法扫描特征。

新建文件：选择下拉菜单【文件】→【新建】命令，在打开对话框中单击【零件】图标，单击【确定】按钮，单击【保存】按钮 ，文件名为"路径与二条引导线 . SLDPRT"。

建立引导线 1：在 FeatureManager 设计树中选择"前视基准面"，单击【草图】工具栏上的【草图绘制】按钮 ，进入草图绘制，绘制如图 3-64 所示草图，单击【标准】工具栏上的【重建模型】按钮 。在 FeatureManager 设计树中右击"草图 1"，从快捷菜单中选择【属性】命令，出现【特征属性】对话框，在【名称】文本框中输入"引导线 1"，单击【确定】按钮。

图 3-63　路径与二条引导线扫描模型

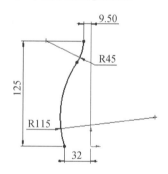

图 3-64　"引导线 1"草图

建立引导线 2：在 FeatureManager 设计树中选择"前视基准面"，单击【草图】工具栏上的【草图绘制】按钮 ，进入草图绘制，绘制如图 3-65 所示草图，单击【标准】工具栏上的【重建模型】按钮 。在 FeatureManager 设计树中右击"草图 2"，从快捷菜单中选择【属性】命令，出现【特征属性】对话框，在【名称】文本框中输入"引导线 2"，单击【确定】按钮。

建立路径：在 FeatureManager 设计树中选择"前视基准面"，单击【草图】工具栏上的【草图绘制】按钮 ，进入草图绘制，绘制如图 3-66 所示草图，单击【标准】工具栏上的【重建模型】按钮 。在 FeatureManager 设计树中右击"草图 3"，从快捷菜单中选择【属性】命令，出现【特征属性】对话框，在【名称】文本框中输入"路径"，单击【确定】按钮。

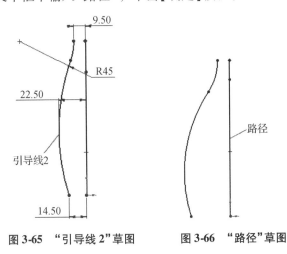

图 3-65 "引导线 2"草图   图 3-66 "路径"草图

建立轮廓：在 FeatureManager 设计树中选择"上视基准面"，单击【草图】工具栏上的【草图绘制】按钮 ，进入草图绘制，绘制椭圆草图。单击【草图】工具栏上的【添加几何关系】按钮 ，出现【添加几何关系】属性管理器，在【所选实体】下单击【清单】列表框，然后在图形区域中选择"椭圆心"和"路径"，单击【穿透】按钮 ，添加穿透几何关系，单击【确定】按钮 ，再次单击【草图】工具栏上的【添加几何关系】按钮 ，出现【添加几何关系】属性管理器，在【所选实体】下单击【清单】列表框，然后在图形区域中选择"椭圆节点"和"引导线 1 端点"，单击【穿透】按钮 ，添加穿透几何关系，单击【确定】按钮 。再次单击【草图】工具栏上的【添加几何关系】按钮 ，出现【添加几何关系】属性管理器，在【所选实体】下单击【清单】列表框，然后在图形区域中选择"椭圆节点"和"引导线 2 端点"，单击【穿透】按钮 ，添加穿透几何关系，单击【确定】按钮 ，如图 3-67 所示。单击【标准】工具栏上的【重建模型】按钮 。在 FeatureManager 设计树中右击"草图 4"，从快捷菜单中选择【属性】命令，出现【特征属性】对话框，在【名称】文本框中输入"轮廓"，单击【确定】按钮。

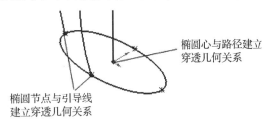

图 3-67 "轮廓"草图

建立使用引导线扫描：单击【特征】工具栏上的【扫描】按钮 ，出现【扫描】属性管理器，在【轮廓和路径】下单击【轮廓】 ，然后在图形区域中选择"轮廓"草图。单击【路径】 ，然后在图形区域中选择"路径"草图，在【引导线】下单击【引导线】 ，然后在图形区域中选择"引导线 1"草图和"引导线 2"草图，激活【选项】选项组，在【方向/扭转类型】下拉列表框内选择【随第一和第二引导线变化】选项，如图 3-68 所示，单击【确定】按钮 ，生成切除扫描特征。

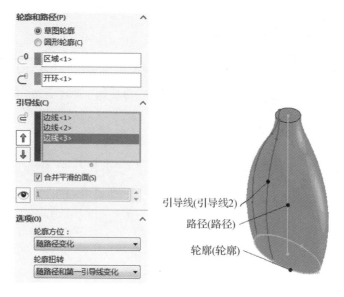

图 3-68　路径与二条引导线

3.3.4　扫描特征的综合应用

【例 3-5】　应用扫描特征创建叉类模型，如图 3-69 所示。

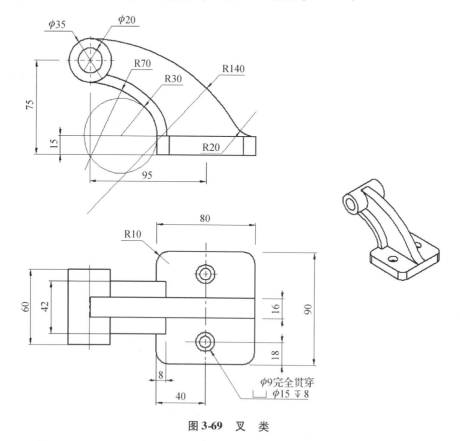

图 3-69　叉　类

（1）建模分析

叉类是由连接端、底座和部分组成，此模型的建立将分为 A→B→C→D→E 五部分完成，如

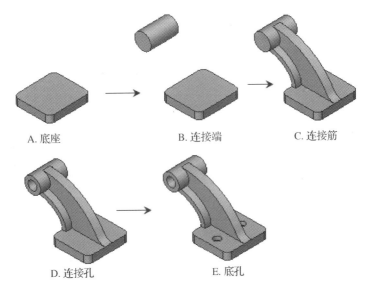

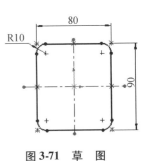

图 3-70　建模分析

图 3-70 所示。

（2）建模步骤

新建文件：选择下拉菜单【文件】→【新建】命令，在新建对话框中单击【零件】图标，单击【确定】。

A 部分：在 FeatureManager 设计树中选择"上视基准面"，单击【草图】工具栏上的【草图绘制】按钮 ，进入草图绘制，绘制如图 3-71 所示草图。

图 3-71　草　图

单击【特征】工具栏上的【拉伸凸台/基体】按钮 ，出现【拉伸】属性管理器，在【开始条件】下拉列表框内选择【草图基准面】选项，在【终止条件】下拉列表框内选择【给定深度】选项，在【深度】文本框内输入"15mm"，如图 3-72 所示，单击【确定】按钮 。

B 部分：在 FeatureManager 设计树中选择"前视基准面"，单击【草图】工具栏上的【草图绘制】按钮 ，进入草图绘制，绘制如图 3-73 所示草图。

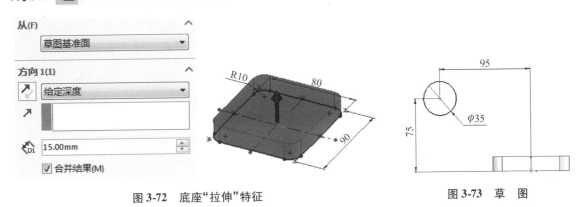

图 3-72　底座"拉伸"特征

图 3-73　草　图

单击【特征】工具栏上的【拉伸凸台/基体】按钮 ，出现【拉伸】属性管理器，在【两侧对称】下拉列表框内选择【草图基准面】选项，在【终止条件】下拉列表框内选择【给定深度】选项，在【深度】文本框内输入"60mm"，如图 3-74 所示，单击【确定】按钮 。

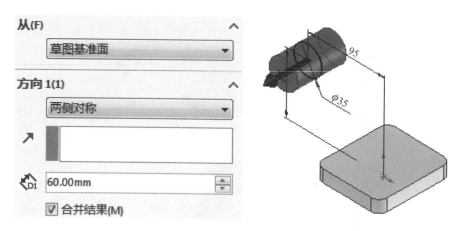

图 3-74　连接端"拉伸"特征

C 部分：在 FeatureManager 设计树中选择"前视基准面"，单击【草图】工具栏上的【草图绘制】按钮 ✍，进入草图绘制，绘制如图 3-75 所示草图，单击【重新建模】按钮 ⑧，结束草图绘制。在 FeatureManager 设计树中右击"草图 3"，从快捷菜单中选择【属性】命令，出现【特征属性】对话框，在【名称】文本框中输入"路径"，单击【确定】按钮。

在 FeatureManager 设计树中选择"前视基准面"，单击【草图】工具栏上的【草图绘制】按钮 ✍，进入草图绘制，绘制如图 3-76 所示草图，单击【重新建模】按钮 ⑧，结束草图绘制。在 FeatureManager 设计树中右击"草图 4"，从快捷菜单中选择【属性】命令，出现【特征属性】对话框，在【名称】文本框中输入"引导线"，单击【确定】按钮。

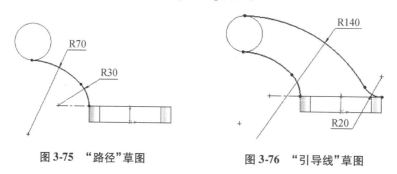

图 3-75　"路径"草图　　　　　图 3-76　"引导线"草图

选取上平面，单击【草图绘制】按钮 ✍，进入草图绘制，绘制草图，建立穿透几何关系，单击【重新建模】按钮 ⑧，结束"轮廓线"草图绘制，如图 3-77 所示。在 FeatureManager 设计树中右击"草图 5"，从快捷菜单中选择【属性】命令，出现【特征属性】对话框，在【名称】文本框中输入"轮廓"，单击【确定】按钮。

单击【特征】工具栏上的【扫描】按钮 ✍，出现【扫描】属性管理器，在【轮廓和路径】下单击【轮廓】 ↻，然后在图形区域中选择"轮廓"草图。单击【路径】 ↻，然后在图形区域中选择"路径"草图，在【引导线】下单击【引导线】 ↻，然后在图形区域中选择"引导线"草图，激活【选项】选项组，在【方向/扭转类型】下拉列表框内选择【随路径和第一引导线变化】选项，如图 3-78 所示，单击【确定】按钮 ✔，生成扫描特征。

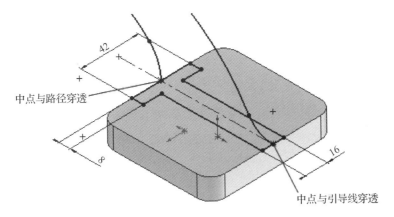

图 3-77　"轮廓线"草图

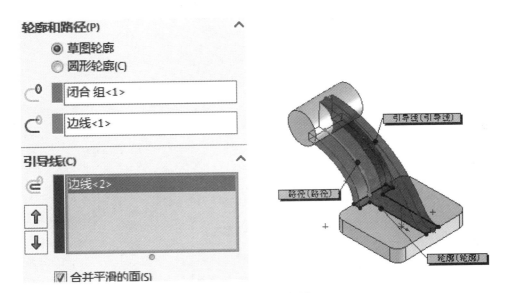

图 3-78　"扫描"特征

D 部分：在 FeatureManager 设计树中选择"前视基准面"单击【草图绘制】按钮 ，进入草图绘制，绘制草图。单击【特征】工具栏上的【拉伸切除】按钮 ，出现【切除-拉伸】属性管理器，在【终止条件】下拉列表框内选择【完全贯穿】选项，选中【方向 2】复选框，在【终止条件】下拉列表框内选择【完全贯穿】选项，单击【确定】按钮 ，如图 3-79 所示。

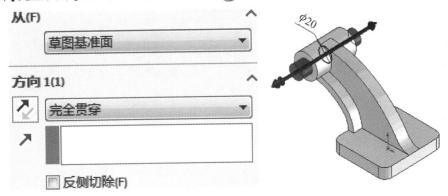

图 3-79　"切除-拉伸"特征

E 部分：单击【特征】工具栏上的【异形孔向导】按钮 ，出现【孔规格】属性管理器，单击【柱孔】按钮 ，在【标准】下拉列表框内选择【ISO】选项，在【螺纹类型】下拉列表框内选择【六角凹头 ISO 4762】选项，在【尺寸】下拉列表框内选择【M8】，在【终止条件】下拉列表框内选择【完全贯穿】，单击【位置】选项卡，在连接件上表面上选择一点，单击【确定】按钮 ，如图 3-80 所示。

图 3-80　定义【异形孔】

在 FeatureManager 设计树中单击新建"M8 六角凹头螺钉的柱形沉头孔 1"前面的 ⊞ 符号，展开特征包含的定义。右击"3D 草图 1"，从快捷菜单中选择【编辑草图】命令，在草图编辑状态下，添加尺寸，确定孔的位置，单击【重建模型】按钮 ，如图 3-81 所示。

单击【特征】工具栏上的【镜像】按钮 ，出现"镜像"属性管理器，在【镜向面/基准面】中选择"前视"，在【要镜向的特征】中选择"M8 六角凹头螺钉的柱形沉头孔 1"，单击【确定】按钮 ，如图 3-82 所示。

存盘。

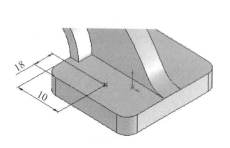

图 3-81　编辑 3D 草图

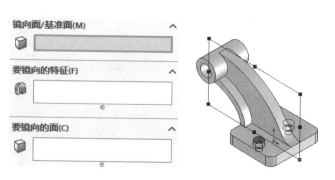

图 3-82　"镜像"特征

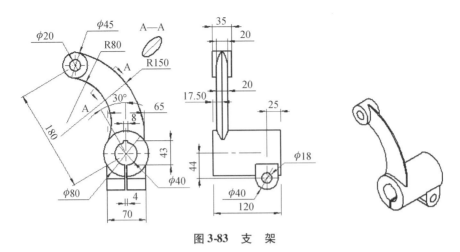

图 3-83 支 架

【例 3-6】 应用扫描特征创建支架模型，如图 3-83 所示。

（1）建模分析

支架是由下端、大端和连接部分组成，此模型的建立将分为 A→B→C→D→E→F→G 七部分完成，如图 3-84 所示。

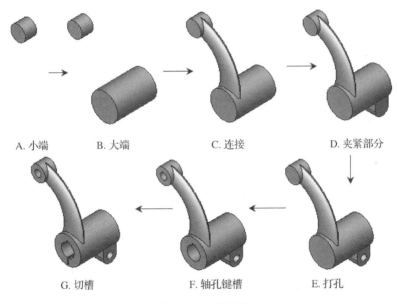

图 3-84   建模分析

（2）建模步骤

新建文件：选择下拉菜单【文件】→【新建】命令，在新建对话框中单击【零件】图标，单击【确定】。

A 部分：在 FeatureManager 设计树中选择"前视基准面"，单击【草图】工具栏上的【草图绘制】按钮![]，进入草图绘制，绘制如图 3-85 所示草图。

单击【特征】工具栏上的【拉伸凸台/基体】按钮![]，出现【拉伸】属性管理器，在【开始条件】下拉列表框内选择【草图基准面】选项，在【终止条件】下拉列表框内选择【两侧对称】选项，在【深度】文本框内输入"35mm"，激活【所选轮廓】选项组，单击【所选轮廓】列表框![]，然后在图形区域中选择"草图 1 – 轮廓 1"。如图 3-86 所示，单击【确定】按钮![]。

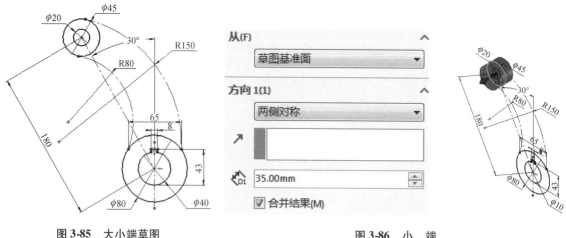

图 3-85　大小端草图　　　　　　　　　　　图 3-86　小　端

B 部分：在 FeatureManager 设计树中选择"草图 1"，单击【特征】工具栏上的【拉伸凸台/基体】按钮，出现【拉伸】属性管理器，在【开始条件】下拉列表框内选择【草图基准面】选项，在【终止条件】下拉列表框内选择【给定深度】选项，在【深度】文本框内输入"17.5mm"，选中【方向2】，在【终止条件】下拉列表框内选择【给定深度】选项，在【深度】文本框内输入"102.5mm"，激活【所选轮廓】选项组，单击【所选轮廓】列表框，然后在图形区域中选择"草图 1 – 轮廓 1"，如图 3-87 所示，单击【确定】按钮。

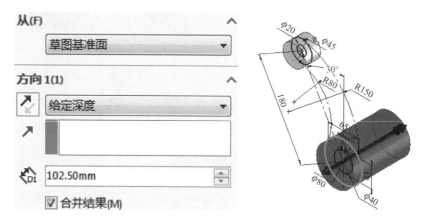

图 3-87　大　端

C 部分：在 FeatureManager 设计树中右击"草图 1"，从快捷菜单中选择【显示】命令，显示"草图 1"。

在 FeatureManager 设计树中选择"前视基准面"，单击【草图】工具栏上的【草图绘制】按钮，进入草图绘制，在图形区选择圆弧，单击【草图】工具栏上的【转换实体引用】按钮，绘制如图 3-88 所示草图，单击【标准】工具栏上的【重建模型】按钮。

在 FeatureManager 设计树中右击"草图 2"，从快捷菜单中选择【属性】命令，出现【特征属性】对话框，在【名称】文本框中输入"引导线"，单击【确定】按钮。

用同样方法创建"路径"，如图 3-89 所示。

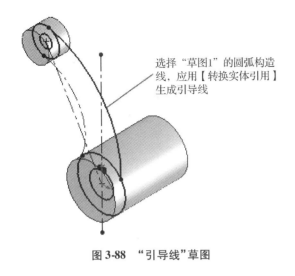

选择"草图1"的圆弧构造线，应用【转换实体引用】生成引导线

图 3-88 "引导线"草图

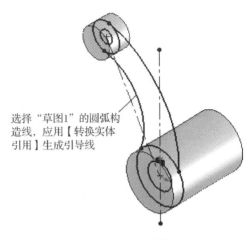

选择"草图1"的圆弧构造线，应用【转换实体引用】生成引导线

图 3-89 "路径"草图

单击【参考几何体】工具栏上的【基准面】按钮，出现【基准面】属性管理器，单击【点和平行面】按钮，在【选择】下单击【参考实体】，然后在 FeatureManager 设计树中选中"前视基准面"，在图形区域中选择"点"，如图 3-90 所示，单击【确定】按钮。

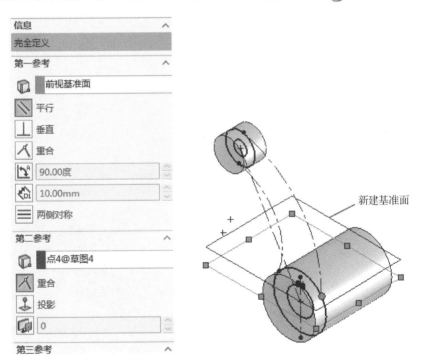

新建基准面

图 3-90 建立基准面

在 FeatureManager 设计树中选择"基准面1"，单击【草图】工具栏上的【草图绘制】按钮，进入草图绘制，绘制椭圆。单击【草图】工具栏上的【添加几何关系】按钮，出现【添加几何关系】属性管理器，在【所选实体】下单击【清单】列表框，然后在图形区域中选择"椭圆节点"和"路径"，单击【穿透】按钮，添加穿透几何关系，单击【确定】按钮，再次单击【草图】工具栏上的【添加几何关系】按钮，出现【添加几何关系】属性管理器，在【所选实体】下单击【清单】

列表框，然后在图形区域中选择"椭圆节点"和"引导线"，单击【穿透】按钮 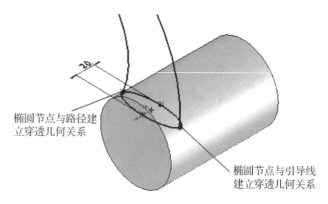，添加穿透几何关系，如图 3-91 所示，单击【确定】按钮 。单击【标准】工具栏上的【重建模型】按钮 。

在 FeatureManager 设计树中右击"草图4"，从快捷菜单中选择【属性】命令，出现【特征属性】对话框，在【名称】文本框中输入"轮廓"，单击【确定】按钮。

图 3-91 "轮廓"草图

单击【特征】工具栏上的【扫描】按钮 ，出现【扫描】属性管理器，在【轮廓和路径】下单击【轮廓】 ，然后在图形区域中选择"轮廓"草图。单击【路径】 ，然后在图形区域中选择"路径"草图，在【引导线】下单击【引导线】 ，然后在图形区域中选择"引导线"草图，激活【选项】选项组，在【方向/扭转类型】下拉列表框内选择【随路径和第一引导线变化】选项，如图 3-92 所示，单击【确定】按钮 ，生成扫描特征。

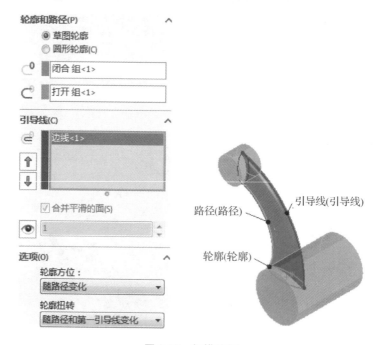

图 3-92 扫描特征

D 部分：在 FeatureManager 设计树中选择"右视基准面"，单击【草图】工具栏上的【草图绘制】按钮 ，进入草图绘制，绘制如图 3-93 所示草图。

单击【特征】工具栏上的【拉伸凸台/基体】按钮 ，出现【拉伸】属性管理器，在【开始条件】下拉列表框内选择【草图基准面】选项，在【终止条件】下拉列表框内选择【两侧对称】选项，在【深度】文本框内输入"70mm"，激活【所选轮廓】选项组，单击【所选轮廓】列表框 ，然后在图形区域中选择"草图 1 – 轮廓 1"，如图 3-94 所示，单击【确定】按钮 。

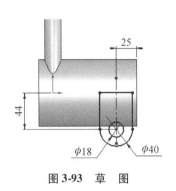

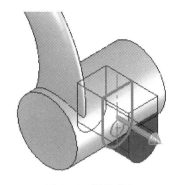

图 3-93　草　图　　　　　　　　　　　　　　　图 3-94　拉伸特征

E 部分：在 FeatureManager 设计树中选择"草图 6"，单击【特征】工具栏上的【拉伸切除】按钮 ⬜，出现【切除-拉伸】属性管理器，在【开始条件】下拉列表框内选择【草图基准面】选项，在【终止条件】下拉列表框内选择【完全贯穿】选项，选中【方向 2】复选框，在【终止条件】下拉列表框内选择【完全贯穿】选项，激活【所选轮廓】列表框，在绘图区选择需要切除的面，在【所选轮廓】中出现"草图 6 – 轮廓 <1 >"，如图 3-95 所示，单击【确定】按钮 ✅。

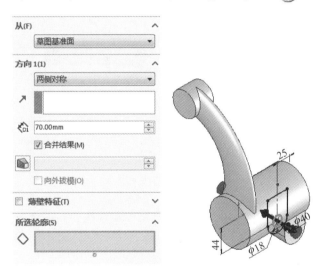

图 3-95　切除拉伸

F 部分：在 FeatureManager 设计树中选择"草图 1"，单击【特征】工具栏上的【拉伸切除】按钮 ⬜，出现【切除-拉伸】属性管理器，在【开始条件】下拉列表框内选择【草图基准面】选项，在【终止条件】下拉列表框内选择【完全贯穿】选项，选中【方向 2】复选框，在【终止条件】下拉列表框内选择【完全贯穿】选项，激活【所选轮廓】列表框，在绘图区选择需要切除的面，在【所选轮廓】中出现"草图 1 – 轮廓 <1 >"，如图 3-96 所示，单击【确定】按钮 ✅。

G 部分：在图形区选择端面，单击【草图】工具栏上的【草图绘制】按钮 ✏，进入草图绘制，绘制草图。

单击【特征】工具栏上的【拉伸切除】按钮 ⬜，出现【切除-拉伸】属性管理器，在【开始条件】下拉列表框内选择【草图基准面】选项，在【终止条件】下拉列表框内选择【完全贯穿】选项，如图 3-97 所示，单击【确定】按钮 ✅。

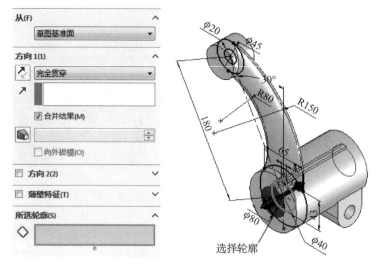

图3-96 切除拉伸

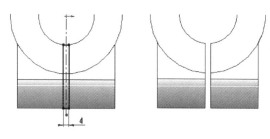

图3-97 切 槽

完成，存盘。

3.4 放样特征

放样通过在轮廓之间进行过渡生成特征。放样可以是基体、凸台或曲面。

3.4.1 放样特征的条件

使用两个或多个轮廓生成放样，仅第一个或最后一个轮廓可以是点，也可以这两个轮廓都是点。对于实体放样，第一个和最后一个轮廓必须是由分割线生成的模型面或面、平面轮廓或曲面。

可以使用引导线或中心线参数控制放样特征的中间轮廓。放样特征可以生成薄壁特征，放样特征可以分为下列3种类型：简单放样；使用平面轮廓引导线放样和使用空间轮廓引导线放样；使用中心线放样。

3.4.2 简单放样

简单放样就是不设置引导线的一种放样方法。

（1）创建【简单放样】的操作步骤

使用现有的基准面或建立新的基准面。其中，各个基准面不一定要平行。在基准面上建立两个或多个轮廓。

单击以下放样工具之一：

①单击【特征】工具栏上的【放样】按钮 ，或选择下拉菜单【插入】→【凸台/基体】→【放样】命令。

②单击【特征】工具栏上的【放样切割】按钮 ，或选择下拉菜单【插入】→【切除】→【放样】命令。

③单击【曲面】工具栏上的【放样曲面】按钮 ，或选择下拉菜单【插入】→【曲面】→【放样曲面】命令。

出现【放样】属性管理器，如图3-98所示，设定以下选项，然后单击【确定】按钮 。

（2）【简单放样】应用

①对称轮廓（非平滑轮廓）。用两个单纯轮廓成形时，会用直线连接两轮廓，如果轮廓为非平滑轮廓，则对齐点数目必须相同，才不会使模型变化太大。

打开文件：打开"对称轮廓（非平滑轮廓）.SLDPRT"，如图3-99所示。

生成放样特征：单击【特征】工具栏上的【放样】按钮 ，出现【放样】属性管理器，在【轮廓】下单击【轮廓】 ，然后在图形区域中选择"轮廓1"和"轮廓2"草图，如图3-100所示，单击【确定】按钮 ，生成放样特征。

图 3-98 【放样】属性
管理器

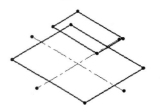

图 3-99 "对称轮廓
（非平滑轮廓）.SLDPRT"

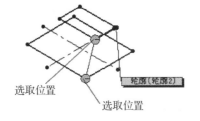

图 3-100 对称轮廓（非平滑轮廓）放样

说明：在上图中选取轮廓草图时必须注意选取位置，如果选取位置错误，则会造成模型扭转的现象，如图3-101所示。

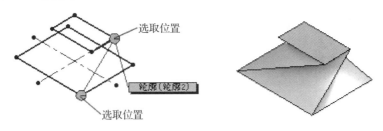

图 3-101 模型扭转

②平滑多轮廓。创建以3个以上轮廓成形的放样，则轮廓间是以一曲线连接。多个轮廓成形时，轮廓必须按顺序选取。

打开文件：建立平滑轮廓，如图3-102所示。

生成放样特征：单击【特征】工具栏上的【放样】按钮 ，出现【放样】属性管理器，在【轮廓】下单击【轮廓】 ◇ ，然后在图形区域中选择"轮廓1""轮廓2""轮廓3"和"轮廓4"草图，如图3-103所示，单击【确定】按钮 ✅ ，生成平滑多轮廓放样特征。

说明：创建放样时，无论轮廓输入是多少，选取各轮廓时都必须以最接近的顶点为对齐的第一点。否则如果两轮廓的起始对齐点相差太多，则会造成严重的扭转现象。

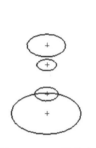 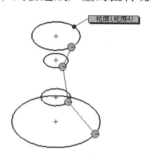

图3-102　平滑轮廓　　　　图3-103　平滑多轮廓放样

③分割轮廓。通常最好使所有轮廓的线段节数相等。当无法避免轮廓草图出现不同节数时，可将线段分割断开。

打开"分割轮廓.SLDPRT"，如图3-104所示。

在FeatureManager设计树中右击"轮廓2"，从快捷菜单中选择【编辑草图】命令，进入草图编辑，选择下拉菜单【工具】→【草图绘制工具】→【分割实体】命令，将"轮廓2"分为4部分，如图3-105(a)所示，单击【草图】工具栏上的【智能标注】按钮 ◇ ，分别选中"椭圆圆心"和两个"分割

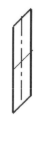 

图3-104　轮廓草图

点"，标注尺寸，如图3-105(b)所示，单击【标准】工具栏上的【重建模型】按钮 🔗 。

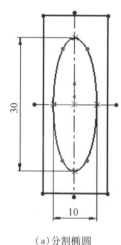 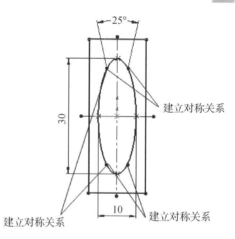

(a)分割椭圆　　　　　　　(b)建立几何关系并标注尺寸

图3-105　分割"轮廓线2"

在FeatureManager设计树中右击"轮廓3"，从快捷菜单中选择【编辑草图】命令，进入草图编辑，选择下拉菜单【工具】→【草图绘制工具】→【分割实体】命令，将"轮廓3"分为四部分，如图3-106(a)所示，单击【草图】工具栏上的【智能标注】按钮 ◇ ，分别选中"圆心"和两个"分割点"，标注尺寸，如图3-106(b)所示，单击【标准】工具栏上的【重建模型】按钮 🔗 。

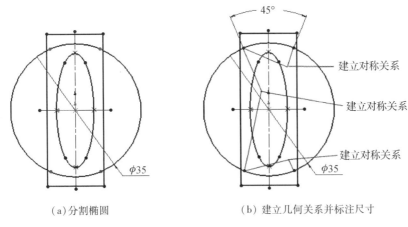

(a) 分割椭圆　　　　　　　　　(b) 建立几何关系并标注尺寸

图 3-106　分割"轮廓线 3"

建立"分割轮廓"放样特征：单击【特征】工具栏上的【放样】按钮 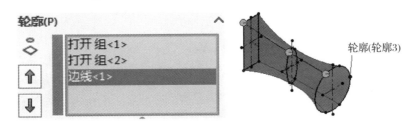，出现【放样】属性管理器，在【轮廓】下单击【轮廓】，然后在图形区域中选择"轮廓 1""轮廓 2""轮廓 3"，如图 3-107 所示，单击【确定】按钮，生成"分割轮廓"放样特征。

图 3-107　"分割轮廓"放样

④点轮廓。所谓点轮廓即两个放样中有一个草图为点（可为草图点或实体顶点）。

打开文件：建立点轮廓，如图 3-108 所示。

建立"点轮廓"放样特征：单击【特征】工具栏上的【放样】按钮，出现【放样】属性管理器，在【轮廓】下单击【轮廓】，然后在图形区域中选择"点 1"和"轮廓 1"草图，如图 3-109 所示，单击【确定】按钮，生成点轮廓放样特征。

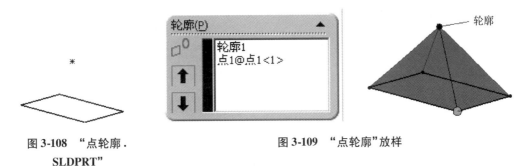

图 3-108　"点轮廓.
SLDPRT"

图 3-109　"点轮廓"放样

说明：放样成形在选择"轮廓 1"草图时，可任意选取对齐位置，并不会影响成形的结果。

起始/结束约束控制：利用设置【起始/结束约束】的轮廓的相切长度，可以改变模型的外形。

打开"起始/结束约束控制.SLDPRT"，如图3-110所示。

完全没有约束控制的放样：单击【特征】工具栏上的【放样】按钮 ，出现【放样】属性管理器，在【轮廓】下单击【轮廓】 ◇，然后在图形区域中选择"轮廓1"和"轮廓2"草图，如图3-111所示，单击【确定】按钮 ✓，生成完全没有约束控制的放样特征。

垂直于轮廓约束控制的放样：单击【特征】工具栏上的【放样】按钮 ，出现【放样】属性管理器，在【轮廓】下单击【轮廓】 ◇，然后在图形

图3-110 "起始/结束约束控制.SLDPRT"

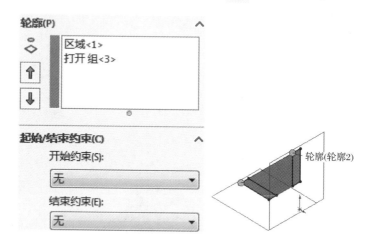

图3-111 "完全没有约束控制"的放样

区域中选择"轮廓1"和"轮廓2"草图，激活【起始/结束约束】选项组，在【开始约束】下拉列表框内选择【垂直于轮廓】选项，在【起始处相切长度】文本框输入"1mm"，在【结束约束】下拉列表框内选择【垂直于轮廓】选项，在【结束处相切长度】文本框输入"1mm"，如图3-112所示，单击【确定】按钮 ✓，生成垂直于轮廓约束控制的放样。

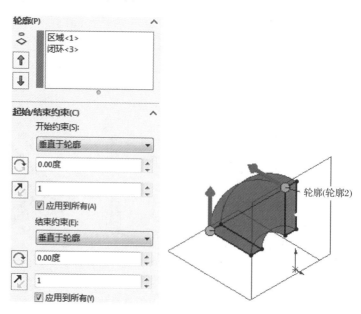

图3-112 "垂直于轮廓约束控制"的放样

方向向量约束控制的放样：在 FeatureManager 设计树中选择"前视基准面"，单击【草图】工具栏上的【草图绘制】按钮 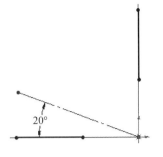，进入草图绘制，绘制如图 3-113 所示草图。单击【标准】工具栏上的【重建模型】按钮 。

单击【特征】工具栏上的【放样】按钮 ，出现【放样】属性管理器，在【轮廓】下单击【轮廓】 ，然后在图形区域中选择"轮廓 1"和

图 3-113　方向向量草图

"轮廓 2"草图，激活【起始/结束约束】选项组，在【开始约束】下拉列表框内选择【方向向量】选项，单击【方向向量】列表框，在图形区域选择"直线 1@ 草图 3"，在【起始处相切长度】文本框输入"1mm"，在【结束约束】下拉列表框内选择【方向向量】选项，单击【方向向量】列表框，在图形区域选择"直线 1@ 草图 3"，在【结束处相切长度】文本框输入"1mm"，如图 3-114 所示，单击【确定】按钮 ，生成方向向量约束控制的放样。

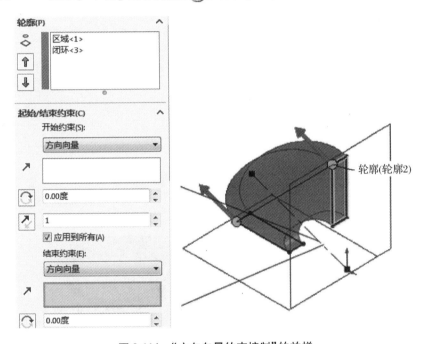

图 3-114　"方向向量约束控制"的放样

封闭放样：如果使用 3 个或多于 3 个面创建放样，并且希望最后一个轮廓与第一个首尾相接，选中【封闭放样】复选框。

打开文件：建立封闭放样，如图 3-115 所示。

建立"闭合"放样特征，单击【特征】工具栏上的【放样】按钮 ，

图 3-115　封闭放样

出现【放样】属性管理器，在【轮廓】下单击【轮廓】 ，然后在图形区域中选择"轮廓 1""轮廓 2"和"轮廓 3"草图，激活【选项】选项组，未选中【闭合放样】复选框，如图 3-116（a）所示，选中【闭合放样】复选框，如图 3-116（b）所示，单击【确定】按钮 ，生成放样特征。

如果在放样初始时，轮廓中的实体相切，在放样过程中使用【保持相切】选项，会维持相切的关系不变，以使生成的放样中相应的曲面保持相切。保持相切的面可以是基准面、圆柱面或

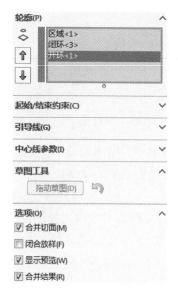

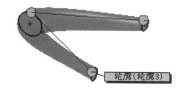

（a）未选中【闭合放样】复选框

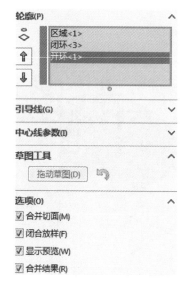

（b）选中【闭合放样】复选框

图 3-116 【封闭放样】

圆锥面。其他相邻的面被合并，截面被近似处理。草图圆弧可以转换为样条曲线。

打开文件：建立封闭放样，如图 3-117 所示。

建立"合并切面"放样特征：单击【特征】工具栏上的【放样】按钮 ，出现【放样】属性管理器，在【轮廓】下单击【轮廓】 ，然后在图形区域中选择"轮廓 1"和"轮廓 2"草图，激活【选项】选项组，未选中【合并切面】复选框，如图 3-118（a）所示，选中【合并切面】复选框，如图 3-118（b）所示单击【确定】按钮 ，生成保持相切放样特征。

使用分割线放样是利用分割线在模型面上建立一个空间轮廓来生成放样特征。

图 3-117 "封闭放样.SLDPRT"

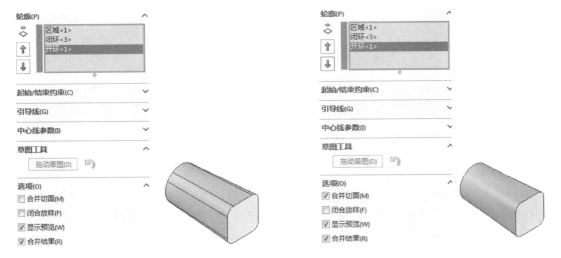

(a) 未选中【合并切面】复选框　　　　　　　　(b) 选中【合并切面】复选框

图 3-118　"合并切面"放样

建立一个球体，如图 3-119 所示。

建立分割线：单击【分割线】按钮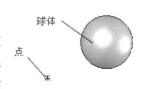，出现【分割线】属性管理器，在【分割类型】选项组选中【投影】单选按钮，在【选择】选项组单击【要投影的草图】列表框，在图形区选择"草图 2"，单击【要分割的面】列表框，在图形区选择"球面"，选中【单向】和【反向】复选框，如图 3-120 所示，单击【确定】按钮✅，建立分割线特征。

图 3-119　球　体

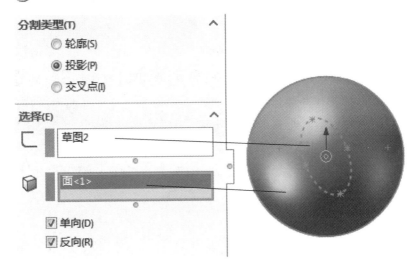

图 3-120　建立"分割线"

利用"分割线"放样：单击【特征】工具栏上【放样】按钮，出现【放样】属性管理器，在【轮廓】下单击【轮廓】，然后在图形区域中选择"边线 <1 >"和"点 1@草图 3"，如图 3-121 所示，单击【确定】按钮✅，生成分割线放样特征。

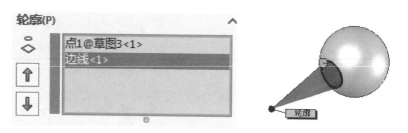

图 3-121 "分割线"放样

放样除了可利用草图轮廓成形外，也可将现有模型上的实体平面或曲面边缘当做放样的成形轮廓。

• 实体平面轮廓。建立实体平面轮廓，如图 3-122（a）所示。单击【特征】工具栏上的【放样】按钮 ，出现【放样】属性管理器，在【轮廓】下单击【轮廓】 ，然后在图形区域中选择长方体的侧平面作为"实体平面轮廓"和"草图轮廓"，如图 3-122（b）所示，单击【确定】按钮 ，生成实体平面轮廓放样特征。

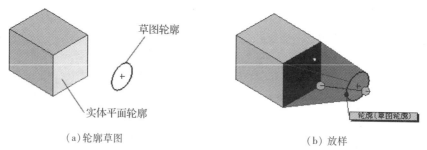

（a）轮廓草图　　　　　　　　　　　　　　　　（b）放样

图 3-122 "实体平面轮廓"放样

• 实体曲面边缘轮廓。建立实体曲面边缘轮廓，如图 3-123（a）所示。单击【特征】工具栏上的【放样】按钮 ，出现【放样】属性管理器，在【轮廓】下单击【轮廓】 ，然后在图形区域中选择圆柱体的侧平面作为"实体曲面边缘轮廓"和"草图轮廓"，激活【起始/结束约束】选项组，在【开始约束】下拉列表框内选择【垂直于轮廓】选项，在【起始处相切长度】文本框输入"1mm"，如图 3-123（b）所示，单击【确定】按钮 ，生成实体曲面边缘轮廓放样特征。

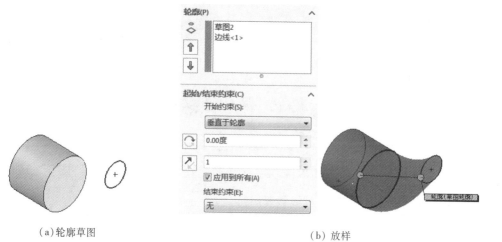

（a）轮廓草图　　　　　　　　　　　　　　　　（b）放样

图 3-123 "实体曲面边缘轮廓"放样

3.4.3 使用引导线放样

通过使用两个或多个轮廓并使用一条或多条引导线来连接轮廓，可以生成引导线放样。轮廓可以是平面轮廓或空间轮廓。引导线可以帮助控制所生成的中间轮廓。

以建立如图 3-124 所示的模型为例，介绍如何使用引导线建立切除放样特征。

建立使用引导线放样，如图 3-125 所示。

建立轮廓 1：选择图形区长方体侧面为绘图基准面，单击【草图】工具栏上的【草图绘制】按钮 ✎ ，进入草图绘制，绘制如图 3-126 所示草图。单击【标准】工具栏上的【重建模型】按钮 ✵ 。在 FeatureManager 设计树中右击"草图 2"，从快捷菜单中选择【属性】命令，出现【特征属性】对话框，在【名称】文本框中输入"轮廓 1"，单击【确定】按钮。

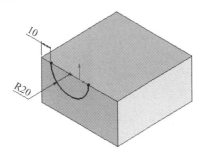

图 3-124 使用引导线建立切除放样　　图 3-125 使用引导线放样　　图 3-126 "轮廓 1"草图

建立轮廓 2：选择图形区长方体侧面为绘图基准面，单击【草图】工具栏上的【草图绘制】按钮 ✎ ，进入草图绘制，绘制如图 3-127 所示草图。单击【标准】工具栏上的【重建模型】按钮 ✵ 。在 FeatureManager 设计树中右击"草图 3"，从快捷菜单中选择【属性】命令，出现【特征属性】对话框，在【名称】文本框中输入"轮廓 2"，单击【确定】按钮。

建立引导线：选择图形区长方体上表面为绘图基准面，单击【草图】工具栏上的【草图绘制】按钮 ✎ ，进入草图绘制，绘制如图 3-128 所示草图。单击【标准】工具栏上的【重建模型】按钮 ✵ 。在 FeatureManager 设计树中右击"草图 4"，从快捷菜单中选择【属性】命令，出现【特征属性】对话框，在【名称】文本框中输入"引导线"，单击【确定】按钮。

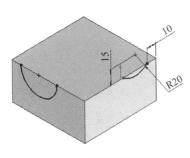

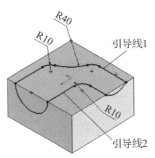

图 3-127 "轮廓 2"草图　　　　图 3-128 "引导线"草图

建立引导线曲面放样特征：单击【曲面】工具栏上的【放样曲面】按钮 ⩗ ，出现【曲面-放样】属性管理器，在【轮廓】下单击【轮廓】 ◇ ，然后在图形区域中选择"边线 1"和"边线 2"草图，激

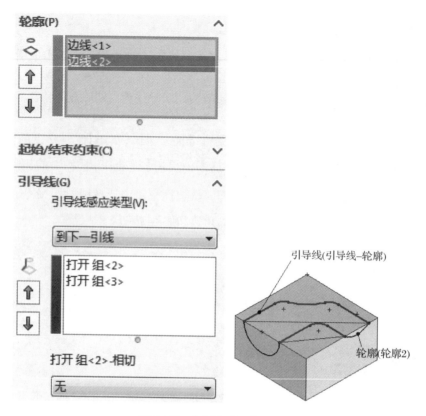

图 3-129　【曲面-放样】特征

活【草图工具】选项组，单击【单一轮廓选择】按钮 ，激活【引导线】选项组，单击【引导线】

，然后在图形区域中选择"引导线 1"和"引导线 2"草图，如图 3-129 所示，单击【确定】按钮

，生成引导线曲面放样特征。

曲面切除：选择下拉菜单【插入】→【切除】→【使用曲面】命令，出现【使用曲面切除】属性管理器，在【曲面切除参数】下单击【进行切除的所选曲面】，然后在图形区域中选择"曲面-放样1"，如图 3-130 所示，单击【确定】按钮 。

图 3-130　曲面切除

3.4.4　使用中心线放样

中心线放样可以生成一个使用一条变化的引导线作为中心线的放样。所有中间截面的草图基准面都与此中心线垂直。此中心线可以是草图曲线、模型边线或曲线。

以建立如图 3-131 所示的模型为例，介绍如何使用中心线建立放样特征。

新建文件：选择下拉菜单【文件】→【新建】命令，在打开对话框中单击【零件】图标，单击【确定】按钮，单击【保存】按钮 ，文件名为"中心线放样.SLDPRT"。

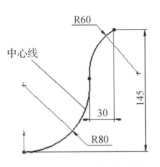

图 3-131　使用中心线建立放样特征　　　图 3-132　"轮廓 1"草图

建立中心线：在 FeatureManager 设计树中选择"前视基准面"，单击【草图】工具栏上的【草图绘制】按钮 ，进入草图绘制，绘制如图 3-132 所示草图，单击【标准】工具栏上的【重建模型】按钮 。在 FeatureManager 设计树中右击"草图 1"，从快捷菜单中选择【属性】命令，出现【特征属性】对话框，在【名称】文本框中输入"中心线"，单击【确定】按钮。

建立轮廓 1：单击【参考几何体】工具栏上的【基准面】按钮 ，出现【基准面】属性管理器，单击【垂直与曲线】按钮 ，在【选择】下单击【参考实体】 ，然后在图形区域中选择"点"和"曲线"，如图 3-133（a）所示，单击【确定】按钮 。在 FeatureManager 设计树中选择"基准面 1"，单击【草图】工具栏上的【草图绘制】按钮 ，进入草图绘制，绘制椭圆草图。单击【草图】工具栏上的【添加几何关系】按钮 ，出现【添加几何关系】属性管理器，在【所选实体】下单击【清单】列表框，然后在图形区域中选择"椭圆心"和"中心线"，单击【穿透】按钮 ，添加穿透几何关系，单击【确定】按钮 ，如图 3-133（b）所示，单击【标准】工具栏上的【重建模型】按钮 。在 FeatureManager 设计树中右击"草图 2"，从快捷菜单中选择【属性】命令，出现【特征属性】对话框，在【名称】文本框中输入"轮廓 1"，单击【确定】按钮。

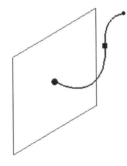
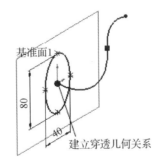

（a）建立基准面　　　　　（b）绘制草图、建立穿透几何关系

图 3-133　"轮廓 1"草图

建立轮廓 2：单击【参考几何体】工具栏上的【基准面】按钮 ，出现【基准面】属性管理器，单击【垂直与曲线】按钮 ，在【选择】下单击【参考实体】 ，然后在图形区域中选择"点"和"曲线"，如图 3-134（a）所示，单击【确定】按钮 。在 FeatureManager 设计树中选择"基准面 1"，单击【草图】工具栏上的【草图绘制】按钮 ，进入草图绘制，绘制椭圆草图。单击【草图】

工具栏上的【添加几何关系】按钮，出现【添加几何关系】属性管理器，在【所选实体】下单击【清单】列表框，然后在图形区域中选择"椭圆心"和"中心线"，单击【穿透】按钮，添加穿透几何关系，如图3-134(b)所示，单击【确定】按钮，单击【标准】工具栏上的【重建模型】按钮。在 FeatureManager 设计树中右击"草图3"，从快捷菜单中选择【属性】命令，出现【特征属性】对话框，在【名称】文本框中输入"轮廓2"，单击【确定】按钮。

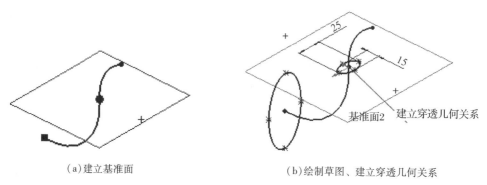

（a）建立基准面　　　　　　　　　　（b）绘制草图、建立穿透几何关系

图 3-134　"轮廓 2"草图

建立轮廓3：单击【参考几何体】工具栏上的【基准面】按钮，出现【基准面】属性管理器，单击【垂直与曲线】按钮，在【选择】下单击【参考实体】，然后在图形区域中选择"点"和"曲线"，如图3-135(a)所示，单击【确定】按钮。在 FeatureManager 设计树中选择"基准面1"，单击【草图】工具栏上的【草图绘制】按钮，进入草图绘制，绘制圆草图。单击【草图】工具栏上的【添加几何关系】按钮，出现【添加几何关系】属性管理器，在【所选实体】下单击【清单】列表框，然后在图形区域中选择"圆心"和"中心线"，单击【穿透】按钮，添加穿透几何关系，如图3-135(b)所示，单击【确定】按钮，单击【标准】工具栏上的【重建模型】按钮。在 FeatureManager 设计树中右击"草图4"，从快捷菜单中选择【属性】命令，出现【特征属性】对话框，在【名称】文本框中输入"轮廓3"，单击【确定】按钮。

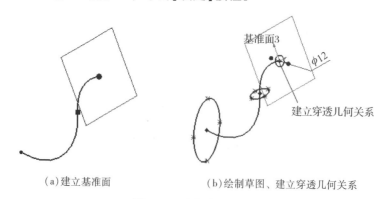

（a）建立基准面　　　　　　　　　　（b）绘制草图、建立穿透几何关系

图 3-135　"轮廓 3"草图

建立中心线放样：单击【特征】工具栏上的【放样】按钮，出现【放样】属性管理器，在【轮廓】下单击【轮廓】，然后在图形区域中选择"轮廓1""轮廓2"和"轮廓3"草图，激活【中心线

参数】选项组，单击【中心线】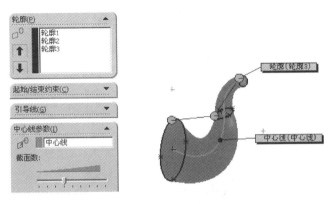，然后在图形区域中选择"中心线"草图，如图 3-136 所示，单击【确定】按钮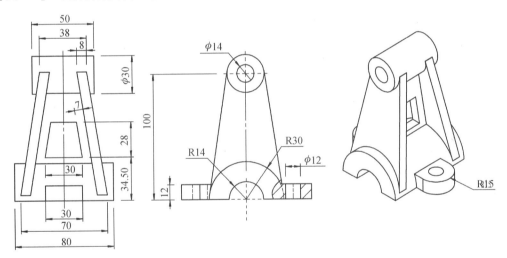，生成中心线放样特征。

图 **3-136**　中心线放样特征

3.4.5　放样特征的综合应用

【例 3-7】　应用放样特征创建支承座模型，如图 3-137 所示。

图 **3-137**　支承座

（1）建模分析

支架是由下端、大端和连接部分组成，此模型的建立将分为 A→B→C→D→E→→F→G 七部分完成，如图 3-138 所示。

（2）建模步骤

新建文件：选择下拉菜单【文件】→【新建】命令，在新建对话框中单击【零件】图标，单击【确定】按钮。

A 部分：在 FeatureManager 设计树中选择"前视基准面"，单击【草图】工具栏上的【草图绘制】按钮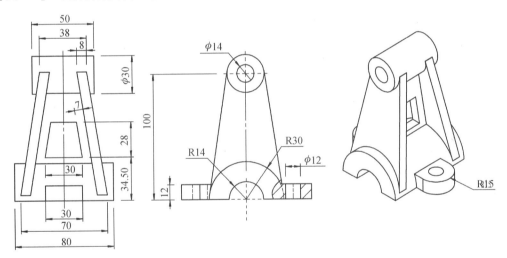，进入草图绘制，绘制如图 3-139 所示草图。

单击【特征】工具栏上的【拉伸凸台/基体】按钮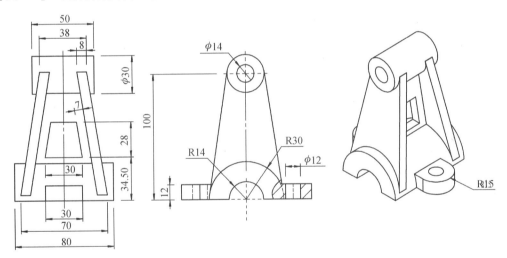，出现【拉伸】属性管理器，在【开始条件】下拉列表框内选择【草图基准面】选项，在【终止条件】下拉列表框内选择【两侧对称】选项，在【深度】文本框内输入"50mm"，激活【所选轮廓】列表框，在绘图区选择需要拉伸的轮廓，在【所

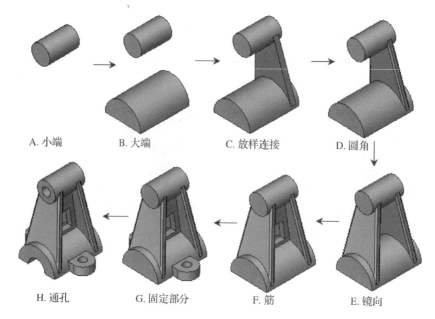

A. 小端　　　　B. 大端　　　　C. 放样连接　　　　D. 圆角

H. 通孔　　　　G. 固定部分　　　　F. 筋　　　　E. 镜向

图 3-138　　建模分析

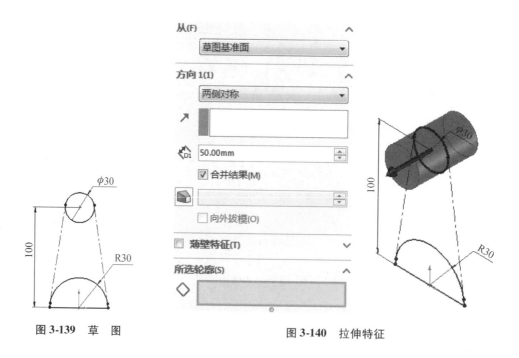

图 3-139　草　图

图 3-140　　拉伸特征

选轮廓】中出现"草图 1-轮廓 < 1 >"，如图 3-140 所示，单击【确定】按钮⊘。

　　B 部分：在 FeatureManager 设计树中选择"草图 1"，单击【特征】工具栏上的【拉伸凸台/基体】按钮⊡，出现【拉伸】属性管理器，在【开始条件】下拉列表框内选择【草图基准面】选项，在【终止条件】下拉列表框内选择【两侧对称】选项，在【深度】文本框内输入"80mm"，激活【所选轮廓】列表框，在绘图区选择需要拉伸的轮廓，如图 3-141 所示，单击【确定】按钮⊘。

　　C 部分：单击【参考几何体】工具栏上的【基准面】按钮◇，出现【基准面】属性管理器，单击【点和平行面】按钮⌯，激活【参考实体】列表框，在图形区选择"点"和"上视基准面"，如

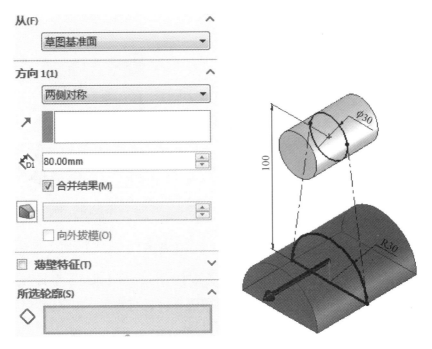

图 3-141　拉伸特征

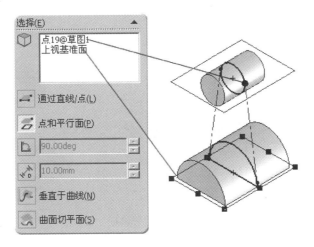

图 3-142　建立基准面

图 3-142 所示，单击【确定】按钮 ✅。

在 FeatureManager 设计树中选择"基准面 1"，单击【草图】工具栏上的【草图绘制】按钮 ✏️，进入草图绘制，绘制如图 3-143 所示草图，单击【标准】工具栏上的【重建模型】按钮 ⬤。在 FeatureManager 设计树中右击"草图 2"，从快捷菜单中选择【属性】命令，出现【特征属性】对话框，在【名称】文本框中输入"轮廓 1"，单击【确定】按钮。

单击【参考几何体】工具栏上的【基准面】按钮 ◇，出现【基准面】属性管理器，单击【点和平行面】按钮 🔲，激活【参考实体】列表框，在图形区选择"点"和"上视基准面"，如图 3-144 所示，单击【确定】按钮 ✅。

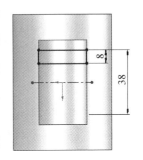

图 3-143　草　图

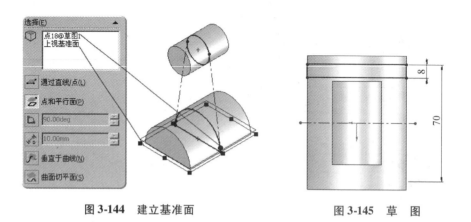

图 3-144　建立基准面　　　　　　　　图 3-145　草　图

在 FeatureManager 设计树中选择"基准面 2"，单击【草图】工具栏上的【草图绘制】按钮 ，进入草图绘制，绘制如图 3-145 所示草图，单击【标准】工具栏上的【重建模型】按钮 。在 FeatureManager 设计树中右击"草图 2"，从快捷菜单中选择【属性】命令，出现【特征属性】对话框，在【名称】文本框中输入"轮廓 2"，单击【确定】按钮。

单击【特征】工具栏上的【放样】按钮 ，出现【放样】属性管理器，在【轮廓】下单击【轮廓】 ，然后在图形区域中选择"轮廓 1"和"轮廓 2"草图，如图 3-146 所示，单击【确定】按钮 ，生成放样特征。

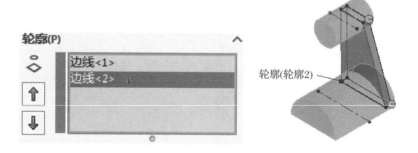

图 3-146　放样特征

D 部分：单击【特征】工具栏上的【圆角】按钮 ，出现【圆角】属性管理器，选中【等半径】单选按钮，激活【边线、面、特征和环】列表框，在图形区中选择多条实体边线，在【半径】文本框内输入"2mm"，如图 3-147 所示，单击【确定】按钮 ，生成圆角。

E 部分：单击【特征】工具栏上的【镜向】按钮 ，出现【镜向】属性管理器，激活【镜向面】列表框，在 FeatureManager 设计树中选择"前视基准面"，激活【要镜向的特征】列表框，在 FeatureManager 设计树中选择"放样 1"和"圆角 1"，如图 3-148 所示，单击【确定】按钮 ，创建特征镜向。

F 部分：在 FeatureManager 设计树中选择"右视基准面"，单击【草图】工具栏上的【草图绘制】按钮 ，进入草图绘制，绘制如图 3-149 所示草图。

单击【特征】工具栏上的【拉伸凸台/基体】按钮 ，出现【拉伸】属性管理器，在【开始条件】下拉列表框内选择【草图基准面】选项，在【终止条件】下拉列表框内选择【两侧对称】选项，在【深度】文本框内输入"8mm"，如图 3-150 所示，单击【确定】按钮 。

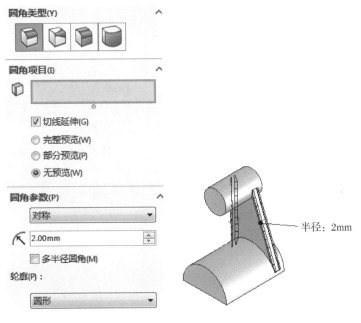

半径：2mm

图 3-147　圆　角

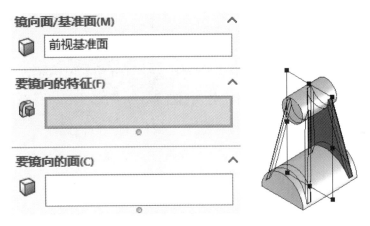

图 3-148　镜向特征

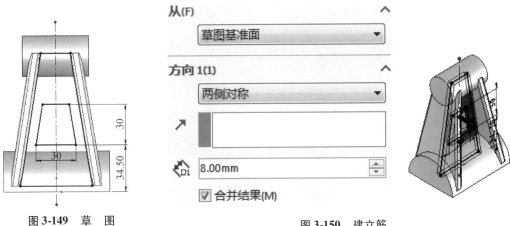

图 3-149　草　图

图 3-150　建立筋

G 部分：在 FeatureManager 设计树中选择"右视基准面"，单击【草图】工具栏上的【草图绘制】按钮 ，进入草图绘制，绘制如图 3-151 所示草图。

单击【特征】工具栏上的【拉伸凸台/基体】按钮 ，出现【拉伸】属性管理器，在【开始条件】下拉列表框内选择【草图基准面】选项，在【终止条件】下拉列表框内选择【给定深度】选项，在【深度】文本框内输入"12mm"，如图 3-152 所示，单击【确定】按钮 。

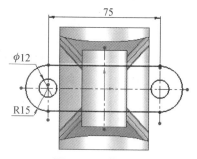

图 3-151　草　图

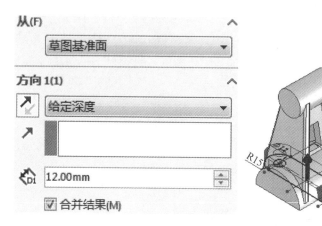

图 3-152　拉伸特征

H 部分：在 FeatureManager 设计树中选择"前视基准面"，单击【草图】工具栏上的【草图绘制】按钮 ，进入草图绘制，绘制如图 3-153 所示草图。

单击【特征】工具栏上的【拉伸切除】按钮 ，出现【切除-拉伸】属性管理器，在【开始条件】下拉列表框内选择【草图基准面】选项，在【终止条件】下拉列表框内选择【完全贯穿】选项，选中【方向 2】复选框，在【终止条件】下拉列表框内选择【完全贯穿】选项，如图 3-154 所示，单击【确定】按钮 。

完成，存盘。

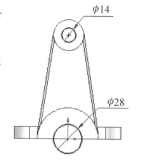

图 3-153　草　图

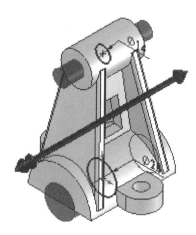

图 3-154　切　除

3.5 综合实例分析

本章实例将介绍风扇的制作技巧，效果如图 3-155 所示。

本章实例中，风扇由 3 片扇叶和圆柱体组成，而每个扇叶均由螺旋曲面构成，这是本章实例的关键所在。生成螺旋曲面后，所有其他特征都可以顺利完成。

①在桌面上双击 SolidWorks 图标，进入软件界面。单击【标准】工具栏中的【新建】按钮 📄，在弹出的【新建 SolidWorks 文件】对话框中单击【零件】按钮 🔧，然后单击【确定】按钮进入工作环境。

②在位于屏幕左侧的 FeatureManager 设计树中选择【前视】（基准面），单击【草图】工具栏中的【草图绘制】按钮 📝，在前视基准面上打开一张草图。单击【草图】工具栏中的【圆】按钮 ⊙，以坐标原点为圆心画一个圆。单击【智能尺寸】按钮 ✏️，标注尺寸 φ20，如图 3-156 所示。单击【关闭对话框】按钮 ✔️，关闭【尺寸】属性管理器。

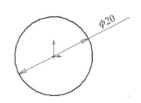

图 3-155　风扇效果图　　　　　　　　图 3-156　画　圆

③单击【曲线】工具栏中的【螺旋线/涡状线】按钮 ⌇，在【螺旋线/涡状线】属性管理器中的【定义方式】选项组中的【类型】下拉列表框内选择【高度和圈数】选项。单击【标准视图】工具栏中的【等轴测】按钮 🔷，将视图转变为等轴测显示。在【参数】选项组中的【高度】微调框内输入"30.00mm"，在【圈数】微调框内输入"0.8"，在【起始角度】微调框内输入"0.00deg"，确认选中了【反向】复选框和【逆时针】单选按钮，如图 3-157 所示，然后单击【确定】按钮 ✔️，结果如图 3-158 所示。

图 3-157　螺旋线属相框　　　　　　　　图 3-158　螺旋线

④在 FeatureManager 设计树中选择【前视】(基准面)，单击【草图】工具栏中的【草图绘制】按钮，在前视基准面上打开一张草图。单击【标准视图】工具栏中的【前视】按钮，将视图转正。单击【草图】工具栏中的【圆】按钮，以坐标原点为圆心画一个圆。单击【智能尺寸】按钮，标注尺寸 φ60。单击【曲线】工具栏中的【螺旋线/涡状线】按钮，在【螺旋线/涡状线】属性管理器中的【定义方式】选项组中的【类型】下拉列表框内选择【高度和圈数】选项。单击【标准视图】工具栏中的【等轴测】按钮，将视图转变为等轴测显示。在【参数】选项组中的【高度】微调框内输入"30.00mm"，在【圈数】微调框内输入"0.8"，在【起始角度】微调框内输入"0.00 度"，确认选中了【反向】复选框和【逆时针】单选按钮，如图 3-159 所示，然后单击【确定】按钮。在绘图区空白处单击以取消选择，结果如图 3-160 所示。

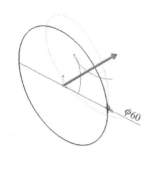

图 3-159 另一条螺旋线属相框   图 3-160 第二条螺旋线

⑤单击【曲面】工具栏中的【放样曲面】按钮，在绘图区分别选择两条螺旋线，在【曲面-放样】属性管理器中的【选项】选项组中确认选中了【合并切面】和【显示预览】复选框，如图 3-161 所示，然后单击【确定】按钮，生成一个螺旋面。单击【视图】工具栏中的【隐藏线可见】按钮，结果如图 3-162 所示。

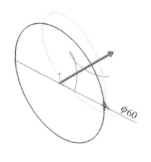

图 3-161 "曲面-放样"属性管理器   图 3-162 隐藏线

⑥在菜单栏中选择【插入】→【凸台/基体】→【加厚】命令，在绘图区选择曲面的正面作为要加厚的曲面，这时在【加厚】属性管理器中的【加厚参数】选项组中的【要加厚的曲面】列表框内已经显示了所选的曲面：【曲面-放样1】。在【厚度】选项组中单击【加厚度侧面1】按钮，在【厚度】微调框内输入"1.00mm"，如图 3-163 所示，然后单击【确定】按钮，结果如图 3-164 所示。

⑦在 FeatureManager 设计树中选择【前视】(基准面)，单击【草图】工具栏中的【草图绘制】按钮，在前视基准面上打开一张草图。单击【标准视图】工具栏中的【前视】按钮，将视图转正。在当前草图平面上绘制扇叶草图并标注尺寸，如图 3-165 所示。

图 3-163 【厚度】选项组

图 3-164 添加厚度效果图

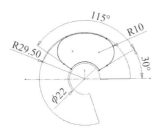

图 3-165 绘制扇叶草图并标注尺寸

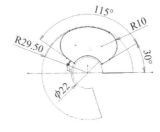

图 3-166 标准尺寸后效果图

⑧单击【特征】工具栏中的【拉伸切除】按钮，在【拉伸】属性管理器中的【方向 1】选项组中的【终止条件】下拉列表框内选择【完全贯穿】选项，确认选中了【反侧切除】复选框，使代表切除方向的箭头指向封闭草图之外，如图 3-166 所示，然后单击【确定】按钮。在绘图区空白处单击以取消选择。在 FeatureManager 设计树中单击【曲面-放样 1】特征前面的"＋"号，将其展开，右击【螺旋线/涡状线 1】，在快捷工具栏内单击【隐藏】按钮，将"螺旋线/涡状线 1"隐藏。用同样的方法隐藏"螺旋线/涡状线 2"。单击【标准视图】工具栏中的【等轴测】按钮，将视图转变为等轴测视图，如图 3-167 所示。

注意：选中【反侧切除】复选框后，箭头所指为要切掉的材料。

⑨在 FeatureManager 设计树中选择【前视】（基准面），单击【草图】工具栏中的【草图绘制】按钮，在前视基准面上打开一张草图。单击【标准视图】工具栏中的【前视】按钮，将视图转正。单击【草图】工具栏中的【圆】按钮，以坐标原点为圆心画一个圆。单击【智能尺寸】按钮，标注尺寸 φ22，如图 3-168 所示。单击【标准视图】工具栏中的【等轴测】按钮，将视图变为等轴测视图。

图 3-167 等轴测视图

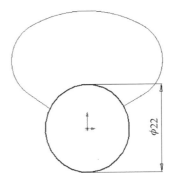

图 3-168 圆的标准尺寸

⑩单击【特征】工具栏中的【拉伸凸台/基体】按钮◙，在【拉伸】属性管理器中的【方向1】选项组中的【终止条件】下拉列表框内选择【给定深度】选项，单击【反向】按钮◀，在【尺寸】微调框内输入"18.00mm"，确认选中了【合并结果】复选框，然后单击【确定】按钮✔，如图3-169所示。

⑪在菜单栏中选择【视图】→【临时轴】命令，将临时轴显示出来。按住Ctrl键，在Feature Manager设计树中依次选择【曲面-放样1】【加厚1】和【拉伸1】3个特征，单击【特征】工具栏中的【圆周阵列】按钮⚙，在【圆周阵列】属性管理器的【要阵列的特征】列表框内已经显示了刚才的选择：【加厚1】和【拉伸1】。在【参数】选项组中，首先选中【等间距】复选框，在绘图区选择φ22圆柱体的中心线（临时轴）作为阵列轴，在【角度】微调框内保持默认值"360.00度"不变，在【实例数】微调框内输入"3"。在【选项】选项组中，选中【几何体阵列】和【延伸视象属性】复选框，如图3-170所示，然后单击【确定】按钮✔。在菜单栏中选择【视图】→【临时轴】命令，将临时轴隐藏起来。单击【标准视图】工具栏中的【上下二等角轴测】按钮▣，将视图转变为上下二等角轴测视图，结果如图3-171所示。

⑫在FeatureManager设计树中选择【前视】（基准面），单击【草图】工具栏中的【草图绘制】按钮▣，在前视基准面上打开一张草图。单击【标准视图】工具栏中的【前视】按钮▣，将视图转正。以坐标原点为圆心画圆，标注尺寸φ5。单击【特征】工具栏中的【拉伸切除】按钮▣，在【拉伸】属性管理器中的【方向1】选项组中的【终止条件】下拉列表框内选择【完全贯穿】选项，然后单击【确定】按钮✔。单击【标准视图】工具栏中的【上下二等角轴测】按钮▣，将视图转变为上下二等角轴测视图，结果如图3-172所示。

图3-169 确认【合并结果】复选框

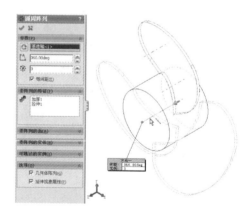

图3-170 圆周阵列复选框

图3-171 上下二等角轴测视图

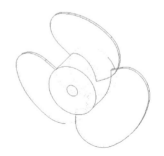

图3-172 上下二等角轴测视图效果图

⑬旋转视图至圆柱体背面，在绘图区选择圆柱体底平面，如图3-173所示，单击【草图】工具栏中的【草图绘制】按钮▣，在如图3-173所示的平面上打开一张草图。单击【标准视图】工具

栏中的【后视】按钮⌷，将视图转正。选择φ22 圆弧边线，单击【草图】工具栏中的【等距实体】按钮⌿，在【等距实体】属性管理器中的【参数】选项组的【等距距离】微调框内输入"2.00mm"，确认选中了【反向】复选框，然后单击【确定】按钮⌿。选择φ5 圆弧边线，单击【草图】工具栏中的【等距实体】按钮✓，在【等距实体】属性管理器中的【参数】选项组中的【等距距离】微调框内输入"2.00mm"，然后单击【确定】按钮✓。绘制的草图如图 3-174 所示。

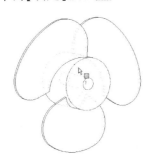
图 3-173　草　图

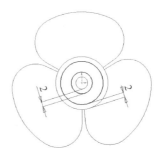
图 3-174　绘制的草图

⑭单击【特征】工具栏中的【拉伸切除】按钮⌷，在【拉伸】属性管理器中的【方向 1】选项组中的【终止条件】下拉列表框内选择【给定深度】选项，在【深度】微调框内输入"16.00mm"，然后单击【确定】按钮✓。单击【标准视图】工具栏中的【上下二等角轴测】按钮⌷，将视图转变为上下二等角轴测视图，结果如图 3-175 所示。

⑮选择φ22 圆柱体正面棱边，单击【特征】工具栏中的【圆角】按钮⌷。在【圆角】属性管理器中的【圆角类型】选项组中保持默认选中的【等半径】单选按钮不变，在【圆角项目】选项组中的【半径】微调框内输入"1.00mm"，选中【切线延伸】和【完整预览】复选框，然后单击【确定】按钮✓，结果如图 3-176 所示。

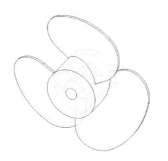
图 3-175　微调尺寸后的风扇

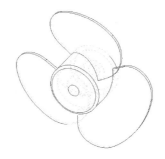
图 3-176　添加"圆角"

⑯选择圆柱体底面的圆环面，如图 3-177 所示，单击【草图】工具栏中的【草图绘制】按钮⌷，在该面上打开一张草图。单击【标准视图】工具栏中的【后视】按钮⌷，将视图转正。单击【草图】工具栏中的【中心线】按钮⌷，画一条通过原点的水平中心线。单击【直线】按钮⟍，绘制一条两端点分别在内侧两圆弧上的直线。按住 Ctrl 键，在绘图区分别选择"拉伸 4"内侧圆弧，单击【草图】工具栏中的【转换实体引用】按钮⌷，将它们投影至当前草图绘面。按住 Ctrl 键，在绘图区分别选择直线和中心线，单击【镜向实体】按钮⌷，将直线镜向。单击【剪裁实体】按钮⌷，剪去多余线条。单击【智能尺寸】按钮⌷，标注尺寸如图 3-178 所示。

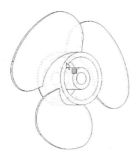

图 3-177　选择圆柱体底面的圆环面

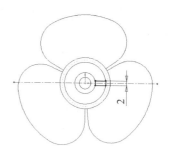

图 3-178　标注尺寸

⑰单击【特征】工具栏中的【拉伸凸台/基体】按钮，在【拉伸】属性管理器中的【方向 1】选项组中的【终止条件】下拉列表框内选择【成形到一面】选项，在绘图区选择如图 3-179 所示的底面，确认选中了【合并结果】复选框，然后单击【确定】按钮。单击【标准视图】工具栏中的【上下二等角轴测】按钮，将视图转变为上下二等角轴测视图，结果如图 3-180 所示。

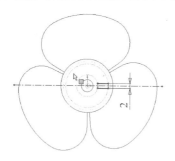

图 3-179　选择底面

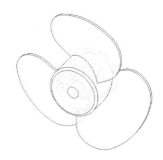

图 3-180　两圆合并图形

⑱在菜单栏中选择【视图】→【临时轴】命令，将临时轴显示出来。在 FeatureManager 设计树中选择【拉伸 5】特征，单击【特征】工具栏中的【圆周阵列】按钮，在【圆周阵列】属性管理器中的【参数】选项组中选中【等间距】复选框，保持【角度】微调框内的默认值"360.00 度"不变，在【实例数】微调框内输入"6"，在绘图区选择圆柱体的临时轴作为阵列轴，其余选项如图 3-181 所示。然后单击【确定】按钮。在菜单栏中选择【视图】→【临时轴】命令以隐藏临时轴，结果如图 3-182 所示。

⑲单击【标准】工具栏中的【保存】按钮，将文件以文件名"fan. sldprt"保存。

⑳图 3-183 是使用 PhotoWorks 插件渲染的结果，会显得更加美观。

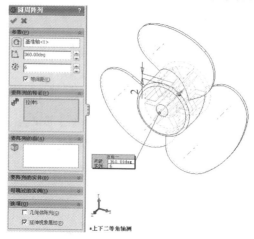

图 3-181　添加临时轴

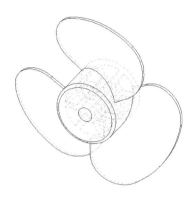

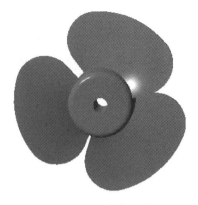

图 3-182　隐藏临时轴　　　　　　　图 3-183　渲染图形

本章小结

通过本章的学习，读者可以了解 SolidWorks 基于草图的特征建模思路；熟练应用 SolidWorks 的拉伸和旋转建模工具的操作和参数设置，建立一些简单的三维零件模型；可以熟悉 SolidWorks 的扫描和放样建模工具，准确判断扫描、放样的使用场合；能够熟练应用扫描和放样的操作和参数设置，建立一些形状复杂的三维零件模型。

▶▶▶ 第4章　参考几何体和特征编辑

基准特征是零件建模的参考特征，主要用于为实体造型提供参考，也可以作为绘制草图时的参考面，本章主要讲解基准特征的建立方法。基准可以分为基准面、基准轴、坐标系以及参考点，操作特征包括动态修改特征、圆角特征、倒角特征、筋特征、抽壳特征、简单直孔、异型孔向导、圆顶特征和包覆特征、线性阵列特征、圆周阵列特征、镜向特征、表格驱动的阵列特征、由草图驱动的阵列特征、填充阵列和特征的压缩和解压缩特征。标记就是在不改变基本特征主要形状的前提下，对已有的特征进行局部修饰的建模方法，以增加美观并避免重复性的工作。在 SolidWorks 特征编辑中主要包括圆角、倒角、筋、孔、抽壳以及包裹特征等，本章将对这些特征的造型方法进行逐一介绍。

➔ 学习目标

了解参考几何体的作用。

掌握参考几何体的创建方法。

在建模时，熟练引用参考几何体。

掌握每种特征编辑的创建方法。

熟练应用特征编辑命令。

4.1　创建基准面

SolidWorks 建模的步骤有一定程序，分别为：选择绘图平面、进入草图绘制、绘制草图、标注尺寸和添加几何关系、特征制作等。

在选择绘图平面有以下几个平面可选取：①默认的三个基准面；②利用基准面命令所建立的基准面；③直接由绘出零件的特征平面选取，进行绘制。

4.1.1　默认的三个基准面

在 Solidworks 内具有前视基准面、上视基准面、右视基准面三个默认的正交基准面视图，用户可在此三个基准面上绘制草图，并使用各种基础特征创建三维实体模型。SolidWorks 默认的三个基准面视图如图 4-1 所示。

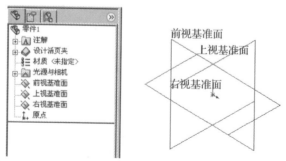

图 4-1　标准基准平面

4.1.2 创建基准面

一般情况下，用户可以在这三个基准面上绘制草图，然后生成各种特征。但是，有一些特殊特征需要更多不同基准面上创建的草图，这就需要创建基准面。

创建【基准面】的操作步骤如下：

单击【参考几何体】工具栏上的【基准面】按钮 ，或选择下拉菜单【插入】→【参考几何体】→【基准面】命令，出现【基准面】属性管理器，如图 4-2 所示。

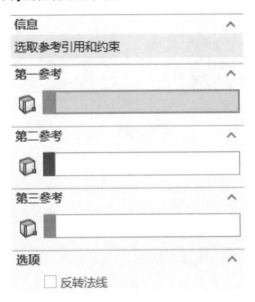

图 4-2 【基准面】属性管理器

在【选择】下，选择想生成的基准面类型及项目来生成基准面。

【通过直线/点】：生成通过边线、轴或草图线及点，或通过三点的基准面，如图 4-3 所示。

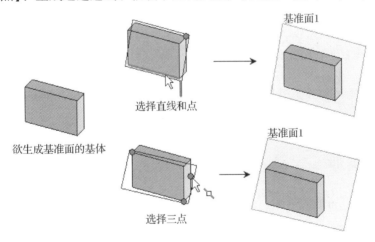

图 4-3 【通过直线/点】生成基准面

【点和平行面】：生成通过平行于基准面或面的点的基准面，如图 4-4 所示。

【两面夹角】：生成基准面，它通过一条边线、轴线或草图线，并与一个面或基准面成一定角度，如图 4-5 所示。

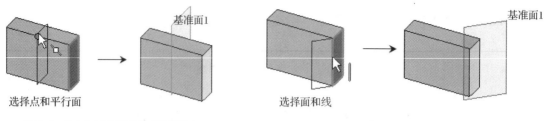

图4-4 【点和平行面】生成基准面　　　　　图4-5 【两面夹角】生成基准面

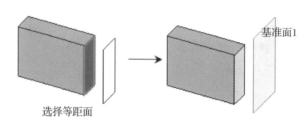

图4-6 【等距距离】生成基准面

【等距距离】：生成平行于一个基准面或面，并等距指定距离的基准面，如图4-6所示。

说明：Solidworks中提供一种快速的建立与已有基准面等距的基准面方法。按住Ctrl键选择已有基准面，鼠标指针变成，拖动鼠标的同时，控制区出现【基准面】属性管理器，输入偏移距离，即可完成等距基准面的生成。

【垂直于曲线】：生成通过一个点且垂直于一边线或曲线的基准面，如图4-7所示。

【曲面切平面】：在空间面或圆形曲面上生成基准面，如图4-8所示。

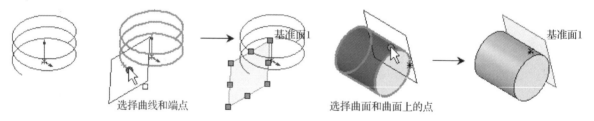

图4-7 【垂直于曲线】生成基准面　　　　图4-8 【曲面切平面】生成基准面

单击【确定】按钮，生成基准面，新的基准面出现在图形区域并列举在FeatureManager设计树中。

4.2 创建基准轴

基准轴常用于创建特征的基准，在创建基准面、圆周阵列或同轴装配中使用基准轴。

4.2.1 显示临时轴

每一个圆柱和圆锥体都有一条轴线。临时轴是由模型中的圆锥和圆柱隐含生成的。可以设置默认为隐藏或显示所有临时轴。

欲显示临时轴：选择下拉菜单【视图】→【临时轴】命令，如图4-9所示。

图4-9 显示临时轴

4.2.2　创建基准轴

创建【基准轴】的操作步骤如下:

单击【参考几何体】工具栏上的【基准轴】按钮 ![icon]，或选择下拉菜单【插入】→【参考几何体】→【基准轴】命令,出现【基准轴】属性管理器,如图 4-10 所示。

图 4-10　【基准轴】属性管理器

在【选择】下,选择想生成的基准轴类型及项目来生成基准轴。

【一直线/边线/轴】 ![icon]:选择草图直线、边线,如图 4-11 所示。

【两平面】 ![icon]:选择两个平面,如图 4-12 所示。

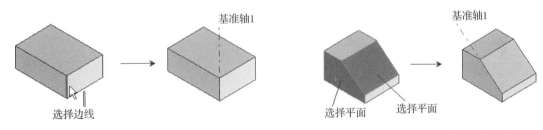

图 4-11　【一直线/边线/轴】生成基准轴　　　　**图 4-12　【两平面】生成基准轴**

【两点/顶点】 ![icon]:选择两个顶点、点或中点,如图 4-13 所示。

【圆柱/圆锥面】 ![icon]:选择圆柱或圆锥面,如图 4-14 所示。

【点和面/基准面】 ![icon]:选择曲面或基准面及顶点或中点。所产生的轴通过所选顶点、点或

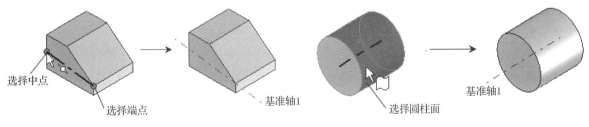

图 4-13　【两点/顶点】生成基准轴　　　　**图 4-14　【圆柱/圆锥面】生成基准轴**

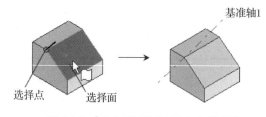

图 4-15 【点和面/基准面】生成基准轴

中点而垂直于所选曲面或基准面。如果曲面为非平面,点必须位于曲面上,如图 4-15 所示。

检查【参考实体】中列出的项目是否与选择相对应。

单击【确定】,生成基准轴,新的基准轴出现在图形区域并列举在 FeatureManager 设计树中。

4.3 坐标系

坐标系可以与测量和质量属性工具一同使用,或者用作生成阵列的基准,也可用于将 SolidWorks 文件输出至 IGES、STL、ACIS、STEP、Parasolid、VRML 和 VDA。

(1)创建【坐标系】的操作步骤

单击【参考几何体】工具栏上的【坐标系】按钮,或选择下拉菜单【插入】→【参考几何体】→【坐标系】命令,出现【坐标系】属性管理器,如图 4-16 所示。

图 4-16 【坐标系】属性管理器

在【选择】下,选择生成坐标系的项目:

【原点】:在零件或装配体中选择一个顶点、点、中点或默认的原点,其名称将会显示于【原点】方框中。

【X、Y 或 Z 轴】:单击需定义方向的坐标轴框,然后选择轴的指向。

顶点、点或中点:与所选的点对齐。

线性边线或草图直线:与所选的边线或直线平行。

非线性边线或草图实体:与选择的实体上所选位置对齐。

平面:与所选面的法线方向对齐。

说明:如果需要改变选择,则右击图形区域并选取快捷菜单中的【清除选择】选项,或用鼠标选取要改变的项目,然后按 Del 键清除选择。如果需要反转轴的方向,单击【反转】按钮。

单击【确定】,生成坐标系,新的坐标系出现在图形区域并列举在 FeatureManager 设计树中。

（2）创建坐标系的过程

单击【参考几何体】工具栏上的【坐标系】按钮 ⊥，出现【坐标系】属性管理器，定义模型顶点为坐标系的原点，如图 4-17（a）所示。选择"边线 1"为 X 轴的正方向，如图 4-17（b）所示。选择"边线 2"为 Y 轴的正方向，如图 4-17（c）所示，单击【确定】 ✅，生成坐标系。

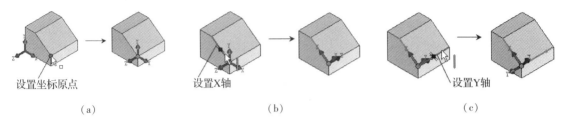

设置坐标原点   设置X轴   设置Y轴

（a）   （b）   （c）

图 4-17 建立坐标系

4.4 参考点

参考点主要被用来进行空间定位，可以用于创建一个曲面造型，辅助创建基准面或基准轴。

创建【参考点】的操作步骤如下：

单击【参考几何体】工具栏上的【点】按钮 ❋，或选择下拉菜单【插入】→【参考几何体】→【点】命令，出现【点】属性管理器，如图 4-18 所示。

图 4-18 【点】属性管理器

在【选择】下，选择想生成的点类型及项目来生成参考点。

【圆弧中心】 ⊙：在所选圆弧或圆的中心生成参考点，如图 4-19 所示。

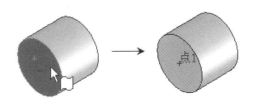

图 4-19 【圆弧中心】生成参考点

121

【面中心】⬛：选择平面或非平面，在所选面的引力中心生成参考点。如图 4-20 所示。

【交叉点】✖：在两个所选实体的交点处生成参考点，如图 4-21 所示。

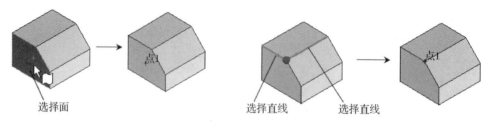

图 4-20 【面中心】生成参考点　　　　　图 4-21 【交叉点】生成参考点

【投影】：生成从一实体投影到另一实体的参考点。选择投影的实体及投影到的实体。可将点、曲线的端点及草图线段、实体的顶点及曲面投影到基准面和平面或非平面。点将垂直于基准面或面而被投影，如图 4-22 所示。

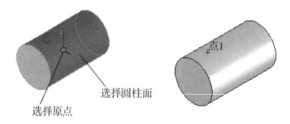

图 4-22 【投影】生成参考点

【沿曲线距离或多个参考点】：沿边线、曲线或草图线段生成一组参考点。选择实体，然后使用这些选项生成参考点。

【距离】：从最近端点处开始按设定的距离生成参考点数，如图 4-23 所示。

【百分比】：从最近端点处开始按设定的百分比生成参考点数，如图 4-24 所示。

【均匀分布】：根据所选实体的总长度和参考点数在实体上生成均匀分布的参考点数，如图 4-25 所示。

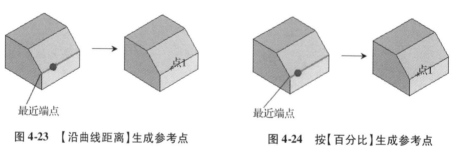

图 4-23 【沿曲线距离】生成参考点　　　　图 4-24 按【百分比】生成参考点

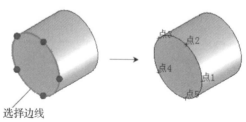

图 4-25 按【均匀分布】生成参考点

检查【参考实体】 中列出的项目是否与选择相对应。

单击【确定】 ，生成参考点，新的点出现在图形区域并列举在 FeatureManager 设计树中。

4.5　建立基准综合范例

在模型中建立参考点、基准轴和基准面，如图 4-26 所示。

4.5.1　分析

参考点：圆弧面的中心点。

基准轴：过参考点，垂直与圆弧面的轴线。

基准面：过参考点，与圆弧面相切的平面。

4.5.2　操作步骤

（1）打开文件

选择下拉菜单【文件】→【打开】命令，在打开对话框中选择"Case3－1"，单击【打开】按钮，如图 4-27 所示。

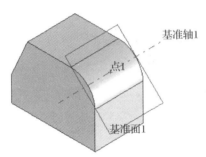
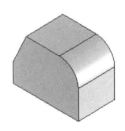

图 4-26　建立参考点、基准轴、基准面实例　　　图 4-27　练习模型

（2）建立参考点

①单击【参考几何体】工具栏上的【点】按钮 ，出现【点】属性管理器，单击【面中心】按钮 ，在绘图区选取圆弧面，如图 4-28 所示。

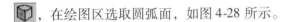

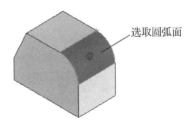

图 4-28　建立参考点

②单击【确定】按钮 。

（3）建立基准轴

①单击【参考几何体】工具栏上的【基准轴】按钮 ，出现【基准轴】属性管理器，单击【点和面/基准面】按钮 ，在绘图区选取圆弧面和参考点"点 1"，如图 4-29 所示。

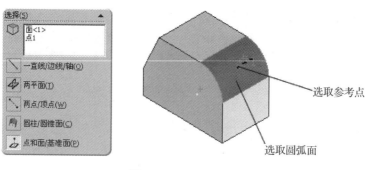

图 4-29 建立基准轴

②单击【确定】按钮 ✅。

（4）建立基准面

单击【参考几何体】工具栏上的【基准面】按钮 ，出现【基准面】属性管理器，单击【曲面切平面】按钮 ，在绘图区选取圆弧面和参考点"点 1"，如图 4-30 所示。

存盘。

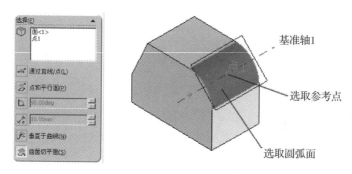

图 4-30 建立基准面

4.6 附加特征

是在不改变基本特征主要形状的前提下，对已有特征进行局部修饰的特征建模方法称为附加特征。如圆角、倒角、筋、抽壳、孔、异型孔等特征造型方法。这些特征的创建对于实体造型的完整性非常重要。

4.6.1 圆角特征

圆角在零件上生成一个内圆角或外圆角面。可以为一个面的所有边线、所选的多组面、所选的边线或边线环生成圆角。

4.6.1.1 启动圆角特征

创建圆角的操作步骤如下：

①单击【特征】工具栏上的【圆角】按钮 ，或选择下拉菜单【插入】→【特征】→【圆角】命令，出现【圆角】属性管理器，如图 4-31 所示。

②在【圆角类型】选项组中选择圆角类型，然后设定其他属性管理器选项。

③选择要进行圆角的对象（通常是边线）。

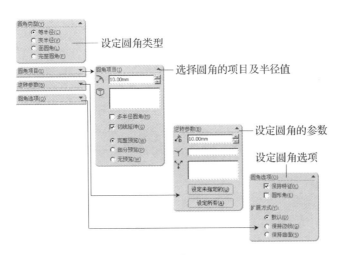

图 4-31　【圆角】属性管理器

④单击【确定】按钮 ✅，生成圆角。

4.6.1.2　【圆角】应用

（1）等半径

选择的实体边线都是相同的半径圆角。

①单一边线圆角。打开"单一边线圆角.SLDPRT"，单击【特征】工具栏上的【圆角】按钮 🔘，出现【圆角】属性管理器，选中【等半径】单选按钮，激活【边线、面、特征和环】列表框，在图形区选择实体的单一边线，在【半径】文本框内输入"10mm"，如图 4-32 所示，单击【确定】按钮 ✅，生成圆角。

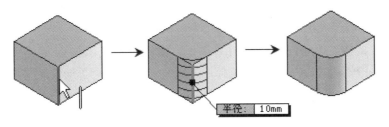

图 4-32　单一边线圆角

②多边线圆角。单击【特征】工具栏上的【圆角】按钮 🔘，出现【圆角】属性管理器，选中【等半径】单选按钮，激活【边线、面、特征和环】列表框，在图形区中选择多条实体边线，在【半径】文本框内输入"10mm"，如图 4-33 所示，单击【确定】按钮 ✅，生成圆角。

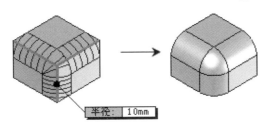

图 4-33　多边线圆角

③面边线圆角。单击【特征】工具栏上的【圆角】按钮 ，出现【圆角】属性管理器，选中【等半径】单选按钮，激活【边线、面、特征和环】列表框，在图形区中选择实体面，在【半径】文本框内输入"10mm"，如图 4-34 所示，单击【确定】按钮 ，生成圆角。

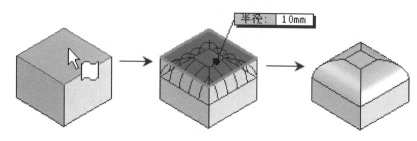

图 4-34　面边线圆角

④多半径圆角。单击【特征】工具栏上的【圆角】按钮 ，出现【圆角】属性管理器，选中【等半径】单选按钮，选中【多半径圆角】复选框，激活【边线、面、特征和环】列表框，在图形区中选择多边线，分别指定每一边线的圆角半径，如图 4-35 所示，单击【确定】按钮 ，生成圆角。

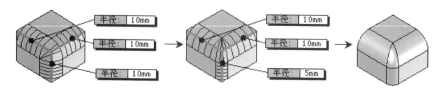

图 4-35　多半径圆角

⑤沿相切面生成圆角。单击【特征】工具栏上的【圆角】按钮 ，出现【圆角】属性管理器，选中【等半径】单选按钮，选中【切线延伸】复选框，在【半径】文本框内输入"10mm"，激活【边线、面、特征和环】列表框，在图形区中选择单一边线圆角时，会自动沿着与该边线相切的边线生成圆角，如图 4-36 所示，单击【确定】按钮 ，生成圆角。

⑥保持特征生成圆角。单击【特征】工具栏上的【圆角】按钮 ，出现【圆角】属性管理器，

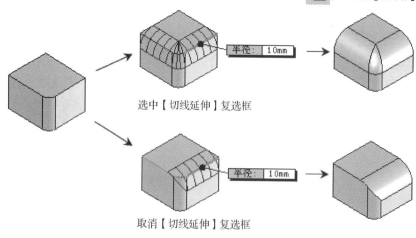

图 4-36　沿相切面进行圆角

选中【等半径】单选按钮，选中【保持特征】复选框，在【半径】文本框内输入"20mm"，激活【边线、面、特征和环】列表框，在图形区中选择单一边线圆角时，受圆角影响的特征会保留，如图 4-37 所示，单击【确定】按钮 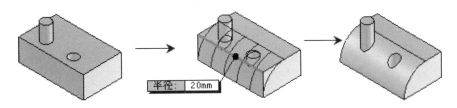，生成圆角。

图 4-37 保持特征生成圆角

⑦圆形角圆角。单击【特征】工具栏上的【圆角】按钮 ，出现【圆角】属性管理器，选中【等半径】单选按钮，选中【圆形角】复选框，在【半径】文本框内输入"10mm"，激活【边线、面、特征和环】列表框，在图形区中选择边线，如图 4-38 所示，单击【确定】按钮 ，生成圆角。

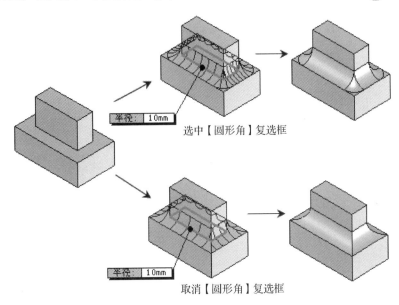

选中【圆形角】复选框

取消【圆形角】复选框

图 4-38 圆形角圆角

⑧圆角的扩展方式。单击【特征】工具栏上的【圆角】按钮 ，出现【圆角】属性管理器，选中【等半径】单选按钮，在【半径】文本框内输入"15mm"，激活【边线、面、特征和环】列表框，在图形区中选择实体的单一边线，选中【保持边线】或【保持曲面】单选按钮，如图 4-39 所示，单击【确定】按钮 ，生成圆角。

⑨设定逆转参数。设置逆转参数是为了改善圆角面，避免尖点，使圆角面更趋平滑。打开"设定逆转参数 . SLDPRT"，单击【特征】工具栏上的【圆角】按钮 ，出现【圆角】属性管理器，选中【等半径】单选按钮，在【半径】文本框内输入"10mm"，激活【边 线、面、特征和环】列表框，在图形区中选择实体的 3 条边线，激活【逆转顶点】列表框，在图形区选择顶点，在 3 个逆转标示中分别输入逆转值"12""12"和"5"，如图 4-40 所示，单击【确定】按钮 ，生成圆角。

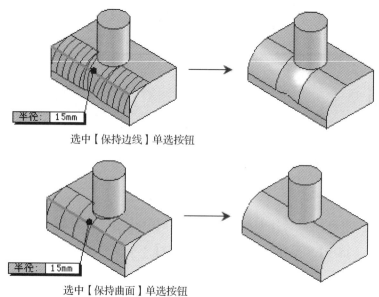

选中【保持边线】单选按钮

选中【保持曲面】单选按钮

图4-39   圆角的扩展方式

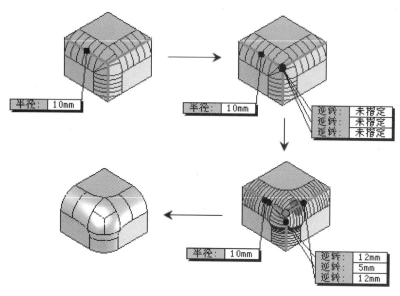

图4-40   选择"逆转顶点"，设定逆转值

（2）变半径

变半径圆角必须有一连续的边线才可进行。

①单一边线变半径圆角。单击【特征】工具栏上的【圆角】按钮，出现【圆角】属性管理器，选中【变半径】单选按钮，激活【边线、面、特征和环】列表框，在图形区中选择要变半径的边线，在边线的两端点会出现设置半径的标示，在标示中的【未确定】部分分别输入半径值"15mm"和"5mm"选中【平滑过渡】或【直线过渡】单选按钮，如图4-41所示，单击【确定】按钮，生成圆角。

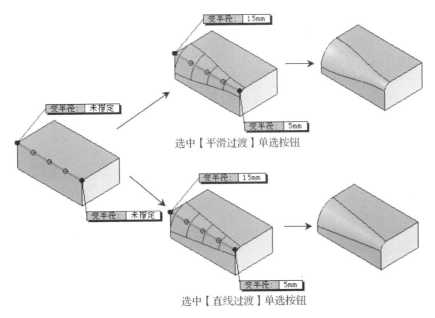

图 4-41 单一边线变半径

②多边线连续变化圆角。单击【特征】工具栏上的【圆角】按钮，出现【圆角】属性管理器，选中【变半径】单选按钮，取消【切线延伸】复选框，激活【边线、面、特征和环】列表框，在图形区中依次选择要变半径的边线，在边线的两端点会出现设置半径的标示，在标示中的【未确定】部分分别输入半径值"5"和"7"，如图 4-42 所示，单击【确定】按钮，生成圆角。

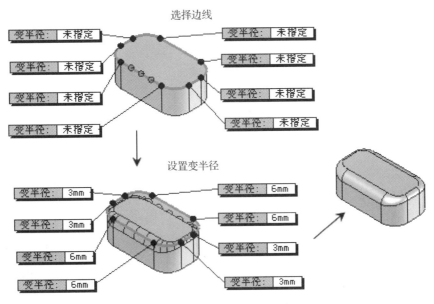

图 4-42 多边线连续变化圆角

③使用变半径控制点圆角。单击【特征】工具栏上的【圆角】按钮，出现【圆角】属性管理器，选中【变半径】单选按钮，激活【边线、面、特征和环】列表框，在图形区中选择实体的单一边线，选中变半径圆角顶点之间的控制点并指定半径数值，如图 4-43 所示，单击【确定】按钮，生成圆角。

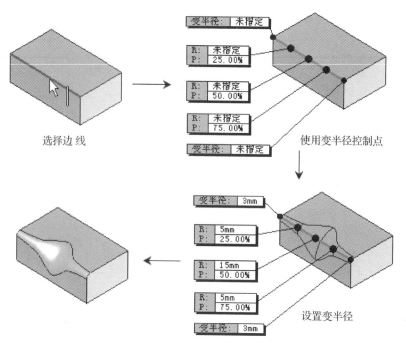

图4-43　使用变半径控制点

（3）面圆角

单击【特征】工具栏上的【圆角】按钮，出现【圆角】属性管理器，选中【面圆角】单选按钮，在【半径】文本框内输入"10mm"，激活【面组1】列表框，在图形区中选择"面组1"，激活【面组2】列表框，在图形区中选择"面组2"，如图4-44所示，单击【确定】按钮，生成圆角。

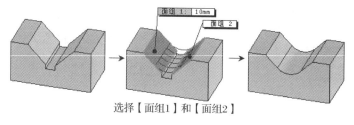

选择【面组1】和【面组2】

图4-44　面圆角

（4）完整圆角

单击【特征】工具栏上的【圆角】按钮，出现【圆角】属性管理器，选中【完整圆角】单选按钮，激活【边侧面组1】列表框，在图形区中选择"边侧面组1"，激活【中央面组】列表框，在图形区中选择"中央面组"，激活【边侧面组2】列表框，在图形区中选择"边侧面组2"，如图4-45所示，单击【确定】按钮，生成圆角。

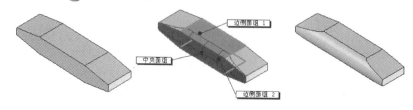

图4-45　完整圆角

4.6.2　倒角特征

倒角工具在所选边线、面或顶点上生成倾斜特征。

4.6.2.1　启动倒角特征

创建倒角的操作步骤如下：

①单击【特征】工具栏上的【倒角】按钮 ，或选择下拉菜单【插入】→【特征】→【倒角】命令，出现【倒角】属性管理器，如图 4-46 所示。

②选择倒角类型，然后设定其他属性管理器选项。

③选择要进行倒角的对象(通常是边线)。

④单击【确定】按钮，生成倒角。

4.6.2.2　【倒角】应用

（1）角度距离

选中【角度距离】单选按钮，设定其他属性管理器选项来生成不同倒角类型。

①单一边线倒角。单击【特征】工具栏上的【倒角】按钮 ，出现【倒角】属性管理器选中【角度距离】单选按钮，激活【边线、面或顶点】列表框，在图形区中选择实体的单一边线，在【距离】文本框内输入"10mm"，在【角度】文本框内输入"30°"如图 4-47 所示，单击【确定】按钮，生成倒角。

图 4-46　【倒角】属性管理器

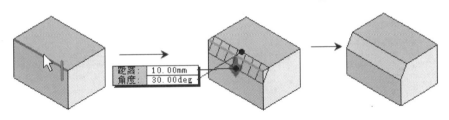

图 4-47　单一边线倒角

②多边线同时倒角。单击【特征】工具栏上的【倒角】按钮 ，出现【倒角】属性管理器选中【角度距离】单选按钮，激活【边线、面或顶点】列表框，在图形区中选择实体的多条边线，在【距离】文本框内输入"10mm"，在【角度】文本框内输入"30°"，如图 4-48 所示，单击【确定】按钮，生成倒角。

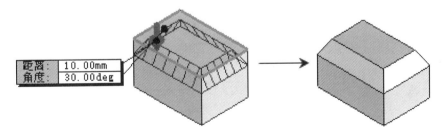

图 4-48　多边线同时倒角

（2）距离-距离

选中【距离-距离】单选按钮，设定其他属性管理器选项来生成不同倒角类型。

①等距倒角。单击【特征】工具栏上的【倒角】按钮，出现【倒角】属性管理器选中【距离-距离】单选按钮，选中【相等距离】复选框，则两倒角距离长度相等，激活【边线、面或顶点】列表框，在图形区中选择实体的条边线，在【距离1】文本框内输入"10mm"，如图4-49所示，单击【确定】按钮，生成倒角。

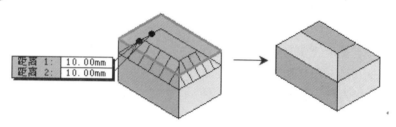

图4-49　等距倒角

②不等距倒角。单击【特征】工具栏上的【倒角】按钮，出现【倒角】属性管理器选中【距离-距离】单选按钮，取消【相等距离】复选框，激活【边线、面或顶点】列表框，在图形区中选择实体的边线，在【距离】文本框内输入"10mm"，在【距离2】文本框内输入"20mm"，如图4-50所示，单击【确定】按钮，生成倒角。

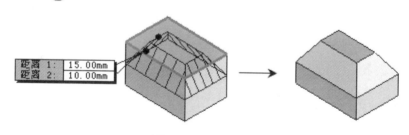

图4-50　不等距倒角

（3）顶点

选中【顶点】单选按钮，设定其他属性管理器选项来生成不同倒角类型。

①等距倒角。单击【特征】工具栏上的【倒角】按钮，出现【倒角】属性管理器选中【顶点】单选按钮，选中【相等距离】复选框，激活【边线、面或顶点】列表框，在图形区中选择实体的顶点，在【距离】文本框内输入"10mm"，如图4-51所示，单击【确定】按钮，生成倒角。

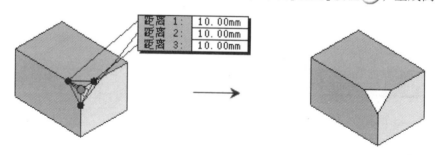

图4-51　等距倒角

②不等距倒角。单击【特征】工具栏上的【倒角】按钮，出现【倒角】属性管理器选中【顶点】单选按钮，取消【相等距离】复选框，激活【边线、面或顶点】列表框，在图形区中选择实体的顶点，在【距离 1】文本框内输入"10mm"，在【距离 2】文本框内输入"20mm"，在【距离 3】文本框内输入"30mm"，如图 4-52 所示，单击【确定】按钮，生成倒角。

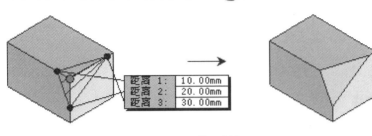

图 4-52　不等距倒角

4.6.3　筋特征

所谓筋即指在零件上增加强度的部分。生成筋特征前，必须先绘制一个与零件相交的草图，该草图既可以是开环的也可以是闭环的。

4.6.3.1　启动筋特征

创建筋的操作步骤如下：

①在从基体零件基准面等距的基准面上生成草图。

②单击【特征】工具栏上的【筋】按钮，或选择下拉菜单【插入】→【特征】→【筋】命令，出现【筋】属性管理器，如图 4-53 所示。

③设定属性管理器选项。

④单击【确定】按钮，生成筋。

4.6.3.2　【筋】应用

（1）筋的厚度方向

筋的厚度方向有三种形式，分别为【第一边】、【两边】和【第二边】。打开"筋的厚度方向.SLDPRT"，单击【特征】工具栏上的【筋】按钮，出现【筋】属性管理器，在【筋厚度】文本框内输入"5mm"，设置【筋的厚度方向】为【第一边】，如图 6-54 所示，单击【确定】按钮，生成筋。

图 4-53　【筋】属性管理器

（2）筋的拉伸方向

筋的拉伸方向可分为平行于草图及垂直于草图两种。

①平行于草图。打开"筋的拉伸方向平行于草图.SLDPRT"，单击【特征】工具栏上的【筋】按钮，出现【筋】属性管理器，在【筋厚度】文本框内输入"2mm"，设置【筋的厚度方向】为【第二边】，设置【筋的拉伸方向】为【平行于草图】，选中【反转材料边】复选框如

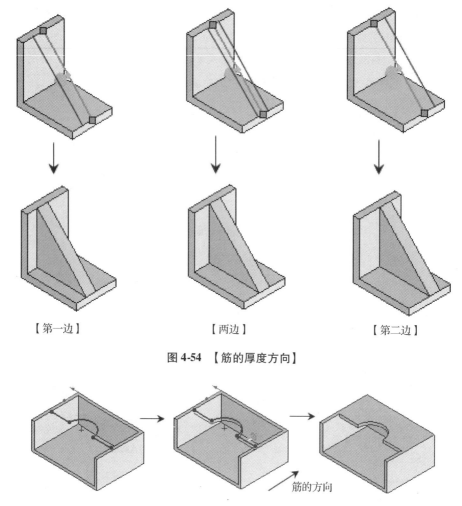

【第一边】　　　　　　　　　【两边】　　　　　　　　　【第二边】

图 4-54　【筋的厚度方向】

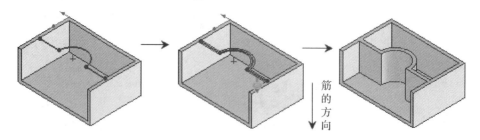

筋的方向

图 4-55　【筋的拉伸方向】为【平行于草图】

图 4-55 所示，单击【确定】按钮 ✅，生成筋。

②垂直于草图。单击【特征】工具栏上的【筋】按钮 🔩，出现【筋】属性管理器，在【筋厚度】文本框内输入"2mm"，设置【筋的厚度方向】为【两边】 ☰，设置【筋的拉伸方向】为【垂直于草图】，如图 4-56 所示，单击【确定】按钮 ✅，生成筋。

筋的方向

图 4-56　【筋的拉伸方向】为【垂直于草图】

（3）筋的延伸方向

当筋沿草图的垂直方向拉伸时，如果草图未完全与实体边线接触，则会自动将草图延伸至实体边。

①线性。单击【特征】工具栏上的【筋】按钮，出现【筋】属性管理器，在【筋厚度】文本框内输入"2mm"，设置【筋的厚度方向】为【两边】，设置【筋的拉伸方向】为【垂直于草图】，选中【线性】单选按钮，将沿筋草图弧线的两端的切线方向延伸筋，如图4-57所示，单击【确定】按钮，生成筋。

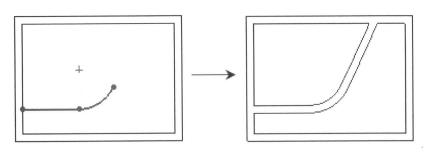

图4-57　线性延伸

②自然。单击【特征】工具栏上的【筋】按钮，出现【筋】属性管理器，在【筋厚度】文本框内输入"2mm"，设置【筋的厚度方向】为【两边】，设置【筋的拉伸方向】为【垂直于草图】，选中【自然】单选按钮，将沿筋草图弧线曲率方向延伸筋，如图4-58所示，单击【确定】按钮，生成筋。

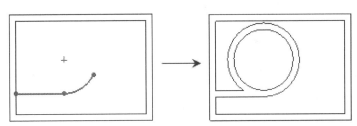

图4-58　自然延伸

4.6.4　抽壳特征

抽壳工具会使所选择的面敞开，并在剩余的面上生成薄壁特征。如果没选择模型上的任何面，可抽壳实体零件，生成闭合的空腔。所建成的空心实体可分为等厚度及不等厚度两种。

4.6.4.1　启动抽壳特征

创建抽壳的操作步骤如下：

①单击【特征】工具栏上的【抽壳】按钮，或选择下拉菜单【插入】→【特征】→【抽壳】命令，出现【抽壳】属性管理器，如图4-59所示。

②设定属性管理器选项。

③单击【确定】按钮，生成抽壳特征。

4.6.4.2　【抽壳】应用

（1）等厚度

单击【特征】工具栏上的【抽壳】按钮，出现【抽壳】属性管理器，在【厚度】文本框内输入

图 4-59 【抽壳】属性管理器

"5mm"，激活【移除面】列表框，在图形区选择开放面，创建相同厚度实体，如图 4-60 所示，单击【确定】按钮，生成壳。

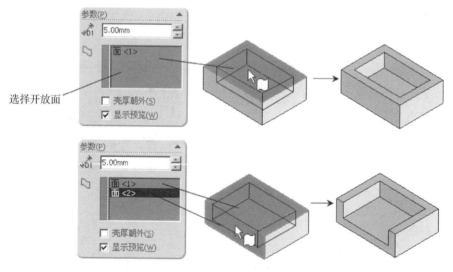

选择开放面

图 4-60 等厚度抽壳

（2）不等厚度

单击【特征】工具栏上的【抽壳】按钮，出现【抽壳】属性管理器，在【厚度】文本框内输入"5mm"，激活【移除面】列表框，在图形区选择开放面，在【多厚度】文本框输入"2mm"，激活【多厚度面】列表框，在图形区选择欲设定不等厚度面，如图 4-61 所示，单击【确定】按钮，生成壳。

4.6.5 简单直孔

利用简单直孔特征可以直接在所选平面上打孔。

4.6.5.1 启动简单直孔

创建简单直孔的操作步骤如下：

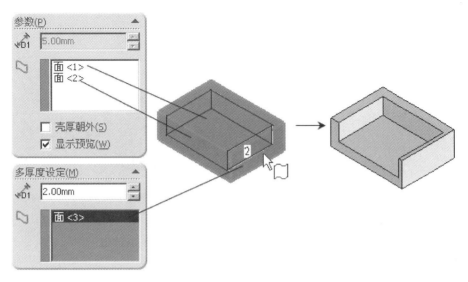

图 4-61　不等厚度抽壳

①选择要生成孔的平面。

②单击【特征】工具栏上的【简单直孔】按钮 ，或选择下拉菜单【插入】→【特征】→【钻孔】→【简单直孔】命令，出现【孔】属性管理器，如图 4-62 所示。

③设定属性管理器选项。

④单击【确定】按钮 ，生成简单直孔。

4.6.5.2　【简单直孔】应用

打开"简单直孔.SLDPRT"，在默认的【特征】工具栏中，没有包括【简单直孔】按钮 ，选择下拉菜单【工具】→【自定义】命令，单击【命令】选项卡，类别选择【特征】，将【简单直孔】按钮 拖动到窗口中的【特征】工具栏中。选择凸台的顶端平面，单击默认的【特

图 4-62　【孔】属性管理器

征】工具栏中，【特征】工具栏上的【简单直孔】按钮 ，出现【孔】属性管理器，在【开始条件】下拉列表框内选择【草图基准面】选项，在【终止条件】下拉列表框内选择【完全贯穿】选项，在【孔直径】文本框中输入"10mm"，如图 4-63 示，单击【确定】按钮 ，建立孔特征。

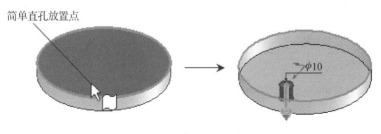

图 4-63　【简单直孔】

孔定位：在 FeatureManager 设计树中右击刚建立的孔特征，从快捷菜单中选择【编辑草图】命令，设定圆心位置，如图 4-64 所示，退出草图编辑状态。

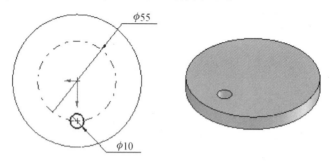

图 4-64　孔定位

4.6.6　异形孔向导

异形孔向导可以按照不同的标准快速建立各种复杂的异型孔，如柱形沉头孔、锥形沉头孔、螺纹孔或管螺纹孔。

4.6.6.1　启动异形孔向导

运用【异形孔向导】的操作步骤如下：

①生成零件并选择一个平面。

②单击【特征】工具栏上的【异形孔向导】按钮 ，或者选择下拉菜单【插入】→【特征】→【孔】→【向导】命令，出现【孔规格】属性管理器，如图 4-65 所示。

③单击【类型】选项卡，设置【孔规格】、【标准】、【类型】、【大小】、【套合】和【终止条件】等参数。

图 4-65　【孔定义】对话框

④单击【位置】选项卡，在图形区中选择孔的插入点。

⑤单击【确定】按钮 ✅。

4.6.6.2 【异形孔向导】应用

选择凸台的顶端平面，单击【特征】工具栏上的【异形孔向导】按钮 📷，出现【孔规格】对话框，单击【类型】选项卡，在【孔规格】中单击【柱孔】按钮 🔩，在【标准】下拉列表框内选择【ISO】选项，在【类型】下拉列表框内选择【六角凹头】选项，在【大小】下拉列表框内选择【M8】选项，在【套合】下拉列表框内选择【正常】选项，在【终止条件】下拉列表框内选择【完全贯穿】选项。单击【位置】选项卡，在凸台的顶端平面上单击鼠标，确定孔放置位置，单击【确定】按钮 ✅，如图 4-66 所示，完成【柱形沉头孔】建立。

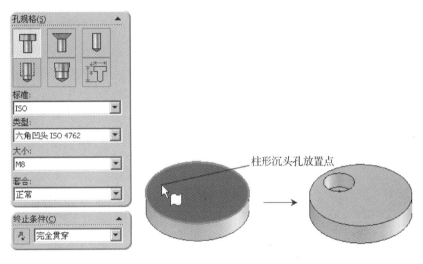

图 4-66　柱形沉头孔

异形孔定位：在 FeatureManager 设计树中单击新建孔特征前面的 ⊞ 符号，展开特征包含的定义。选择孔特征的第一个草图，这是孔特征的定位草图，右击第一个草图，从快捷菜单中选择【编辑草图】命令，设定圆心位置，如图 4-67 所示，退出草图编辑状态。

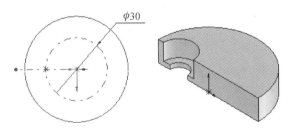

图 4-67　异形孔定位

4.6.7　附加特征应用

【例 4-1】　应用附加特征创建支架模型，如图 4-68 所示。

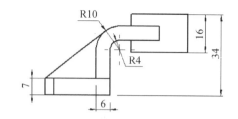

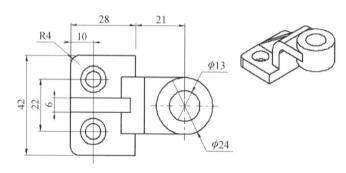

图 4-68 支 架

4.6.7.1 建模分析

建立模型时，应先创建凸台特征，后创建切除特征，添加附加特征，此模型的建立将分为 A→B→C 三部分完成，如图 4-69 所示。

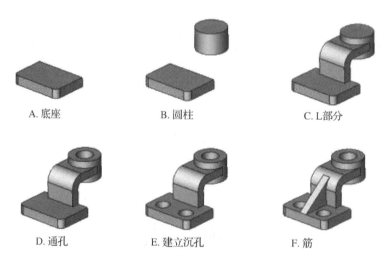

A. 底座　　　　　　　B. 圆柱　　　　　　　C. L 部分

D. 通孔　　　　　　E. 建立沉孔　　　　　　F. 筋

图 4-69 建模分析

4.6.7.2 建模步骤

（1）新建零件

选择下拉菜单【文件】→【新建】命令，在新建对话框中单击【零件】图标，单击【确定】。

（2）A 部分

①在 FeatureManager 设计树中选择"上视基准面"，单击【草图】工具栏上的【草图绘制】按钮 ↰ ，进入草图绘制，绘制如图 4-70 所示的草图。

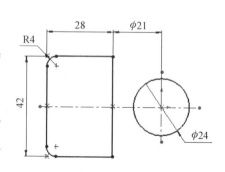

图 4-70 草 图

②单击【特征】工具栏上的【拉伸凸台/基体】按钮 ，出现【拉伸】属性管理器，在【开始条件】下拉列表框内选择【草图基准面】选项，在【终止条件】下拉列表框内选择【给定深度】选项，在【深度】文本框内输入"7mm"，激活【所选轮廓】列表框，在绘图区选择底座草图，在【所选轮廓】中出现"草图1–轮廓<1>"，如图4-71所示，单击【确定】按钮 。

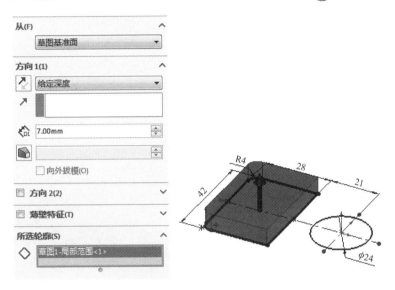

图 4-71 基体拉伸特征

（3）B 部分

在 FeatureManager 设计树中选择"草图1"，单击【特征】工具栏上的【拉伸凸台/基体】按钮 ，出现【拉伸】属性管理器，在【开始条件】下拉列表框内选择【等距】选项，在【等距值】文本框内输入"34mm"，在【终止条件】下拉列表框内选择【给定深度】选项，在【深度】文本框内输入"16"，单击【方向】按钮，激活【所选轮廓】列表框，在绘图区选择圆柱草图，在【所选轮廓】中出现"草图1–轮廓<1>"，如图4-72所示，单击【确定】按钮 。

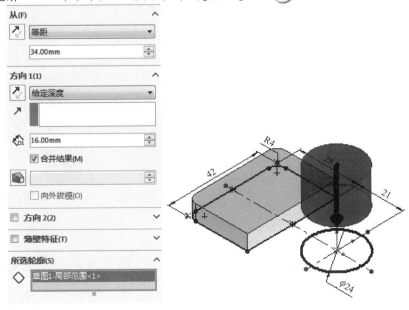

图 4-72 "拉伸"特征

（4）C部分

①在 FeatureManager 设计树中选取前视基准面，单击【草图绘制】按钮，进入草图绘制，绘制草图，如图4-73所示。

②单击【特征】工具栏上的【拉伸凸台/基体】按钮，出现【拉伸】属性管理器，在【终止条件】下拉列表框内选择【两侧对称】。在【深度】文本框内输入"24mm"，如图4-74所示，单击【确定】按钮。

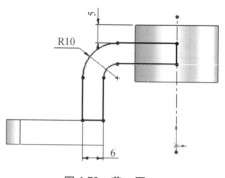

图4-73　草　图

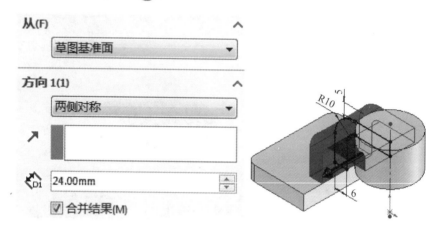

图4-74　"拉伸"特征

（5）D部分

①选取圆柱上表面为基准面，单击【草图绘制】按钮，进入草图绘制，绘制草图，如图4-75所示。

②单击【特征】工具栏上的【拉伸切除】按钮，出现【切除-拉伸】属性管理器，在【终止条件】下拉列表框内选择【完全贯穿】。如图4-76所示，单击【确定】按钮。

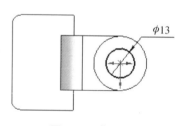

图4-75　草　图

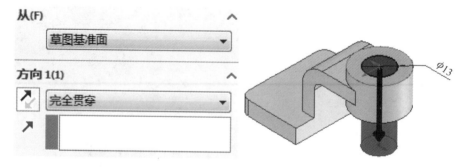

图4-76　"拉伸切除"特征

（6）E部分

①单击【特征】工具栏上的【异形孔向导】按钮，出现【孔规格】属性管理器，单击【类型】选项卡，在【标准】下拉列表框内选择【ISO】，在【螺纹类型】下拉列表框内选择【六角凹头 ISO

4762】，在【尺寸】下拉列表框内选择【M6】，在【终止条件】下拉列表框内选择【完全贯穿】，单击
【位置】选项卡，以凸台端面作为沉孔的位置，如图 4-77 所示，单击【确定】按钮 。

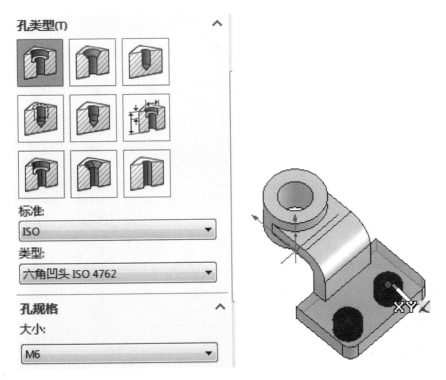

图 4-77　绘制异型孔

②在 FeatureManager 设计树中单击新建"M6 六角凹头螺钉的柱形沉头孔 1"前面的 符号，
展开特征包含的定义。右击"3D 草图 1"，从快捷菜单中选择【编辑草图】命令，在草图编辑状态
下，添加尺寸，确定孔的位置，如图 4-78 所示，单击【重建模型】按钮 。

（7）F 部分

①在 FeatureManager 设计树中选取前视基准面，单击【草图绘制】按钮 ，进入草图绘制，
绘制草图，如图 4-79 所示。

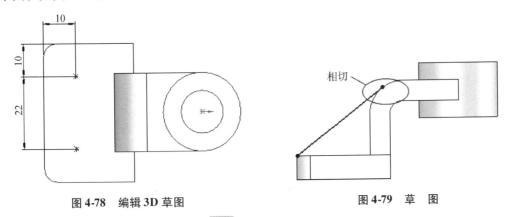

图 4-78　编辑 3D 草图　　　　　　　图 4-79　草　图

②单击【特征】工具栏上的【筋】按钮 ，出现【筋】属性管理器，在【筋厚度】文本框内输入
"6mm"，单击【两侧】按钮 ，在【拉伸方向】上单击【平行于草图】按钮 ，如图 4-80 所示，

单击【确定】按钮✅。

（8）存盘

单击【文件】菜单→【保存】命令，保存文件。

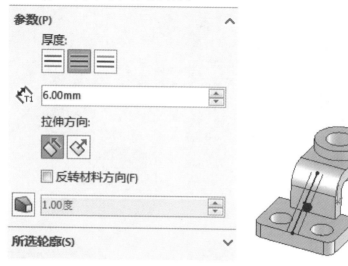

图 4-80 "筋"特征

4.7 动态修改特征

利用动态修改特征命令，可以在图形区域直接用鼠标拖动来修改特征。在修改过程中遵循特征父子和特征的先后顺序。动态修改特征可以修改特征的内容如下：特征的位置和尺寸；草图的绘图平面；草图实体的尺寸；草图中的几何关系；有些特征不能动态修改，如圆角特征、倒角特征。

4.7.1 使用特征控标动态修改特征

（1）动态修改特征的操作步骤

选择下拉菜单【工具】→【选项】命令，出现【系统选项】对话框，在【系统选项】标签中，单击【草图】选项，选择【尺寸随拖动修改】复选框。单击【特征】工具栏中的【动态修改特征】按钮。

选择需编辑的特征，在绘图区所选特征的草图被高亮显示，同时，出现修改特征用的控制光标。其中，为旋转控标；为移动控标；为调整大小控制。

释放鼠标拖动相应的控标，根据需要拖动特征，并在合适的位置。如果特征具有限制其移动的定位尺寸或几何关系，则会出现消息，询问是否想删除或保留几何关系或尺寸。

再次单击【特征】工具栏中的【动态修改特征】按钮，结束该命令。

（2）动态修改特征应用

在默认的【特征】工具栏中，没有包括【动态修改特征】按钮，选择下拉菜单【工具】→【自定义】命令，单击【命令】选项卡，类别选择【特征】，将【动态修改特征】按钮拖动到窗口中的【特征】工具栏中。

进入动态修改模式：单击【特征】工具栏中的【动态修改特征】按钮，选择立方体端面后，在绘图区出现动态修改的光标提示，如图 4-81 所示。

动态拖动特征：将光标移动至如图 4-82（a）所示的位置，按住鼠标拖动，可以看到动态显示如图 4-82（b）所示。在合适的位置释放鼠标后，出现【删除确认】对话框，单击【保留】按钮，立方体就已经动态移动了，如图 4-82（c）所示。

动态调整大小：将光标移动至如图 4-83（a）所示的位置，按住鼠标拖动，可以看到动态显示如图 4-83（b）所示。在合适的位置释放鼠标后，立方体就已经动态调整大小了，如图 4-83（c）所示。

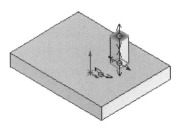

图 4-81 选择需修改的
特征面

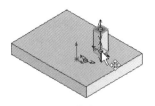 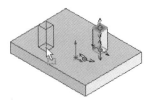 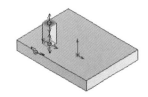

（a）选择修改项目 （b）按住鼠标并拖动特征 （c）修改后的特征显示

图 4-82 动态拖动特征

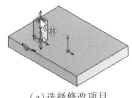 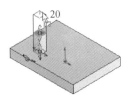 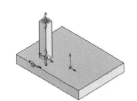

（a）选择修改项目 （b）按住鼠标并拖动特征 （c）动态调整大小后的特征显示

图 4-83 动态调整大小

动态旋转特征：将光标移动至如图 4-84（a）所示的位置，按住鼠标拖动，可以看到动态显示如图 4-84（b）所示。在合适的位置释放鼠标后，出现【删除确认】对话框，单击【保留】按钮，立方体就已经动态旋转了，如图 4-84（c）所示。

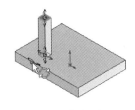 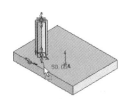 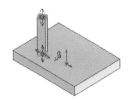

（a）选择修改项目 （b）按住鼠标并拖动特征 （c）动态旋转的特征显示

图 4-84 动态旋转

4.7.2 动态特征编辑

当拖动草图的实体时，可以看到动态的特征预览，而且可以打开（也可以不打开）草图本身。当完成拖动释放鼠标按键时，预览将更新。

（1）不打开草图时动态修改

单击【特征】工具栏中的【动态修改特征】按钮 。

单击要编辑的特征。在图形区域中该草图被高亮显示。如果使用了多个草图来生成特征（例如，所选特征为放样或扫描特征），则特征中使用的所有草图都被高亮显示。注意，用这种方式编辑特征时，并不退回模型。

根据需要拖动草图实体。在修改草图时，预览显示所生成特征的外观。当对此特征满意时，在文件窗口空白处单击，或按 Esc 键取消选择所选草图实体。

（2）不打开草图时动态特征编辑应用

打开"不打开草图时动态特征编辑应用.SLDPRT"，在 FeatureManager 设计树中选择【拉伸-切除1】，单击【特征】工具栏中的【动态修改特征】按钮 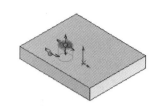，在绘图区出现动态修改的光标提示，如图 4-85 所示。

不打开草图时动态特征编辑：将光标移动至如图 4-86(a) 所示的位置，按住鼠标拖动，可以看到动态显示如图 4-86(b) 所示。在合适的位置释放鼠标后，圆孔的大小就已经动态修改了，如图 4-86(c) 所示。

图 4-85 选择需修改的特征

（a）选择修改项目

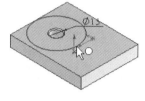
（b）按住鼠标并拖动特征

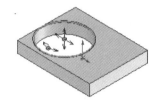
（c）修改后的特征显示

图 4-86 不打开草图时动态修改

注意：即使圆角特征独立于切除拉伸而生成，但由于父子关系，它将随切除拉伸一起移动和改变大小。

（3）打开草图时动态修改

单击【特征】工具栏中的【动态修改特征】按钮 。在 FeatureManager 设计树中双击草图以打开该草图进行编辑。模型退回到所选的特征。通过拖动草图实体、改变尺寸、添加几何关系等，对草图进行修改。在修改草图时，预览显示所生成特征的外观。退出草图以更新特征。

（4）打开草图时动态特征编辑应用

单击【特征】工具栏中的【动态修改特征】按钮 ，在 FeatureManager 设计树中双击"切除"草图，以打开该草图进行编辑。模型退回到所选的特征，如图 4-87 所示。

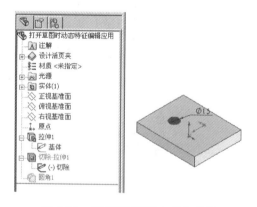

图 4-87 打开草图时动态特征编辑

打开草图时动态特征编辑：将光标移动至如图 4-88(a) 所示的位置，按住鼠标拖动，可以看到动态显示如图 4-88(b) 所示。在合适的位置释放鼠标后，圆孔的大小就已经动态修改了，如

图 4-88(c) 所示，单击【标准】工具栏中的【重建模型】按钮 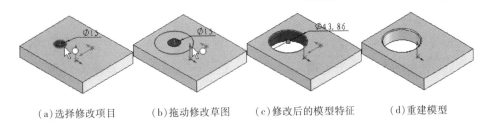 ，如图 4-88(d) 所示。

(a)选择修改项目　　(b)拖动修改草图　　(c)修改后的模型特征　　(d)重建模型

图 4-88　不打开草图时动态修改

4.8　线性阵列特征

将特征沿一条或两条直线路径阵列称为线性阵列。

4.8.1　启动线性阵列特征

创建线性阵列的操作步骤如下：

生成一个或多个将要用来复制的特征。

单击【特征】工具栏上的【线性阵列】按钮 ，或选择下拉菜单【插入】→【阵列/镜向】→【线性阵列】命令，出现【线性阵列】属性管理器，如图 4-89 所示。

设定属性管理器选项。

单击【确定】按钮 ，生成线性阵列。

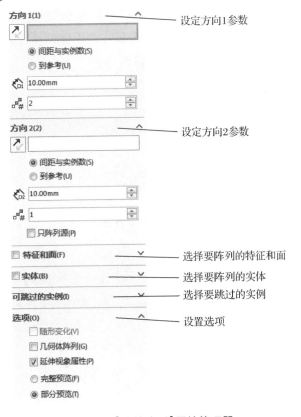

图 4-89　【线性阵列】属性管理器

4.8.2 【线性阵列】应用

（1）基本线性阵列

打开"基本线性阵列.SLDPRT"，单击【特征】工具栏上的【线性阵列】按钮 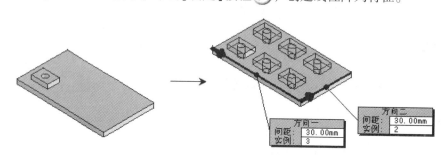，出现【线性阵列】属性管理器，选择水平边线为方向1的参考方向，在【间距】文本框输入"30mm"，在【实例数】文本框输入"3"，选择垂直边线为方向2的参考方向，在【间距】文本框输入"30mm"，在【实例数】文本框输入"2"。激活【要阵列的特征】列表框，在 FeatureManager 设计树中选择"拉伸2"和"切除-拉伸1"，如图4-90所示，单击【确定】按钮 ，创建线性阵列特征。

图4-90　线性阵列

（2）剔除阵列

单击【特征】工具栏上的【线性阵列】按钮，出现【线性阵列】属性管理器，选择水平边线为方向1的参考方向，在【间距】文本框输入"30mm"，在【实例数】文本框输入"3"，选择垂直边线为方向2的参考方向，在【间距】文本框输入"30mm"，在【实例数】文本框输入"2"。激活【要阵列的特征】列表框，在 FeatureManager 设计树中选择"拉伸2"和"切除-拉伸1"，激活【要跳过的实例】列表框，在图形区，单击不需要的阵列（当鼠标移至阵列特征附近时，光标呈现手形），如图4-91所示，单击【确定】按钮 ，创建线性阵列特征。

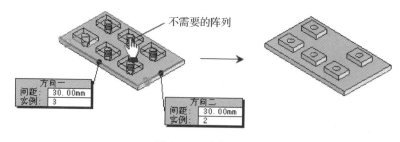

图4-91　剔除阵例

（3）只阵列源

单击【特征】工具栏上的【线性阵列】按钮，出现【线性阵列】属性管理器，选择水平边线为方向1的参考方向，在【间距】文本框输入"30mm"，在【实例数】文本框输入"3"，选择垂直边线为方向2的参考方向，在【间距】文本框输入"30mm"，在【实例数】文本框输入"2"，选中【只阵列源】复选框。激活【要阵列的特征】列表框，在 FeatureManager 设计树中选择"拉伸2"和"切除-拉伸1"，如图4-92所示，单击【确定】按钮 ，创建线性阵列特征。

（4）随形变化

选择上表面，单击【草图】工具栏上的【草图绘制】按钮 ，进入草图绘制，绘制如图4-93

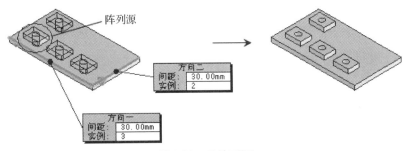

图 4-92　只阵列源

（a）所示的草图，单击【特征】工具栏上的【拉伸切除】按钮 回，出现【切除-拉伸】属性管理器，在【开始条件】下拉列表框内选择【草图基准面】选项，在【终止条件】下拉列表框内选择【完全贯穿】选项，如图 4-93（b）所示，单击【确定】按钮 ✅。

单击【特征】工具栏上的【线性阵列】按钮 🔘，出现【线性阵列】属性管理器，在【阵列方向】中选择"D3@草图 2"，在【间距】文本框输入"7mm"，在【实例数】文本框实例"5"，激活【要阵列的特征】列表框，在 FeatureManager 设计树中选择"切除-拉伸 1"，在【选项】选项组中选中【随形变化】复选框，如图 4-94 所示，单击【确定】按钮 ✅，创建随形变化线性阵列特征。

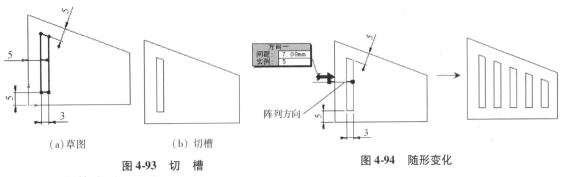

（a）草图　　　　　　（b）切槽

图 4-93　切　槽

图 4-94　随形变化

（5）几何体阵列

如图 4-95 所示，几何体阵列，选择上表面，单击【草图】工具栏上的【草图绘制】按钮 ✏，进入草图绘制，绘制草图，单击【特征】工具栏上的【拉伸凸台/基体】按钮 ⬜，出现【拉伸】属性管理器，在【开始条件】下拉列表框内选择【草图基准面】选项，在【终止条件】下拉列表框内选择【成形到一面】选项，激活【拉伸方向】列表框，在 FeatureManager 设计树中选择中"基准面 1"，

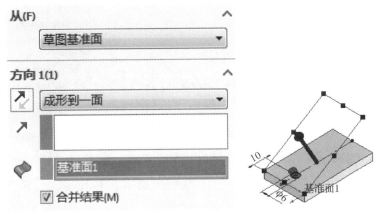

图 4-95　斜圆柱

激活【面/平面】列表框，在 FeatureManager 设计树中选择中"基准面 1"，如图 4-95 所示，单击【确定】按钮。

单击【特征】工具栏上的【线性阵列】按钮，出现【线性阵列】属性管理器，在【阵列方向】中选择"边线 1"，在【间距】文本框输入"10mm"，在【实例数】文本框输入"5"，激活【要阵列的特征】列表框，在 FeatureManager 设计树中选择"拉伸 2"，在【选项】选项组中选中【几何体阵列】复选框，如图 4-96(a) 所示，或在【选项】选项组中取消【几何体阵列】复选框，如图 4-96(b) 所示，单击【确定】按钮。

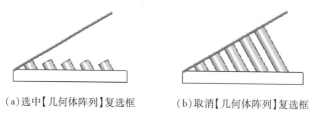

(a) 选中【几何体阵列】复选框　　　　(b) 取消【几何体阵列】复选框

图 4-96　【几何体阵列】

4.9　圆周阵列特征

将特征绕轴线方式生成多个特征实例称为圆周阵列。圆周阵列必须有一个供环状排列的轴，此轴可为实体边线、基准轴、临时轴 3 种。

4.9.1　启动圆周阵列特征

创建圆周阵列的操作步骤如下：
生成一个或多个将要用来复制的特征。
生成一个中心轴，此轴将作为圆周阵列时的圆心位置。

单击【特征】工具栏上的【圆周阵列】按钮，或选择下拉菜单【插入】→【阵列/镜向】→【圆周阵列】命令，出现【圆周阵列】属性管理器，如图 4-97 所示。
设定属性管理器选项。
单击【确定】按钮，生成圆周阵列。

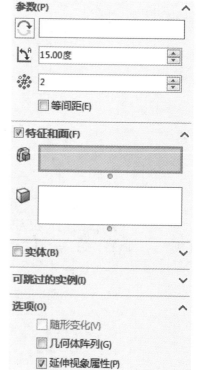

图 4-97　【圆周阵列】属性管理器

4.9.2　【圆周阵列】应用

建立如图 4-98 所示的圆周阵列，选择下拉菜单【视图】→【临时轴】命令显示临时轴。单击【特征】工具栏上的【圆周阵列】按钮，出现【圆周阵列】属性管理器，选择【阵列轴】临时轴，在【实例数】文本框输入"4"，选中【等间距】复选框，激活【要阵列的特征】列表框，在 FeatureManager 设计树中选择"切除-拉伸"，如图 4-98 所示，单击【确定】按钮，生成圆周阵列。

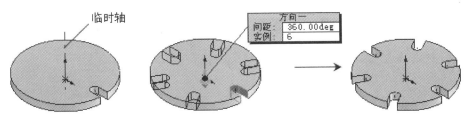

图 4-98 圆周阵列

4.10 镜向特征

镜向特征是将一个或多个特征沿指定的平面复制，生成平面另一侧的特征。镜向所生成的特征是与源特征相关的，源特征的修改会影响到镜向的特征。

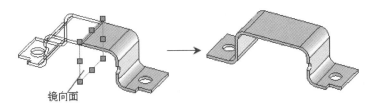

4.10.1 启动镜向特征

创建【镜向】的操作步骤如下：

单击【特征】工具栏上的【镜向】按钮，或选择下拉菜单【插入】→【特征】→【镜向】命令，出现【镜向】属性管理器，如图 4-99 所示。

设定属性管理器选项。

单击【确定】按钮，生成镜向特征。

4.10.2 【镜向】应用

（1）镜向特征

单击【特征】工具栏上的【镜向】按钮，出现【镜向】属性管理器，激活【镜向面】列表框，在 FeatureManager 设计树中选择"右视基准面"，激活【要镜向的特征】列表框，在 FeatureManager 设计树中选择"拉伸－薄壁"和"切除-拉伸1"，如图 4-100 所示，单击【确定】按钮，创建特征镜向。

图 4-99 【镜向】属性管理器

图 4-100 特征镜向

（2）镜向实体

单击【特征】工具栏上的【镜向】按钮，出现【镜向】属性管理器，激活【镜向面】列表框，在 FeatureManager 设计树中选择"右视基准面"，激活【要镜向的实体】列表框，在 FeatureManager 设计树中选择"实体＜1＞"，如图 4-101 所示，单击【确定】按钮，创建特征镜向。

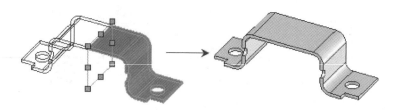

图 4-101   实体镜向

4.11   由表格驱动的阵列特征

由表格驱动阵列适用于呈不规则排列，但其位置尺寸相同特征的阵列。

4.11.1   启动由表格驱动的阵列特征

创建【由表格驱动的阵列特征】的操作步骤如下：

生成一个或多个将要用来复制的特征。

生成一个参考坐标系。

单击【特征】工具栏上的【表格驱动的阵列】按钮，或选择下拉菜单【插入】→【阵列/镜向】→【由表格驱动的阵列】命令，出现【由表格驱动的阵列】对话框，如图 4-102 所示。

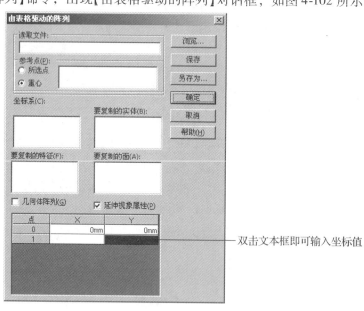

图 4-102   【由表格驱动的阵列】对话框

按照图 4-102 所示的对话框进行设置，读取坐标文件或输入坐标值。

单击【确定】按钮，生成表格驱动的阵列。

4.11.2   由表格驱动的阵列应用

单击【参考几何体】工具栏上的【坐标系】按钮，出现【坐标系】属性管理器，设置参考坐标系，如图 4-103 所示。

选择下拉菜单【插入】→【阵列/镜向】→【表格驱动的阵列】命令，出现【由表格驱动的阵列】

对话框，激活【坐标系】选项框，在选择 FeatureManager 设计树中选择"坐标系 1"，激活【要复制的特征】选项框，在 FeatureManager 设计树中选择"切除-拉伸"，按各个特征的顺序输入坐标值，如图 4-104 所示。

单击【确定】按钮 ，生成表格驱动的阵列，如图 4-105 所示。

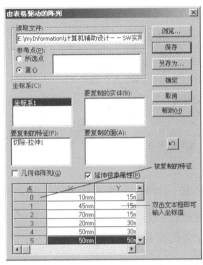

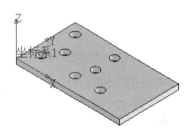

图 4-103　建立参考坐标系　　　　图 4-104　【由表格驱动的阵列】对话框　　　图 4-105　由表格驱动的阵列结果

4.12　由草图驱动的阵列特征

使用草图中的草图点可以指定特征阵列。

4.12.1　启动由草图驱动的阵列特征

创建由草图驱动的阵列的操作步骤如下：

生成包括【草图驱动的阵列】特征的零件。基于源特征，单击【草图】工具栏上的【草图绘制】按钮 ，进入草图绘制，单击【草图】工具栏上的【点】按钮 ，或选择下拉菜单【工具】→【草图绘制实体】→【点】命令，然后添加多个草图点来代表要生成的阵列。

单击【特征】工具栏上的【草图驱动的阵列】 ，或者选中下拉菜单【插入】→【阵列/镜向】→【由草图驱动的阵列】命令，出现【由草图驱动的阵列】属性管理器，如图 4-106 所示。

设定属性管理器选项。

单击【确定】按钮 ，生成由草图驱动的阵列。

4.12.2　由草图驱动的阵列应用

选择上表面，单击【草图】工具栏上的【草图绘制】

图 4-106　【由草图驱动的阵列】属性管理器

按钮 ✳ ，进入草图绘制，单击【草图】工具栏上的【点】按钮，然后添加多个草图点来代表要生成的阵列。选中下拉菜单【插入】→【阵列/镜向】→【由草图驱动的阵列】命令，出现【由草图驱动的阵列】属性管理器，激活【参考草图】列表框，FeatureManager 设计树中选择"草图 3"，激活【要阵列的特征】列表框，在 FeatureManager 设计树中选择"拉伸 2"，如图 4-107 所示，单击【确定】按钮，生成由草图驱动的阵列。

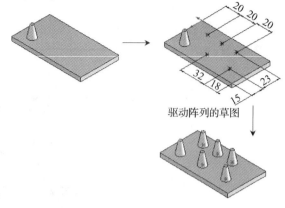

图 4-107　由草图驱动的阵列

4.13　由曲线驱动的阵列特征

【由曲线驱动的阵列】工具 可沿平面曲线生成阵列。可使用任何草图线段，或沿平面的面边线（实体或曲面）定义阵列，可将阵列基于开环曲线或者闭环曲线，如图。

4.13.1　启动由曲线驱动的阵列特征

创建曲线驱动的阵列的操作步骤如下：

生成包括由曲线驱动的阵列的零件。

单击【特征】工具栏上的【由曲线驱动的阵列】，或者选中下拉菜单【插入】→【阵列/镜向】→【由曲线驱动的阵列】命令，出现【由曲线驱动的阵列】属性管理器，如图 4-108 所示。

设定属性管理器选项。

单击【确定】按钮，生成由曲线驱动的阵列。

4.13.2　由曲线驱动的阵列应用

（1）转换曲线

选中下拉菜单【插入】→【阵列/镜向】→【由曲线驱动的阵列】命令，出现【由曲线驱动的阵列】属性管理器，在【曲线方法】选中【转换曲线】单选按钮，在【对齐方法】选中【与曲线相切】或【对齐到源】单选按钮，激活【阵列方向】列表框，在图形区选择"边线 1"，在【实例数】文本框中输入"10"，选中【等间距】复选框，激活【要阵列的特征】列表框，在 FeatureManager 设计树中选择"切除-拉伸"，如图 4-109 所示，单击【确定】按钮，生成由曲线驱动的阵列。

（2）等距曲线

选中下拉菜单【插入】→【阵列/镜向】→【由曲线驱动的阵列】命令，出现【由曲线驱动的阵列】属性管理器，在【曲

图 4-108　【曲线驱动的阵列】属性管理器

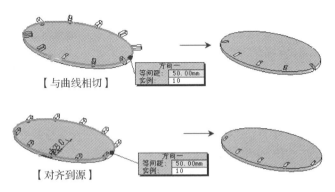

图 4-109　由曲线驱动的阵列应用"转换曲线"

线方法】选中【等距曲线】单选按钮，在【对齐方法】选中【与曲线相切】或【对齐到源】单选按钮，激活【阵列方向】列表框，在图形区选择"边线 1"，在【实例数】文本框中输入"10"，选中【等间距】复选框，激活【要阵列的特征】列表框，在 FeatureManager 设计树中选择"切除-拉伸"，如图4-110 所示，单击【确定】按钮 ，生成由曲线驱动的阵列。

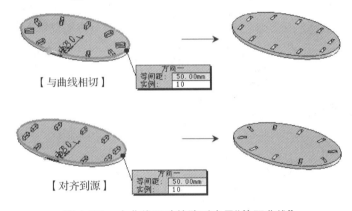

图 4-110　由曲线驱动的阵列应用"等距曲线"

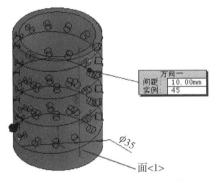

**图 4-111　由曲线驱动的
阵列应用"面法线"**

（3）面法线

选中下拉菜单【插入】→【阵列/镜向】→【由曲线驱动的阵列】命令，出现【由曲线驱动的阵列】属性管理器，在【曲线方法】选中【转换曲线】单选按钮，在【对齐方法】选中【与曲线相切】单选按钮，激活【阵列方向】列表框，在图形区选择"螺旋线/涡状线 1"，在【实例数】文本框中输入"40"，在【间距】文本框输入"10"，激活【要阵列的特征】列表框，在 FeatureManager 设计树中选择"切除-拉伸"，激活【要阵列的特征】列表框，在图形区选取"面<1>"如图 4-111 所示，单击【确定】按钮 ，生成由曲线驱动的阵列。

4.14　填充阵列

通过填充阵列特征，可以选择由共有平面的面定义的区域或位于共有平面的面上的草图。该命令可以使用特征阵列或预定义的切割形状来填充定义的区域。

4.14.1　启动填充阵列

创建填充阵列的操作步骤如下：

单击【特征】工具栏上的【填充阵列】按钮 ，或选择下拉菜单【插入】→【特征】→【填充阵列】命令，出现【填充阵列】属性管理器，如图4-112所示。

设定属性管理器选项。单击【确定】按钮，生成填充阵列。

4.14.2　填充阵列应用

选择下拉菜单【插入】→【特征】→【填充阵列】命令，出现【填充阵列】属性管理器，激活【填充边界】列表框，在FeatureManager设计树选择"草图2"，在【阵列布局】中单击【穿孔】按钮，在【实例间距】文本框中输入"8mm"，在【交错断续角度】文本框中输入"30"，在【边距】文本框中输入"1mm"，在【要阵列的特征】中单击【圆】按钮，在【直径】文本框中输入"4mm"，激活【点或草图点】列表框，在图形区选择"点"，如图4-113所示，单击【确定】按钮，生成曲线驱动的阵列。

图4-112　【填充阵列】属性管理器

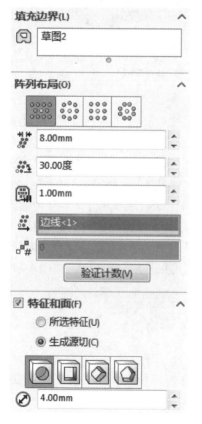

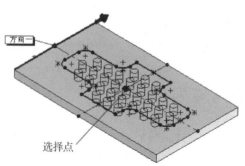

图4-113　填充阵列

4.15　特征状态的压缩与解除压缩

压缩特征不仅可以使特征不显示在图形区域，同时可避免使用可能参与的计算。在模型建立的过程中，可以压缩一些对下一步建模无影响的特征，这可以加快复杂模型的重建速度。

4.15.1　压缩特征

当零件中只有默认配置或只对当前配置进行操作时，可以采用下列方法对特征进行压缩操作。在 FeatureManager 设计树中选择需压缩的特征，或在图形区域中选择需压缩特征的一个面。实现压缩的方法有以下几种：

①单击【特征】工具栏中的【压缩】按钮 ↓⌘。

②选择下列菜单【编辑】→【压缩】命令。

③在 FeatureManager 设计树中右击需压缩的特征，在快捷菜单选择【压缩】命令。

④在 FeatureManager 设计树中右击需压缩的特征，在快捷菜单选择【属性】命令，出现【特征属性】对话框，选中【压缩】复选框，单击【确定】按钮。

对于包含其他配置的零件，在压缩时，可以同时压缩其他配置的特征。选择下列菜单【编辑】→【压缩】→【所有配置】命令或选择下列菜单【编辑】→【压缩】→【指定配置】命令，在对话框中选择需要压缩的配置，如图 4-114 所示。

图 4-114　压缩指定配置的特征

特征被压缩后将从模型中移出（但没有删除），特征从模型视图上消失并在 FeatureManager 设计树中显示为灰色。例如，将法兰的圆周阵列和倒角特征压缩后，FeatureManager 设计树和模型显示，如图 4-115 所示。

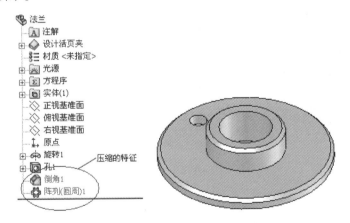

图 4-115　FeatureManager 设计树和模型显示

4.15.2　解除压缩特征

解除压缩是压缩的逆操作，只有特征被压缩以后，相应菜单中【解除压缩】命令才能起作用。可以采用下列方法对压缩特征进行解除压缩操作。

在 FeatureManager 设计树中选择被压缩的特征。

实现解除压缩的方法有以下几种：

①单击【特征】工具栏中的【解除压缩】按钮 ，。

②选择下拉菜单【编辑】→【解除压缩】命令。

③在 FeatureManager 设计树中右击被压缩的特征，在快捷菜单选择【解除压缩】命令。

④在 FeatureManager 设计树中右击被压缩的特征，在快捷菜单选择【属性】命令，出现【特征属性】对话框，取消【压缩】复选框，单击【确定】按钮。

对于包含其他配置的零件，可以对被压缩的特征同时解除压缩或指定解除压缩的配置。选择下拉菜单【编辑】→【解除压缩】→【所有配置】命令，解除该特征所有配置的压缩状态。或选择下拉菜单【编辑】→【解除压缩】→【指定有配置】命令，解除该特征指定配置的压缩状态。

由于特征在压缩时，其相关的子特征也同时被压缩，如果需要在解除父特征压缩状态的同时解除所有子特征的压缩状态，应采用【带从属关系解除压缩】。单击【特征】工具栏中的【带从属关系解除压缩】按钮 ，或选择下拉菜单【编辑】→【解除压缩】→【带从属关系解除压缩】命令。

4.16 操作特征应用

【例4-2】 应用操作特征创建"管接头"模型，如图4-116所示。

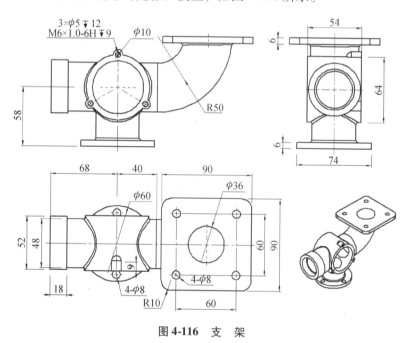

图4-116 支 架

（1）建模分析

建立模型时，应先创建凸台特征，后创建切除特征，添加附加特征，此模型的建立将分为A→B→C 三部分完成，如图4-117所示。

（2）建模步骤

新建零件选择下拉菜单【文件】→【新建】命令，在新建对话框中单击【零件】图标，单击【确定】。

A 部分：在 FeatureManager 设计树中选择"前视基准面"，单击【草图】工具栏上的【草图绘制】按钮 ，进入草图绘制，绘制如图4-118所示的草图。

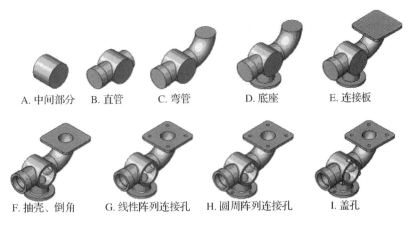

A. 中间部分   B. 直管   C. 弯管   D. 底座   E. 连接板

F. 抽壳、倒角   G. 线性阵列连接孔   H. 圆周阵列连接孔   I. 盖孔

图 4-117 建模分析

单击【特征】工具栏上的【旋转凸台/基体】按钮 ⊕，出现【旋转】属性管理器，在【旋转类型】下拉列表框内选择【给定深度】选项，在【角度】文本框内输入"360 度"，如图 4-119 所示，单击【确定】按钮 ✓。

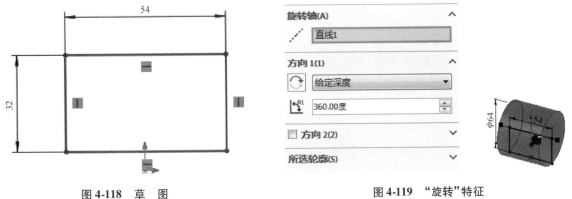

图 4-118 草 图

图 4-119 "旋转"特征

B 部分：在 FeatureManager 设计树中选择上视基准面，单击【草图绘制】按钮 ✏，进入草图绘制，绘制如图 4-120 所示草图。

单击【特征】工具栏上的【旋转凸台/基体】按钮 ⊕，出现【旋转】属性管理器，在【旋转类型】下拉列表框内选择【给定深度】选项，在【角度】文本框内输入"360 度"，如图 4-121 所示，单击【确定】按钮 ✓。

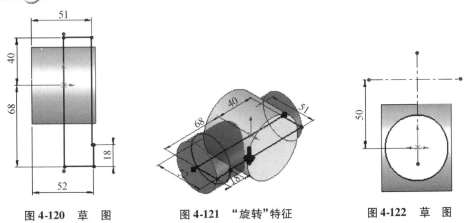

图 4-120 草 图

图 4-121 "旋转"特征

图 4-122 草 图

159

C 部分：选取端面为基准面，单击【草图绘制】按钮 ✍，进入草图绘制，绘制如图 4-122 所示草图。

单击【特征】工具栏上的【旋转凸台/基体】按钮 ⊕，出现【旋转】属性管理器，在【旋转类型】下拉列表框内选择【单向】选项，在【角度】文本框内输入"90 度"，如图 4-123 所示，单击【确定】按钮 ✅。

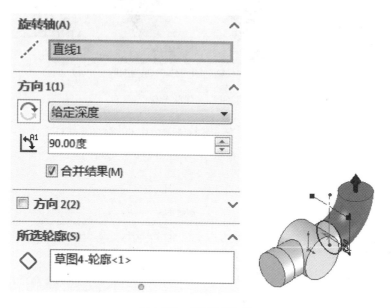

图 4-123　"旋转"特征

D 部分：在 FeatureManager 设计树中选择前视基准面，单击【草图绘制】按钮 ✍，进入草图绘制，绘制如图 4-124 所示草图。

单击【特征】工具栏上的【旋转凸台/基体】按钮 ⊕，出现【旋转】属性管理器，在【旋转类型】下拉列表框内选择【单向】选项，在【角度】文本框内输入"340 度"，如图 4-125 所示，单击【确定】按钮 ✅。

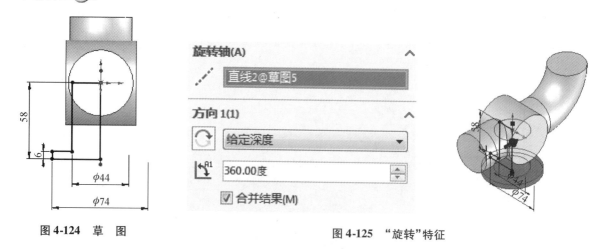

图 4-124　草　图

图 4-125　"旋转"特征

E 部分：选取弯管上端面为基准面，单击【草图绘制】按钮 ✍，进入草图绘制，绘制如图 4-126 所示草图。

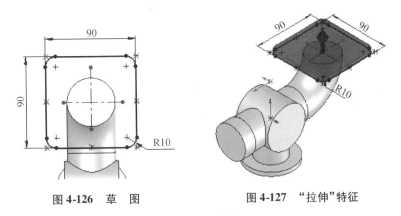

图 4-126　草　图　　　　　　　图 4-127　"拉伸"特征

单击【特征】工具栏上的【拉伸凸台/基体】按钮![btn]，出现【拉伸】属性管理器，在【终止条件】下拉列表框内选择【给定深度】，在【深度】文本框内输入"4mm"，如图 4-127 所示，单击【确定】按钮![btn]。

F 部分：单击【特征】工具栏上的【抽壳】按钮![btn]，出现【抽壳】属性管理器，在【移出的面】中，选择"面 1""面 2"和"面 3"，在【厚度】文本框内输入"6mm"，如图 4-128 所示，单击【确定】按钮![btn]。

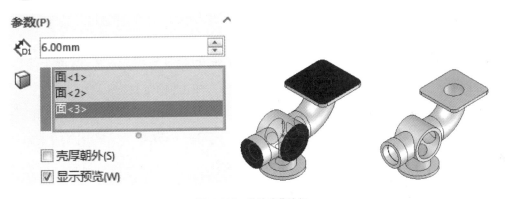

图 4-128　"抽壳"特征

单击【视图】工具栏上的【剖面视图】按钮![btn]，出现【剖面视图】属性管理器，单击【右视】按钮![btn]，单击【确定】按钮![btn]，如图 4-129 所示。

图 4-129　"剖面视图"

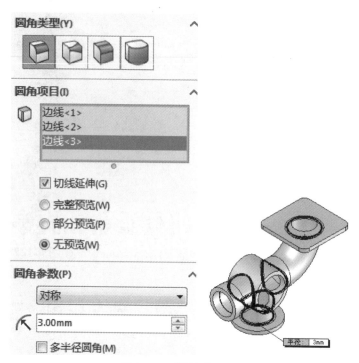

图 4-130 "圆角"特征

再次单击【剖面视图】按钮 ▦，恢复原状。

单击【特征】工具栏上的【圆角】按钮 ◉，出现【圆角】属性管理器，选择【等半径】，在【半径】文本框内输入"3mm"，选择边线，如图 4-130 所示，单击【确定】按钮 ✓。

G 部分：在图形区域选择凸台的顶端平面，选择下拉菜单【插入】→【特征】→【钻孔】命令，出现【孔】属性管理器，在【孔直径】文本框内输入"6mm"，如图 4-131 所示，单击【确定】按钮 ✓。

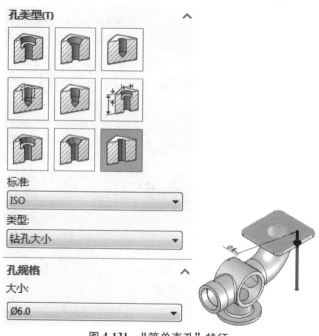

图 4-131 "简单直孔"特征

在 FeatureManager 设计树中右击刚建立的孔特征，从快捷菜单中选择【编辑草图】命令，在草图编辑状态下，添加尺寸，确定孔的位置，单击【重建模型】按钮 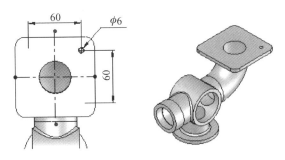，如图 4-132 所示。

图 4-132　编辑草图

单击【特征】工具栏上的【线性阵列】按钮 ，出现【阵列（线性）】属性管理器，选择阵列【方向 1】，在【间距】文本框内输入"60mm"，在【实例数】文本框内输入"2"，选择阵列【方向 2】，在【间距】文本框内输入"60mm"，在【实例数】文本框内输入"2"，【要阵列的特征】选择"孔 1"，如图 4-133 所示，单击【确定】按钮 。

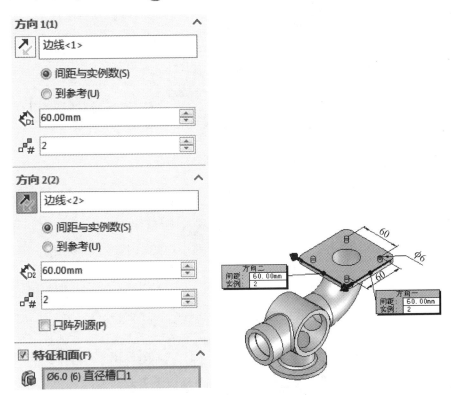

图 4-133　"阵列（线性）"特征

H 部分：在 FeatureManager 设计树中选择"孔 1"，选择下拉菜单【编辑】→【复制】命令。在图形区选择底部端面，选择下拉菜单【编辑】→【粘贴】命令。

在 FeatureManager 设计树中右击刚复制的孔特征，从快捷菜单中选择【编辑草图】命令，在草图编辑状态下，添加尺寸，确定孔的位置，单击【重建模型】按钮 ，如图 4-134 所示。

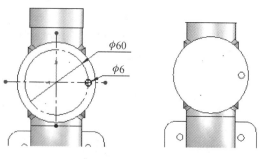

图 4-134　编辑草图

单击【特征】工具栏上的【圆周阵列】按钮，出现【阵列(圆周)】属性管理器，【阵列轴】选择"基准轴1"，在【角度】文本框内输入"360度"，在【实例数】文本框内输入"4"，选中【等间距】复选框，激活【要阵列的特征】列表框，选择"孔2"，如图4-135所示，单击【确定】按钮。

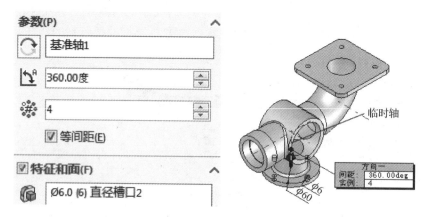

图 4-135　"阵列(圆周)"特征

I 部分：在 FeatureManager 设计树中选取前视基准面，单击【草图绘制】按钮，进入草图绘制，绘制草图。单击【特征】工具栏上的【旋转凸台/基体】按钮，出现【旋转】属性管理器，在【旋转类型】下拉列表框内选择【单向】选项，在【角度】文本框内输入"340度"，单击【确定】按钮，如图4-136所示。

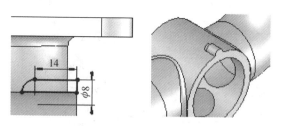

图 4-136　"旋转"特征

选择新建凸台的顶端平面，单击【特征】工具栏上的【异形孔向导】按钮，出现【孔规格】对话框，单击【类型】选项卡，在【孔规格】中单击【螺纹孔】按钮，在【标准】下拉列表框内选择【ISO】选项，在【类型】下拉列表框内选择【底部螺纹孔】选项，在【大小】下拉列表框内选择【M6】选项，在【终止条件】下拉列表框内选择【给定深度】，在【螺纹线】文本框内选择【给定深度

（2 ＊ DIA）】选项，在【螺纹线深度】文本框输入"12mm"，选中【装饰螺纹线】复选框，单击【确定】按钮 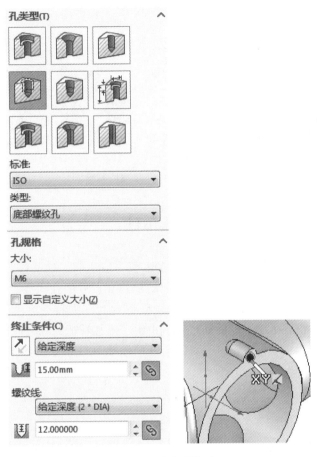，如图 4-137 所示。

图 4-137　定义螺纹孔

在 FeatureManager 设计树中单击新建"M4 六角凹头螺钉的柱形沉头孔 1"前面的 ⊞ 符号，展开特征包含的定义。右击"3D 草图 1"，从快捷菜单中选择【编辑草图】命令，在草图编辑状态下，添加几何关系，确定孔的位置，单击【重建模型】按钮，如图 4-138 所示。

与外圆建立同心几何关系

图 4-138　编辑草图

单击【特征】工具栏上的【圆周阵列】按钮，出现【阵列（圆周）】属性管理器，【阵列轴】选择"基准轴 1"，在【角度】文本框内输入"360 度"，在【实例数】文本框内输入"3"，选中【等间距】复选框，【要阵列的特征】选择"旋转 5""M4 螺孔 1"，如图 4-139 所示，单击【确定】按钮。

存盘。

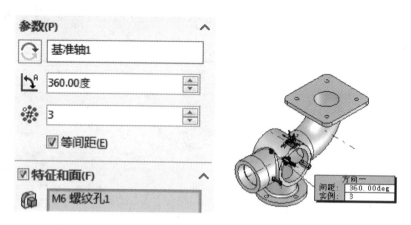

图 4-139 "阵列(圆周)"特征

本章小结

本章主要介绍了使用操作特征工具的基本方法和一般步骤，这些操作特征包括动态修改特征、圆角特征、倒角特征、筋特征、抽壳特征、简单直孔、异型孔向导、圆顶特征和包覆特征、线性阵列特征、圆周阵列特征、镜向特征、由表格驱动的阵列特征、由草图驱动的阵列特征、填充阵列和特征的压缩和解压缩。最后通过实例讲解了附加特征的综合应用。

▶▶▶▶ 第 5 章　曲线与曲面设计

SolidWorks 提供了曲线和曲面的设计功能。曲线和曲面是复杂和不规则实体模型的主要组成部分，尤其在工业设计中，该组命令的应用更为广泛。曲线和曲面使不规则实体的绘制更加灵活、快捷。本章主要介绍曲线和曲面的各种创建方法和命令。曲线可用来生成实体模型特征，主要命令有投影曲线、组合曲线、螺旋线、分割线等。曲面也是用来生成实体模型的几何体，主要命令有拉伸曲面、旋转曲面、扫描曲面、放样曲面、等距曲面和延展曲面等。

➡ 学习目标

了解各种曲线和曲面特征的作用。

掌握各种曲线和曲面特征的创建方法。

理解曲面的创建步骤。

5.1　曲线

SolidWorks 提供了多种生成曲线的方法，如投影曲线、螺旋线/涡状线，通过参考点的曲线和通过 XYZ 点的曲线等。曲线的工具栏如图 5-1 所示。

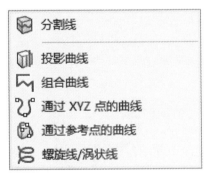

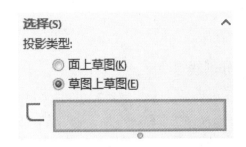

图 5-1　曲线工具栏　　　　　　　　图 5-2　【投影曲线】属性管理器

5.1.1　投影曲线

将绘制的曲线投影到模型面上生成一条 3D 曲线。也可以用另一种方法生成曲线，首先在两个相交的基准面上分别绘制草图，此时系统会将每一个草图沿所在平面的垂直方向投影得到一个曲面，最后这两个曲面在空间中相交而生成一条 3D 曲线。

（1）创建投影曲线的操作步骤

单击【曲线】工具栏上的【投影曲线】按钮 ![按钮]，或选择下拉菜单【插入】→【曲线】→【投影曲线】命令，出现【投影曲线】属性管理器，如图 5-2 所示。

在【选择】下，将【投影类型】设定到草图到面或草图到草图。

选取要投影的草图或面，就会出现投影曲线的预览。

单击【确定】按钮 ✅，生成投影曲线。

（2）投影曲线应用

草图到面：单击【曲线】工具栏上的【投影曲线】按钮 📦，出现【投影曲线】属性管理器，在【选择】下拉列表中选择【草图到面】选项，激活【要投影的草图】列表框，在图形区选择"草图2"，激活【投影面】列表框，在图形区选择"面"，选中【反转投影】复选框，单击【确定】按钮 ✅，生成投影曲线，如图5-3所示。

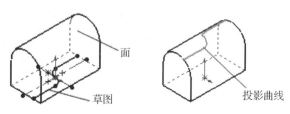

图5-3 草图到面投影曲线

草图到草图：单击【曲线】工具栏上的【投影曲线】按钮 📦，出现【投影曲线】属性管理器，在【选择】下拉列表中选择【草图到草图】选项，激活【要投影的一些草图】列表框，在图形区选择"草图1""草图2"，单击【确定】按钮 ✅，生成投影曲线，如图5-4所示。

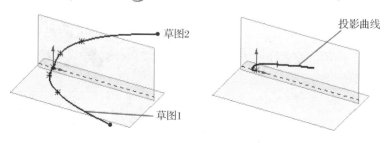

图5-4 草图到草图投影曲线

5.1.2 分割线

将草图投影到曲面或平面。可以将所选的面分割为多个分离的面，从而允许选取每一个面。也可将草图投影到曲面实体。分割线可以进行分割线放样、分割线拔模等操作。

（1）创建分割线的操作步骤

单击【曲线】工具栏上的【分割线】按钮 📦，或选择下拉菜单【插入】→【曲线】→【分割线】命令，出现【分割线】属性管理器，如图5-5所示。

在【分割类型】下，设定到轮廓、投影或交叉点。

设置参数，就会出现分割曲线的预览。

单击【确定】按钮 📦，生成分割曲线。

（2）分割线应用

轮廓：打开"使用轮廓建立分割线.SLDPRT"。单击【曲线】工具栏上的【分割线】按钮 📦，出现【分割线】属性管理

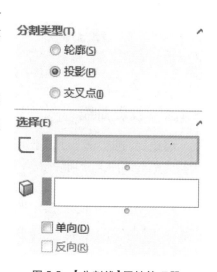

图5-5 【分割线】属性管理器

器，在【分割类型】中选择【轮廓】单选按钮，激活【拔模方向】列表框，在 FeatureManager 设计树中选择"上视基准面"，激活【要分割的面】列表框，在图形区选择"面 < 1 >"，单击【确定】按钮，生成分割线，如图 5-6 所示。

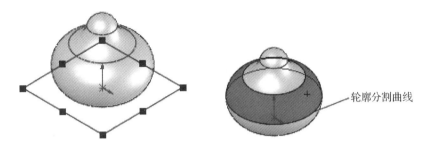

图 5-6　使用轮廓建立分割线

投影：单击【曲线】工具栏上的【分割线】按钮，出现【分割线】属性管理器，在【分割类型】中选择【投影】单选按钮，激活【要投影的草图】列表框，在 FeatureManager 设计树中选择"草图 2"，激活【要分割的面】列表框，在图形区选择"面 < 1 >""面 < 2 >""面 < 3 >""面 < 4 >"，单击【确定】按钮，生成分割线，如图 5-7 所示。

图 5-7　使用投影建立分割线

交叉点：打开"使用交叉点建立分割线 . SLDPRT"，在【分割类型】中选择【交叉点】单选按钮，激活【分割实体/面/基准面】列表框，在 FeatureManager 设计树中选择"前视基准面"和"右视基准面"，激活【要分割的面/实体】列表框，在图形区选择"面 < 1 >"，单击【确定】按钮，生成分割线，如图 5-8 所示。

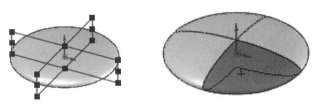

图 5-8　使用交叉点建立分割线

5.1.3　组合曲线

通过组合曲线的命令可以将首尾相连的曲线、草图线和模型的边线组合为单一的曲线，以便作为扫描或放样操作的路径、中心线或引导线。

（1）创建【组合线】的操作步骤

单击【曲线】工具栏上的【组合曲线】按钮，或选择下拉菜单【插入】→【曲线】→【组合曲线】命令，出现【组合曲线】属性管理器，如图 5-9 所示。

在图形区选取要组合的曲线。

单击【确定】按钮 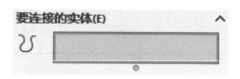，生成组合曲线。

（2）组合曲线应用

单击【曲线】工具栏上的【组合曲线】按钮 ，出现

【组合曲线】属性管理器，激活【要连接的草图、边线以及曲线】列表框，在图形区选择"边线 <1>""边线 <2>"

图 5-9 【组合曲线】属性管理器

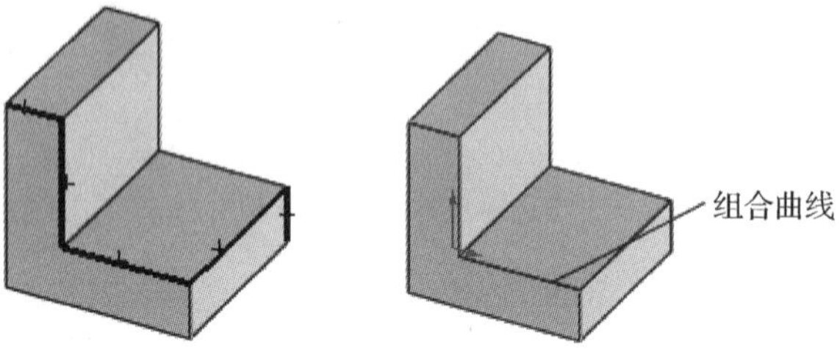

"边线 <3>""边线 <4>""边线 <5>"，单击【确定】按钮 ，生成组合曲线，如图 5-10 所示。

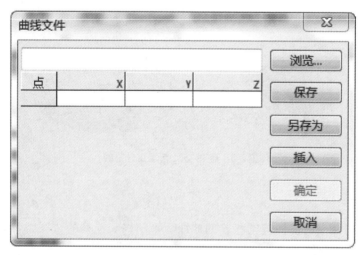

组合曲线

图 5-10 使用组合曲线

5.1.4 通过 XYZ 点的曲线

通过 XYZ 点的曲线是根据系统坐标系，分别给定曲线上若干点的坐标系，系统通过对这些点进行平滑过渡而形成的曲线。

坐标点可以通过手工输入，也可以通过外部文本文件给定并读入到当前文件中。利用通过 XYZ 点的曲线可以建立复杂的曲线，如函数曲线。

（1）创建通过 XYZ 点的曲线的操作步骤

单击【曲线】工具栏上的【通过 XYZ 点的曲线】按钮 ，或选择下拉菜单【插入】→【曲线】→【通过 XYZ 点的曲线】命令，出现【曲线文件】对话框，如图 5-11 所示。

图 5-11 【曲线文件】对话框

单击【浏览】按钮指定需要输入的数据文件的名称，系统将文本文件中的数据读入到设计环境。

双击数据值，可以对数据进行局部修改。

单击【保存】按钮，保存数据文件。

单击【确定】按钮，生成通过 XYZ 点的曲线。

（2）【组合曲线】应用

新建"通过 XYZ 点的曲线 . SLDPRT"。单击【曲线】工具栏上的【通过 XYZ 点的曲线】按钮 ，出现【曲线文件】对话框，单击【浏览】按钮，出现【打开】对话框，选择"螺旋线 . txt"，单击【确定】按钮，生成通过 XYZ 点的曲线，如图 5-12 所示。

图 5-12　通过 XYZ 点的曲线

5.1.5　通过参考点的曲线

生成一条通过位于一个或多个平面上的点的曲线，称为通过参考点的曲线。

（1）创建通过参考点的曲线的操作步骤

单击【曲线】工具栏上的【通过参考点的曲线】按钮 ，或选择下拉菜单【插入】→【曲线】→【通过参考点的曲线】命令，出现【通过参考点的曲线】属性管理器，如图 5-13 所示。

在绘图区选取参考点。

单击【确定】按钮 ，生成通过参考点的曲线。

（2）通过参考点的曲线应用

单击【曲线】工具栏上的【通过参考点的曲线】按钮 ，出现【通过参考点的曲线】属性管理器，在图形区选取，单击【确定】按钮 ，生成通过参考点的曲线，如图 5-14 所示。

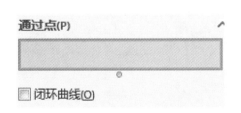

图 5-13　【通过参考点的曲线】属性管理器

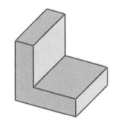

图 5-14　通过参考点的曲线

5.1.6　螺旋线/涡状线

在零件中生成螺旋线和涡状线曲线。此曲线可以被当成一个路径或引导曲线使用在扫描的特征上，或作为放样特征的引导曲线。

（1）创建螺旋线/涡状线的操作步骤

单击【曲线】工具栏上的【螺旋线/涡状线】按钮 ，或选择下拉菜单【插入】→【曲线】→【螺旋线/涡状线】命令，出现【螺旋线/涡状线】属性管理器，如图 5-15 所示。

在【螺旋线/涡状线】属性管理器，设定参数。

单击【确定】按钮 ，生成螺旋线/涡状线。

（2）螺旋线/涡状线应用

恒定螺距：在 FeatureManager 设计树中选择右视基准面，单击【草图】工具栏上的【草图绘制】按钮 ，进入草图绘制，绘制 φ30mm 圆。单击【曲线】工具栏上的【螺旋线/涡状线】按钮 ，出现【螺旋线/涡状线】属性管理器，在【定义方式】下拉列表中选择【螺距和圈数】选项。在

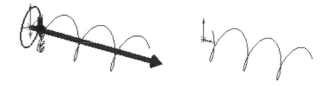

图5-15 【螺旋线/涡状线】属性管理器

【参数】选项中选中【恒定螺距】单选按钮，在【螺距】文本框输入"30mm"，在【圈数】文本框输入"3"，在【起始角度】文本框输入"0"，选择【顺时针】单选按钮，单击【确定】按钮✅，生成螺旋线，如图5-16所示。

可变螺距：在 FeatureManager 设计树中选择右视基准面，单击【草图】工具栏上的【草图绘制】按钮，进入草图绘制，绘制 φ30mm 圆。单击【曲线】工具栏上的【螺旋线/涡状线】按钮，出现【螺旋线/涡状线】属性管理器，在【定义方式】下拉列表中选择【螺距和圈数】选项。在【参数】选项中选中【恒定螺距】单选按钮，在【区域参数】列表框输入参数，在【起始角度】文本框输入"0"，选择【顺时针】单选按钮，单击【确定】按钮✅，生成可变螺旋线，如图5-17所示。

图5-16 恒定螺距螺旋线

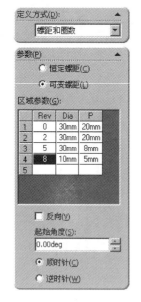

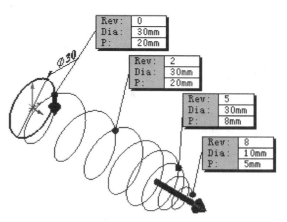

图5-17 可变螺距螺旋线

涡状线：在 FeatureManager 设计树中选择右视基准面，单击【草图】工具栏上的【草图绘制】按钮，进入草图绘制，绘制 φ30mm 圆。单击【曲线】工具栏上的【螺旋线/涡状线】按钮，出现【螺旋线/涡状线】属性管理器，在【定义方式】下拉列表中选择【涡状线】选项。在【螺距】文本框输入"30mm"，在【圈数】文本框输入"3"，在【起始角度】文本框输入"0"，选择【顺时针】单选按钮，单击【确定】按钮 ✅，生成涡状线，如图 5-18 所示。

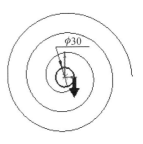

图 5-18　涡状线

5.1.7　曲线综合应用

【例 5-1】　应用曲线建模扫描创建拉伸弹簧模型，如图 5-19 所示。

（1）建模分析

支架是由两端拉钩和螺旋弹簧部分组成，此模型的建立将分为 A→B→C→D 四部分完成，如图 5-20 所示。

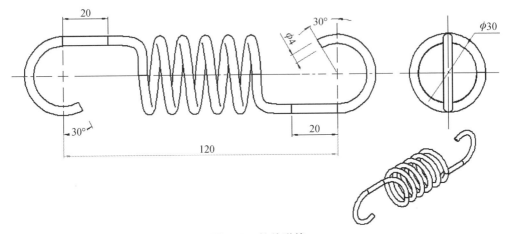

图 5-19　拉伸弹簧

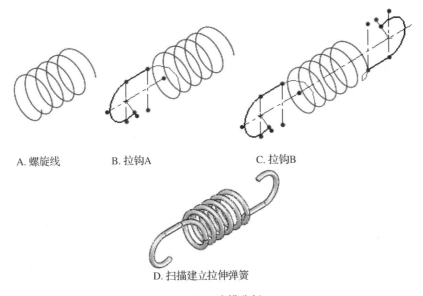

A. 螺旋线　　　B. 拉钩 A　　　C. 拉钩 B

D. 扫描建立拉伸弹簧

图 5-20　建模分析

（2）建模步骤

新建文件：选择下拉菜单【文件】→【新建】命令，在新建对话框中单击【零件】图标，单击【确定】。

A 部分：在 FeatureManager 设计树中选择"前视基准面"，单击【草图】工具栏上的【草图绘制】按钮 ▦，进入草图绘制，以原点为中心，绘制 φ30mm 的圆，单击【曲线】工具栏上的【螺旋线/涡状线】按钮 ⧖，出现【螺旋线/涡状线】属性管理器，在【定义方式】下拉列表框内选择【螺距和圈数】，选择【恒定螺距】单选按钮，在【螺距】文本框内输入"10mm"，在【圈数】文本框内输入"5"，在【起始角度】文本框内输入"0.00 度"，选择【顺时针】单选按钮，单击【确定】按钮 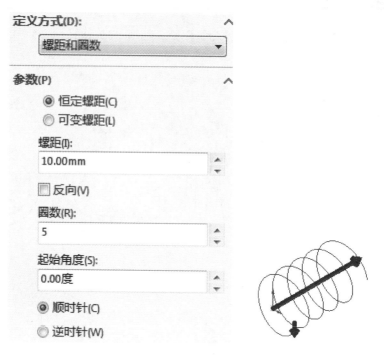，
生成螺旋线曲线，如图 5-21 所示。

图 5-21　螺旋线曲线

B 部分：按住 Ctrl 键的同时选择"草图 1"和"前视基准面"，选择【插入】→【派生草图】命令，
生成"草图 2 派生"，系统自动进入绘制草图模式，如图 5-22 所示。

在 FeatureManager 设计树中右击"草图 2 派生"，选择【解除派生】命令，编辑"草图 2"为四分
之一圆，单击【标准】工具栏上的【重新建模】按钮 ，如图 5-23 所示。

在 FeatureManager 设计树中选取上视基准面，单击【草图】工具栏上的【草图绘制】按钮 ，
进入草图绘制，绘制四分之一圆，单击【标准】工具栏上的【重新建模】按钮 ，如图 5-24
所示。

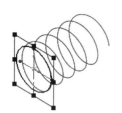  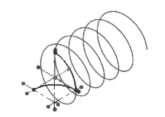

图 5-22　派生草图　　图 5-23　建立"投影曲线"草图 1　　图 5-24　建立"投影曲线"草图 2

单击【曲线】工具栏上的【投影曲线】按钮 ，出现【投影曲线】属性管理器，在【投影类型】
下拉列表框内选择【草图到草图】选项，选择"草图 2"，选择"草图 3"，单击【确定】按钮 ，完
成投影曲线，如图 5-25 所示。

在 FeatureManager 设计树中选择右视基准面，单击【草图】工具栏上的【草图绘制】按钮 ，
进入草图绘制，绘制草图，单击【标准】工具栏上的【重新建模】按钮 ，结束"左拉钩"草图绘

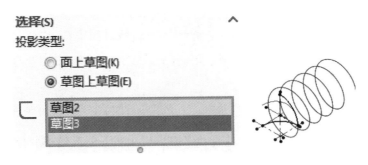

图 5-25　"投影曲线"特征

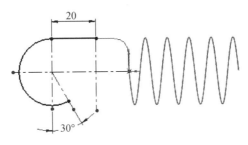

图 5-26　"左拉钩"草图

制，如图 5-26 所示。

C 部分：单击【参考几何体】工具栏上的【基准面】按钮 ，出现【基准面】属性管理器，第一参考和第二参考分别选取"前视基准面"及"点"，如图 5-27 所示，单击【确定】按钮 ，完成基准面。

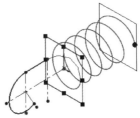

图 5-27　建立基准面

按住 Ctrl 键的同时选择"草图 1"和"基准面 1"，选择【插入】→【派生草图】命令，生成"草图 5 派生"，系统自动进入绘制草图模式。在 FeatureManager 设计树中右击"草图 5 派生"，选择【解除派生】命令，编辑"草图 5"为四分之一圆，单击【标准】工具栏上的【重新建模】按钮，如图 5-28 所示。

在 FeatureManager 设计树中选取上视基准面，单击【草图】工具栏上的【草图绘制】按钮，进入草图绘制，绘制四分之一圆，单击【标准】工具栏上的【重新建模】按钮，如图 5-29 所示。

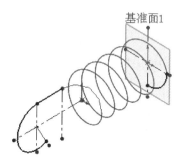
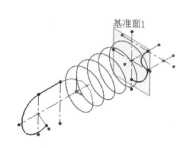

图 5-28 建立"投影曲线"草图 1   图 5-29 建立"投影曲线"草图 2

单击【曲线】工具栏上的【投影曲线】按钮，出现【投影曲线】属性管理器，在【投影类型】下拉列表框内选择【草图到草图】选项，选择"草图 2""草图 3"，单击【确定】按钮，完成投影曲线，如图 5-30 所示。

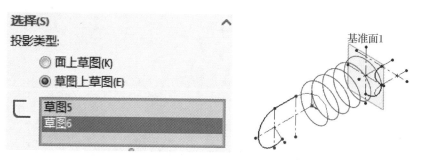

图 5-30 "投影曲线"特征

在 FeatureManager 设计树中选择右视基准面，单击【草图】工具栏上的【草图绘制】按钮，进入草图绘制，绘制草图，单击【标准】工具栏上的【重新建模】按钮，结束"右拉钩"草图绘制，如图 5-31 所示。

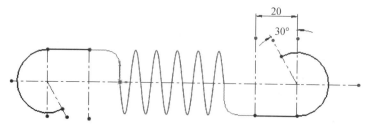

图 5-31 "右拉钩"草图

D 部分：单击【曲线】工具栏上的【组合曲线】按钮 ，出现【组合曲线】属性管理器，激活【要连接的实体】列表框，在 FeatureManager 设计树中选择"螺旋线/涡状线 1""草图 4""草图 7""曲线 1"和"曲线 2"，图 5-32 所示，单击【确定】按钮 ，完成组合曲线。

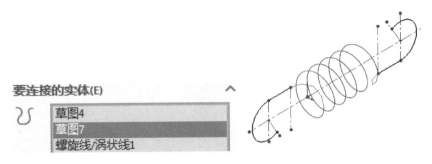

图 5-32　"组合曲线"特征

单击【参考几何体】工具栏上的【基准面】按钮 ，出现【基准面】属性管理器，单击【垂直于曲线】按钮 ，选取"点"及"边线＜1＞"，单击【确定】按钮 ，完成基准面，选取"基准面 2"，单击【草图绘制】按钮 ，进入草图绘制，绘制"轮廓"草图 φ4mm 的圆，单击【添加几何关系】按钮 ，出现【添加几何关系】属性管理器，选取圆心和圆弧，单击【穿透】按钮 ，单击【确定】按钮 ，如图 5-33 所示，单击【标准】工具栏上的【重新建模】按钮 ，结束"轮廓线"草图绘制。

单击【特征】工具栏上的【扫描】按钮 ，出现【扫描】属性管理器，激活【轮廓】列表框，选择"草图 8"，激活【路径】列表框，选择"组合曲线 1"，展开【选项】标签，在【方向/扭转类型】下拉列表框内选择【随路径变化】，如图 5-34 所示，单击【确定】按钮 。

存盘。

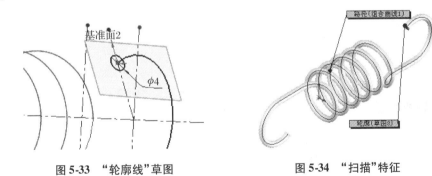

图 5-33　"轮廓线"草图　　　　　　图 5-34　"扫描"特征

5.2　曲面

曲面是一种可用来生成实体特征的几何体。Solidworks 的【曲面】工具栏如图 5-35 所示。其中拉伸曲面、旋转曲面、扫描曲面和放样曲面和第 4 章、第 7 章介绍的实体特征相似。

图 5-35　【曲面】工具栏

5.2.1 平面区域

从草图中生成有边界的平面区域。

(1)创建平面区域的操作步骤

单击【曲面】工具栏上的【平面区域】按钮，或选择下拉菜单【插入】→【曲面】→【平面区域】命令，出现【平面区域】属性管理器，如图5-36所示。

在图形区选取边界。

单击【确定】按钮，生成平面区域。

(2)平面区域应用

打开"平面区域.SLDPRT"。单击【曲面】工具栏上的【平面区域】按钮，出现【平面区域】属性管理器，激活【交界实体】列表框，在图形区选择"草图1"，单击【确定】按钮，生成平面区域，如图5-37所示。

图5-36 【平面区域】属性管理器　　　　　图5-37 使用组合曲线

5.2.2 填充曲面

利用填充曲面特征可以在模型的边线、草图或曲线边界内形成带任意边数的曲面修补。通常用于填补输入到Solidworks中模型的"破面"或在模具应用中用于填补一些孔，或应用于工业造型设计。

(1)创建填充曲面的操作步骤

单击【曲面】工具栏上的【填充】按钮，或选择下拉菜单【插入】→【曲面】→【填充】命令，出现【填充曲面】属性管理器，如图5-38所示。

根据欲生成的填充曲面类型设定属性管理器选项。

单击【确定】按钮，生成填充曲面。

(2)填充曲面应用

相触：单击【曲面】工具栏上的【填充曲面】按钮，出现【填充曲面】属性管理器，激活【修补边界】列表框，在FeatureManager设计树中选择"草图1""草图2""草图3"，激活【约束曲线】列表框，在FeatureManager设计树中选择"草图4""草图5""草图6"，在【曲率控制】下拉列表中选择【相触】选项，单击【确定】按钮，生成填充曲面，如图5-39所示。

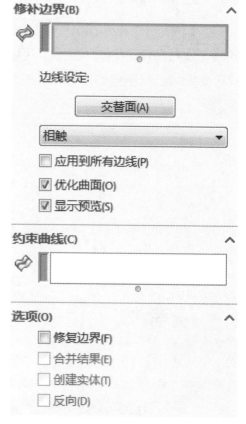

图5-38 【填充曲面】属性管理器

相切：单击【曲面】工具栏上的【填充曲面】按钮 ，出现【填充曲面】属性管理器，激活【修补边界】列表框，在 FeatureManager 设计树中选择"边线 1"，在【曲率控制】下拉列表中选择【相切】选项，单击【确定】按钮 ，生成填充曲面，如图 5-40 所示。

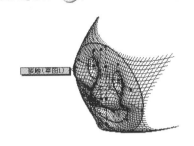

图 5-39　填充曲面（相触）　　　　　　　　图 5-40　填充曲面（相切）

5.2.3　等距曲面

利用等距曲面命令将生成与已有曲面相距指定偏移距离的新曲面。

（1）创建等距曲面的操作步骤

单击【曲面】工具栏上的【等距曲面】按钮 ，或选择下拉菜单【插入】→【曲面】→【等距曲面】命令，出现【等距曲面】属性管理器，如图 5-41 所示。

在图形区选取要等距曲面或面。

输入等距距离。

单击【确定】按钮 ，生成等距曲面。

（2）等距曲面应用

单击【曲面】工具栏上的【等距曲面】按钮 ，出现【等距曲面】属性管理器，激活【要等距曲面或面】列表框，在图形区选择"面 1"，在【等距距离】文本框输入"10mm"，单击【确定】按钮 ，生成等距曲面，如图 5-42 所示。

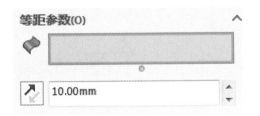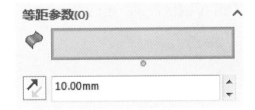

图 5-41　【等距曲面】属性管理器　　　　　　图 5-42　等距曲面

5.2.4　延展曲面

利用延展曲面命令可以将分型线、边线、一组相邻的内张或外张边线延长一段距离，并在从边线开始到指定距离的范围内建立曲面。

（1）创建延展曲面的操作步骤

单击【曲面】工具栏上的【延展曲面】按钮 ，或选择下拉菜单【插入】→【曲面】→【延展曲面】命令，出现【延展曲面】属性管理器，如图 5-43 所示。

为延展方向参考在图形区域中选择一个与曲面延展的方向平行的面或基准面。

选取要延展的边线。

输入延展距离。

单击【确定】按钮 ，生成延展曲面。

（2）延展曲面应用

单击【曲面】工具栏上的【延展曲面】按钮 ，出现【延展曲面】属性管理器，激活【延展方向参考】列表框，在 FeatureManager 设计树中上视基准面，激活【延展的边线】列表框，在图形区选择"边线 1"，在【延展距离】文本框输入"10mm"，单击【确定】按钮 ，生成延展曲面，如图 5-44 所示。

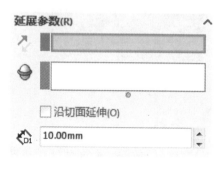

图 5-43 【延展曲面】属性管理器

图 5-44 延展曲面

5.2.5 延伸曲面

利用等距曲面命令将曲面上的一条边线或某曲面进行延伸，以生成新的曲面。

（1）创建延伸曲面的操作步骤

单击【曲面】工具栏上的【延伸曲面】按钮，或选择下拉菜单【插入】→【曲面】→【延伸曲面】命令，出现【延伸曲面】属性管理器，如图 5-45 所示。

在图形区选取边界。

单击【确定】按钮，生成平面区域。

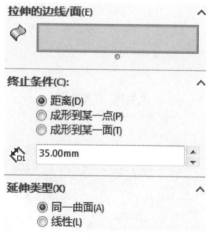

图 5-45 【延伸曲面】属性管理器

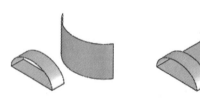

图 5-46 延伸曲面

（2）延伸曲面应用

单击【曲面】工具栏上的【延伸曲面】按钮，出现【平面区域】属性管理器，激活【拉伸的边线/面】列表框，在图形区选择"边线 1"，在【终止条件】选项中选择【成形到某一面】单选按钮，在图形区选择"曲面-拉伸 1"单击【确定】按钮，如图 5-46 所示，生成延伸曲面。

5.2.6　缝合曲面

缝合曲面用于将相连的曲面连接为一个曲面。曲面的边线必须相邻并且不重叠。

（1）创建缝合曲面的操作步骤

单击【曲面】工具栏上的【缝合曲面】按钮，或选择下拉菜单【插入】→【曲面】→【缝合曲面】命令，出现【缝合曲面】属性管理器，如图 5-47 所示。

在图形区选取要缝合的曲面或面。

单击【确定】按钮，生成缝合曲面

（2）缝合曲面应用

单击【曲面】工具栏上的【缝合曲面】按钮，出现【缝合曲面】属性管理器，激活【要缝合的曲面或面】列表框，在图形区选择"曲面-旋转 1""曲面-延展 1"，单击【确定】按钮，生成缝合曲面，如图 5-48 所示。

图 5-47　【缝合曲面】属性管理器

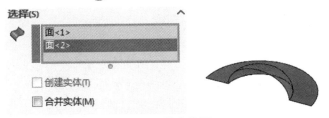

图 5-48　缝合曲面

5.2.7　剪裁曲面

通过曲面的剪裁，可以将曲面中多余的部分删除。可以使用曲面作为剪裁工具在曲面相交处剪裁其他曲面，也可以将曲面和其他曲面联合使用作为相互的剪裁工具。

（1）创建剪裁曲面的操作步骤

单击【曲面】工具栏上的【剪裁曲面】按钮，或选择下拉菜单【插入】→【曲面】→【剪裁曲面】命令，出现【剪裁曲面】属性管理器，如图 5-49 所示。

选择剪裁类型。

设置属性管理器选项。

单击【确定】按钮，生成剪裁曲面。

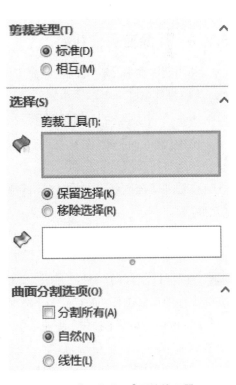

图 5-49　【剪裁曲面】属性管理器

（2）【剪裁曲面】应用

①利用剪裁工具方式剪裁曲面。单击【曲面】工具栏上的【剪裁曲面】按钮 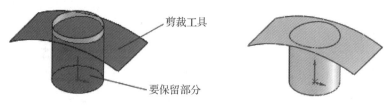，出现【剪裁曲面】属性管理器，在【剪裁类型】选项中选择【标准】单选按钮，激活【剪裁工具】列表框，在图形区选择"拉伸-曲面2"，激活【要保留部分】列表框，在图形区选择要保留部分，单击【确定】按钮 ，生成剪裁曲面，如图5-50所示。

图 5-50　使用组合曲线

②相互剪裁方式剪裁曲面。单击【曲面】工具栏上的【剪裁曲面】按钮 ，出现【剪裁曲面】属性管理器，在【剪裁类型】选项中选择【相互】单选按钮，激活【剪裁曲面】列表框，在图形区选择"拉伸-曲面1""拉伸-曲面2"，激活【保留部分】列表框，在图形区选择要保留部分，单击【确定】按钮 ，生成剪裁曲面，如图5-51所示。

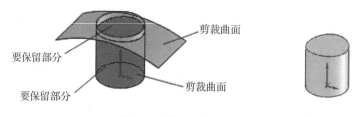

图 5-51　使用组合曲线

5.2.8　删除面和修补面

利用删除面命令，可以从曲面实体或实体中删除一个面，并同时自动进行修补。

（1）创建删除面的操作步骤

单击【面】工具栏上的【删除面】按钮 ，或选择下拉菜单【插入】→【曲面】→【删除面】命令，出现【删除面】属性管理器，如图5-52所示。

在图形区选取欲删除面。

在选项中选择删除方式，单击【确定】按钮 ，生成删除面。

（2）删除面应用

①删除面。单击【曲面】工具栏上的【删除面】按钮 ，出现【删除面】属性管理器，激活【要删除面】列表框，在图形区选择"面1"，在【选项】选项中选择【删除】单选按钮，单击【确定】按钮 ，生成删除面，如图5-53所示。

②删除和修补面。单击【曲面】工具栏上的【删除面】按钮 ，出现【删除面】属性管理器，激活【要删

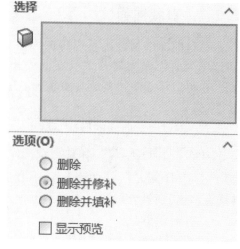

图 5-52　【删除面】属性管理器

除面】列表框，在图形区选择"面 1"，在【选项】选项中选择【删除和修补】单选按钮，单击【确定】按钮🅥，生成删除面，如图 5-54 所示。

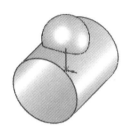  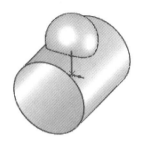 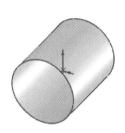

图 5-53　删除面　　　　　　　　　　　图 5-54　删除和修补面

5.2.9　曲面综合建模

【例 5-2】　应用曲面建模创建水龙头模型，如图 5-55 所示。

（1）建模分析

水龙头是由开关、水龙头体和水龙头嘴组成，如图 5-56 所示。

 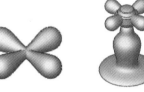 

开关　　　水龙头体　　水龙头嘴

图 5-55　水龙头模型　　　　图 5-56　建模分析

（2）建模步骤

新建文件：选择下拉菜单【文件】→【新建】命令，在新建对话框中单击【零件】图标，单击【确定】。

开关设计：在 FeatureManager 设计树中选择"前视基准面"，单击【草图】工具栏上的【草图绘制】按钮🅔，进入草图绘制，绘制如图 5-57 所示草图。

在 FeatureManager 设计树中选择"前视基准面"，单击【草图】工具栏上的【草图绘制】按钮🅔，进入草图绘制，运用【转换实体引用】，绘制草图，单击【重新建模】按钮🔘，结束草图绘制，在特征管理区右击草图 1，从快捷菜单中选择【隐藏】命令，隐藏"草图 1"，如图 5-58 所示。

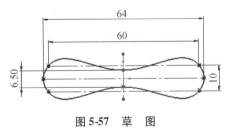 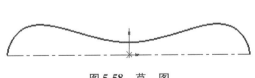

图 5-57　草　图　　　　　　　　　图 5-58　草　图

说明：运用上述方法建立建立草图，能够保证两端点连续。

单击【曲面】工具栏上的【旋转曲面】按钮🦋，出现【曲面-旋转】属性管理器，在【旋转类型】下拉列表框内选择【给定深度】选项，在【角度】文本框内输入"360 度"，单击【确定】按钮🅥，如图 5-59 所示。

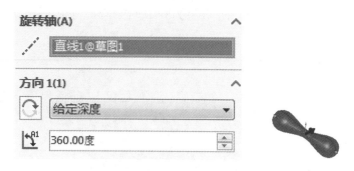

图 5-59 "曲面-旋转"特征

单击【参考几何体】工具栏上的【基准轴】按钮 ，出现【基准轴】属性管理器，单击【两平面】按钮 ，激活【参考实体】列表框，在 FeatureManager 设计树中选择"右视基准面"和"前视基准面"，单击【确定】按钮 ，建立基准轴 1。

选择【插入】→【特征】→【移动/复制 】命令，出现【移动/复制实体】属性管理器，激活【要移动/复制实体】列表框，在 FeatureManager 设计树中选择"曲面-旋转 1"，选中【复制】复选框，在【复制数】文本框内输入"1"，激活【旋转参考】列表框，在 FeatureManager 设计树中选择"原点"，在【X 旋转角度】文本框内输入"90 度"，在【Y 旋转角度】文本框内输入"0 度"，在【Z 旋转角度】文本框内输入"90 度"，单击【确定】按钮 ，如图 5-60 所示。

图 5-60 "移动/复制实体"特征

水龙头体设计：在 FeatureManager 设计树中选取前视基准面，单击【草图】工具栏上的【草图绘制】按钮 ，进入草图绘制，绘制草图，如图 5-61 所示。

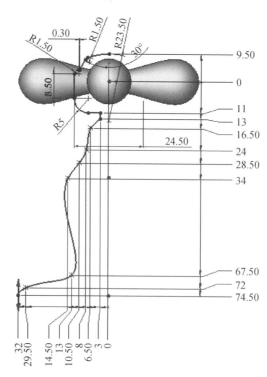

图 5-61 草 图

单击【曲面】工具栏上的【旋转曲面】按钮，出现【曲面-旋转】属性管理器，在【旋转类型】下拉列表框内选择【单向】，在【角度】文本框内输入"360 度"，单击【确定】按钮，如图 5-62 所示。

图 5-62　"曲面-旋转"特征

水龙头嘴设计：在 FeatureManager 设计树中选取前视基准面，单击【草图】工具栏上的【草图绘制】按钮，进入草图绘制，绘制草图，单击【重新建模】按钮，结束路径草图绘制，如图 5-63 所示。

单击【参考几何体】工具栏上的【基准面】按钮，出现【基准面】属性管理器，单击【垂直于曲线】按钮，选中【将原点设在曲线上】复选框，激活【参考实体】列表框，在图形区选择"圆弧 1"和"点 1"，单击【确定】按钮，建立基准面 1，如图 5-64 所示。

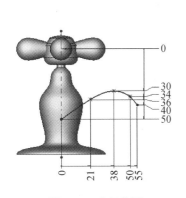

图 5-63　路径草图

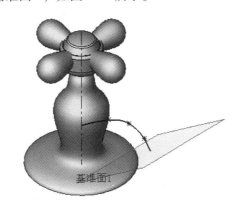

图 5-64　以"垂直于曲线"建立基准面

选取基准面 1，单击【草图】工具栏上的【草图绘制】按钮，进入草图绘制，绘制草图。单击【添加几何关系】按钮，选取椭圆圆心和直线，单击【穿透】按钮，单击【确定】按钮，如图 5-65 所示，单击【重新建模】按钮，结束"轮廓线"草图绘制。

单击【曲面】工具栏上的【扫描曲面】按钮，出现【曲面-扫描】属性管理器，激活【轮廓】列表框，在图形区选择"草图 5"，激活【路径】列表框，在图形区选择"草图 4"，展开【选项】标签，在【方向/扭转类型】下拉列表框内选择【随路径变化】选项，如图 5-66 所示，单击【确定】按钮。

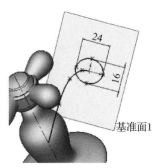

图 5-65　"轮廓线"草图

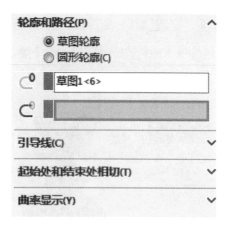
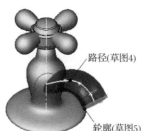

图 5-66 "曲面-扫描"特征

建立过渡面：在 FeatureManager 设计树中选取前视基准面，单击【草图】工具栏上的【草图绘制】按钮，进入草图绘制，绘制草图，如图 5-67 所示。

单击【曲面】工具栏上的【剪裁曲面】按钮，出现【曲面-剪裁】属性管理器，在【剪裁类型】选项中选择【标准】单选按钮，激活【剪裁工具】列表框，在图形区选择"草图 6"，选择【保留选择】单选按钮，激活【保留的部分】列表框，在图形区选择"曲面-旋转 2"，在【曲面分割选项】中选择【线性】单选按钮，如图 5-68 所示，单击【确定】按钮。

在 FeatureManager 设计树中选取前视基准面，单击【草图】工具栏上的【草图绘制】按钮，进入草图绘制，绘制草图，如图 5-69 所示。

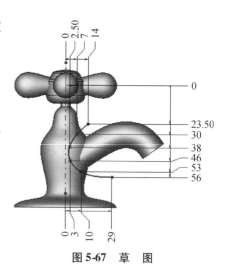

图 5-67 草 图

图 5-68 "曲面-剪裁"特征

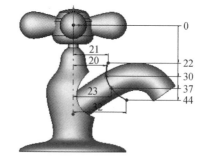

图 5-69 草 图

单击【曲面】工具栏上的【剪裁曲面】按钮，出现【曲面-剪裁】属性管理器，在【剪裁类型】选项中选择【标准】单选按钮，激活【剪裁工具】列表框，在图形区选择"草图 6"，选择【保留选择】单选按钮，激活【保留的部分】列表框，在图形区选择"曲面-扫描 1"，在【曲面分割选项】中选择【线性】单选按钮，如图 5-70 所示，单击【确定】按钮。

在 FeatureManager 设计树中选取右视基准面，单击【草图】工具栏上的【草图绘制】按钮，进入草图绘制，绘制草图，单击【重新建模】按钮，如图 5-71 所示。

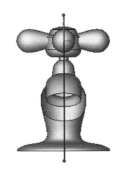

图 5-70　"曲面-剪裁"特征　　　　图 5-71　草　图

单击【曲线】工具栏上的【分割线】按钮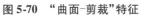，出现【分割线】属性管理器，在【分割类型】选项中选择【投影】单选按钮，激活【要投影的草图】列表框，在图形区选择"草图 8"，激活【要分割的面】列表框，在图形区选择"水龙头体"，选中【单向】、【反向】复选框，如图 5-72 所示，单击【确定】按钮，建立分割线 1 特征。

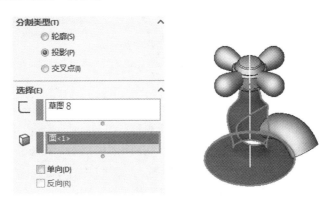

图 5-72　"分割线"特征

单击【曲线】工具栏上的【分割线】按钮，出现【分割线】属性管理器，在【分割类型】选项中选择【投影】单选按钮，激活【要投影的草图】列表框，在图形区选择"草图 8"，激活【要分割的面】列表框，在图形区选择"水龙头体"，选中【单向】、【反向】复选框，如图 5-73 所示，单击【确定】按钮，建立分割线 1 特征。

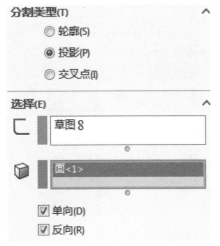

图 5-73　"分割线"特征

单击【曲面】工具栏上的【填充曲面】按钮 ，出现【填充曲面】属性管理器，激活【修补边界】列表框，在图形区选择"边线1""边线2""边线3"和"边线4"，在【曲率控制】下拉列表框内选择【相切】选项，如图5-74所示，单击【确定】按钮 。

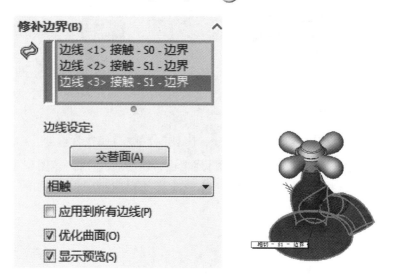

图5-74 "填充曲面"特征

单击【曲面】工具栏上的【剪裁曲面】按钮 ，出现【曲面-剪裁】属性管理器，在【剪裁类型】选项中选择【相互】单选按钮，激活【剪裁工具】列表框，在图形区选择"水龙头""开关"，选择【保留选择】单选按钮，激活【保留的部分】列表框，在图形区选择"水龙头""开关"，在【曲面分割选项】选项中选择【线性】单选按钮，如图5-75所示，单击【确定】按钮 。

图5-75 "曲面-剪裁"特征

修饰水龙头嘴：单击【曲线】工具栏上的【组合曲线】按钮，出现【组合曲线】属性管理器，激活【要连接的实体】列表框，在图形区选择"边线 1""边线 2"，如图 5-76 所示，单击【确定】按钮，完成组合曲线。

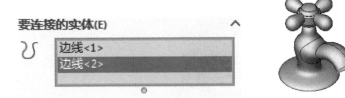

图 5-76　"组合曲线"特征

在 FeatureManager 设计树中选取前视基准面，单击【草图】工具栏上的【草图绘制】按钮，进入草图绘制，绘制草图。单击【添加几何关系】按钮，出现【添加几何关系】属性管理器，激活【所选实体】列表框，在图形区选取"圆心"和"组合曲线"，单击【穿透】按钮，单击【确定】按钮，如图 5-77 所示，单击【标准】工具栏上的【重新建模】按钮，结束"轮廓线"草图绘制。

图 5-77　"轮廓线"草图

单击【曲面】工具栏上的【扫描曲面】按钮，出现【曲面-扫描】属性管理器，激活【轮廓】列表框，在图形区选择"草图 9"，激活【路径】列表框，在图形区选择"组合曲线 1"，展开【选项】标签，在【方向/扭转类型】下拉列表框内选择【随路径变化】选项，如图 5-78 所示，单击【确定】按钮。

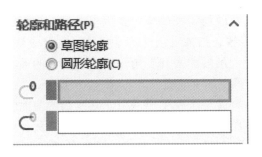

图 5-78　"曲面-扫描"特征

单击【曲面】工具栏上的【缝合曲面】按钮，出现【缝合曲面】属性管理器，在图形区选择"水龙头体""过渡面""水龙头嘴"，如图 5-79 所示，单击【确定】按钮。

单击【曲面】工具栏上的【圆角】按钮，出现【圆角】属性管理器，在【圆角类型】选项中选择【等半径】单选按钮，在【半径】文本框内输入"5mm"，在图形区，选择边线，如图 5-80 所示，单击【确定】按钮。

存盘。

图 5-79　"缝合曲面"特征

图 5-80 "圆角"特征

本章小结

本章主要介绍了曲面特征的基本操作以及曲面特征的修改及编辑工具。曲面特征的创建方法比实体更加丰富，除了可以使用拉伸、旋转、扫描及放样等常用特征创建方法来生成平面，还可以利用平面区域、填充曲面、等距曲面、延展曲面和倒角等方式来构建曲面，这些创建方法都在本章给予重点介绍，并配合实例使讲解更加清晰明了。

无论利用哪种方法创建曲面特征，都不可能一次就生成一个非常复杂的曲面特征，通常见到的曲面造型都要经过修改与编辑，为此本章详细介绍了曲面特征的编辑工具：剪裁、延伸曲面、删除面和修补面等修补工具，通过这些工具，可以对基础曲面特征进行更细致的加工和编辑。

实体特征也可以由曲面特征生成，对于具有复杂特征的实体，采用先创建曲面特征后转换体特征的方法可大大减少创建时间。

▶▶▶▶ 第6章 装配体

装配是 SolidWorks 基本功能之一，装配体的首要功能是描述产品零件之间的配合关系。除此之外，装配环境提供了干涉检查、爆炸视图、轴测剖视图、压缩状态和装配统计等。通过添加尺寸和几何关系的约束，表达部件的工作原理和转配关系，使得装配体能够模拟实体机构，进行仿真、计算质量特性、检查间隙、干涉检查等。

⟶ 学习目标

掌握装配零部件的添加步骤、零部件间配合的建立和调用智能零部件。

能够熟练编辑装配体、检测装配体，并能够创建爆炸视图。

6.1 装配体操作

装配体设计是将各种零件模型插入到装配体文件中，利用配合方式来限制各个零件的相对位置，使其构成一部件，如图 6-1 所示为装配的爆炸视图。

图 6-1 装配的爆炸视图

6.1.1 新建装配体文件

新建装配体和建立零件相同，首先需要选择装配体模板文件。

单击【标准】工具栏上的【新建】按钮 [图]，出现【新建 SolidWorks 文件】对话框，选择【装配体】，单击【确定】按钮，进入装配体窗口，出现【插入零部件】属性管理器，单击【取消】按钮 Ⓧ，如图 6-2 所示。

装配体文件的扩展名为 .sldasm。

装配体设计的基本操作步骤如下：

①设定装配体的第一个零部件零件，其位置设置为固定，为固定零件。

②将其他零部件调入装配体环境，这些零件未指定装配关系，可以随意移动和转动，为浮动零件。

③为浮动零件添加装配关系。

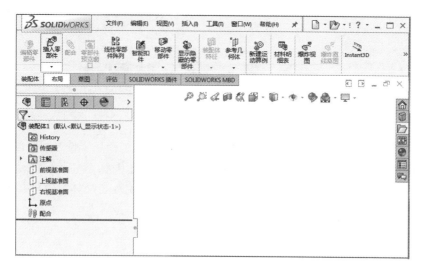

图 6-2　装配体窗口

6.1.2　插入零部件

将一个零部件(单个零件或子装配体)放入装配体中时,这个零部件文件会与装配体文件链接。零部件出现在装配体中;零部件的数据还保持在源零部件文件中。对零部件文件所进行的任何改变都会更新装配体。

单击【装配体】工具栏上的【插入零部件】 ,或选择下拉菜单【插入】→【零部件】→【现有零件/装配体】命令,出现【插入零部件】属性管理器,如图 6-3 所示。

图 6-3　【插入零部件】属性管理器

从清单中选择零件或装配体,或单击【浏览】按钮,浏览至文件所在位置,选取所需文件,如图 6-4 所示。选择轮架中的"底板",单击【打开】按钮。

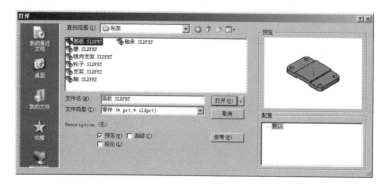

图 6-4　"打开"对话框

确定插入零件在装配体中的位置，将鼠标移至绘图区时，在图形区中的鼠标指针变成 ，将鼠标移动到原点附近，指针形状变成为如图 6-5 所示，在图形区域中单击以放置零部件。基体零件的原点与装配体原点重合，在 FeatureManager 设计树中的"底板"之前标识"固定"，说明该零件是装配体中的固定零件，如图 6-6 所示。

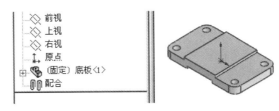

图 6-5　固定零件的光标　　　　　图 6-6　插入固定零件

如果所插入的零部件不是第一个零件，此时在图形区中的鼠标指针变成 ，在装配体窗口图形区域中，单击要放置零部件的位置。如果插入位置不太恰当，选择零部件，按住鼠标左键，将其拖动到恰当位置。

说明：在 FeatureManager 设计树中右击零件名，在快捷菜单中选择【浮动】命令，则可移动零件。

6.1.3　移动零部件和旋转零部件

当零部件插入装配体后，如果在零件名前有"（-）"符号，表示该零件可以被移动，可以被旋转。

（1）移动零部件操作

①单击【装配体】工具栏上的【移动零部件】按钮 。

②出现【移动零部件】属性管理器，如图 6-7 所示。光标变为 ，这时，选中零部件，就可以移动零部件到需要的位置，具体方法有：

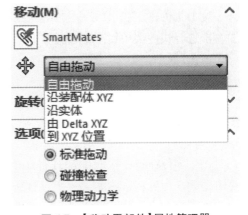

图 6-7　【移动零部件】属性管理器

自由拖动：选择零部件并沿任何方向拖动。

沿装配体 XYZ：选择零部件并沿装配体的 X、Y 或 Z 方向拖动。图形区域中显示坐标系以帮助确定方向。若要选择沿其拖动的轴，拖动前在轴附近单击。

沿实体：选择实体，然后选择零部件并沿该实体拖动。如果实体是一条直线、边线或轴，所移动的零部件具有一个自由度。如果实体是一个基准面或平面，所移动的零部件具有两个自由度。

由 Delta XYZ：在属性管理器中键入 X、Y 或 Z 值，然后单击应用。零部件按照指定的数值移动。

到 XYZ 位置：选择零部件的一点，在属性管理器中键入 X、Y 或 Z 坐标，然后单击应用。零部件的点移动到指定的坐标。如果选择的项目不是顶点或点，则零部件的原点会被置于所指定的坐标处。

③再次单击【装配体】工具栏上的【移动零部件】按钮 。

（2）旋转零部件操作

①单击【装配体】工具栏上的【旋转零部件】按钮 。

②出现【旋转零部件】属性管理器，如图 6-8 所示。光标变为 ，这时，选中零部件，就可以旋转零部件到需要的位置，具体方法有：

自由拖动：选择零部件可绕零件的体心为旋转中心作自由旋转。

对于实体：选择一条直线、边线或轴，然后围绕所选实体旋转零部件。

由三角形 XYZ：在属性管理器中键入 X、Y 或 Z 值，然后单击应用。零部件按照指定角度值绕装配体的轴旋转。

③再次单击【装配体】工具栏上的【移动零部件】按钮 。

6.1.4 从装配体中删除零部件

在图形区域或 FeatureManager 设计树中单击零部件。

按 Delete 键，选择下拉菜单【编辑】→【删除】命令，或右击选择快捷菜单【删除】命令。

单击【是】按钮确认删除。此零部件及其所有相关项目（配合、零部件阵列、爆炸步骤等）都会被删除。

6.2 配合方式

每个零件在自由空间中都具有 6 个自由度：3 个平移自由度和 3 个旋转自由度，装配过程中通过平面约束、直线约束和点约束等几种方式进行零部件自由度的限制。

6.2.1 添加配合关系

配合是建立零件间关系的方法。

（1）添加配合的步骤

单击【装配体】工具栏上的【配合】按钮 ，或选择下拉菜单【插入】→【配合】命令，出现【配合】属性管理器，如图 6-9 所示。

激活【要配合的实体】列表框，在图形区选择需配合的实体。

选择符合设计要求的配合方式。

单击【确定】按钮 ，生成添加配合。

SolidWorks 中提供的标准配合方式如下：

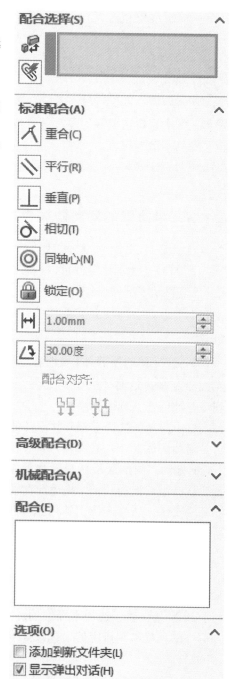

图 6-8 【旋转零部件】属性管理器

图 6-9 【配合】属性管理器

【重合】：将所选择的面、边线及基准面(它们之间相互组合或与单一顶点组合)定位以使之共享同一无限长的直线。

【平行】：定位所选的项目使之保持相同的方向，并且彼此间保持相同的距离。

【垂直】：将所选项目以 90°相互垂直定位。

【相切】：将所选的项目放置到相切配合中(到少有一选择项目必须为圆柱面、圆锥面或球面)。

【同轴心】：将所选的项目定位于共享同一中心点。

【距离】：将所选的项目以彼此间指定的距离定位。

【角度】：将所选项目以彼此间指定的角度定位。

(2)添加配合的应用

新建文件：单击【标准】工具栏上的【新建】按钮 ⬜，出现【新建 SolidWorks 文件】对话框，选择【装配体】，单击【确定】按钮，进入装配体窗口，出现【插入零部件】属性管理器，选中【生成新装配体时开始指令】→【图形预览】复选框，单击【浏览】按钮，出现【打开】对话框，选择要插入的零件"支架"，单击【打开】按钮，单击原点，则插入"支承"，定位在原点，插入"连杆"，单击【标准】工具栏上的【保存】按钮 💾，保存为"连杆机构"，如图 6-10 所示。

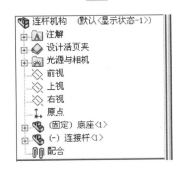

图 6-10　连杆机构

单击【装配体】工具栏上的【配合】按钮 📎，出现【配合】属性管理器，激活【要配合的实体】列表框，在图形区选择"底座"孔和"连接杆"孔，单击【同轴心】按钮 ◎，如图 6-11 所示，单击【确定】按钮 ✅，添加同轴心配合。

激活【要配合的实体】列表框，在图形区选择"底座"前端面和"连接杆"前端面，单击【重合】按钮 ◎，如图 6-12 所示，单击【确定】按钮 ✅，添加重合配合。

单击【确定】按钮 ✅，完成配合，如图 6-13 所示。

存盘。

图 6-11　同轴心配合

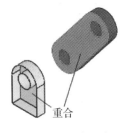

图 6-12　重合配合

图 6-13　完成连杆机构

6.2.2 修改配合关系

在 FeatureManager 设计树中展开"配合"项目，分别单击不同的配合关系，可以在图形区显示配合的参考，右击配合关系，选择【编辑特征】命令，可以在属性管理器中更改配合关系或修改配合关系的参数。

6.3 装配中的零部件操作

装配中的零部件操作包括：利用复制、镜向或阵列等方法生成重复零件。在装配体中修改已有的零部件；通过隐藏/显示零部件的功能简化复杂的装配。

6.3.1 零部件的复制

与其他 Windows 软件相同，SolidWorks 可以复制已经在装配体文件中存在的零部件。按住 Ctrl 键，在 FeatureManager 设计树中，选择需复制零部件的文件名，并拖动零件至绘图区中需要的位置后，释放鼠标，即可实现零部件的复制，此时，可以看到在 FeatureManager 设计树中添加一个相同的零部件，在零件名后存在一个引用次数的注释，如图 6-14 所示。

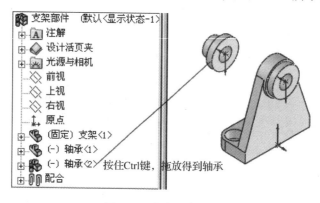

图 6-14 零部件的复制

6.3.2 零部件的圆周阵列

可以在装配体中生成零部件的圆周阵列。

生成零部件圆周阵列的操作步骤：选择下拉菜单【插入】→【零部件阵列】→【圆周阵列】命令，出现【圆周阵列】属性管理器，如图 6-15 所示。

为阵列轴选择基准轴或线性边线，阵列绕此轴旋转。为角度键入数值，此为实例中心之间的圆周数值。为实例数，即阵列的数值，此值包括源零部件。

选中【等间距】，将角度设定为 360°。可将数值更改到不同角度。实例会沿总角度均等放置。

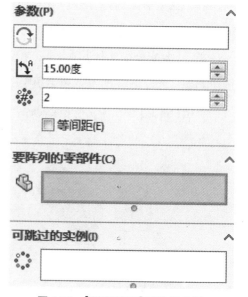

图 6-15 【圆周阵列】属性管理器

在要阵列的零部件  中单击，然后选择源零部件。

若想跳过实例，在要跳过的实例  中单击，然后在图形区域选择实例的预览。

当指针位于图形区域中的预览上时形状将变为 。

欲恢复实例，选择要跳过的实例框中的实例，然后按 Delete 键。

单击【确定】按钮 ，完成零部件的圆周阵列。

生成零部件圆周阵列应用：建立如图 6-16 所示的零部件圆周阵列的模型，选择下拉菜单【插入】→【零部件阵列】→【圆周阵列】命令，出现【圆周阵列】属性管理器，激活【阵列轴】列表框，在图形区选取临时轴，激活【要阵列的零部件】列表框，在图形区选取"滚子"，选中【等间距】复选框，在【角度】文本框输入"360 度"，在【实例数】文本框输入"16"，如图 6-16 所示，单击【确定】按钮 ，完成零部件的圆周阵列，同时在 FeatureManager 设计树中会出现 局部圆周阵列1 的标记。

图 6-16 零部件圆周阵列

6.3.3 零部件的线性阵列

可以一个或两个方向在装配体中生成零部件线性阵列。

（1）生成零部件线性阵列的操作步骤

选择下拉菜单【插入】→【零部件阵列】→【线性阵列】命令 ，出现【线性阵列】属性管理器，如图 6-17 所示。

在【方向 1】下面： 为阵列方向选择线性边线或线性尺寸。 为间距键入数值，此为实例中心之间的数值。 为实例数键入数值，此为包括源零部件的实例总数。

定义【方向 2】为重复双向阵列。 在【要阵列的零部件】中单击，然后选择源零部件。若想跳过实例，在【要跳过的实例】 中单击，然后在图形区域选择实例的预览。当指针位于图形区域中的预览上时形状将变为 。欲恢复实例，选择【要跳过的实例】框中的实例

图 6-17 【线性阵列】属性管理器

然后按Delete键。单击【确定】按钮 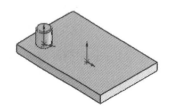，完成零部件的线性阵列。

（2）生成零部件线性阵列应用

打开"零部件线性阵列应用 . sldasm"，选择下拉菜单【插入】→【零部件阵列】→【线性阵列】命令，出现【线性阵列】属性管理器，激活【方向1】列表框，在图形区选取边线1，在【间距】文本框输入"30mm"，在【实例数】文本框输入"2"，激活【阵列方向2】列表框，在【间距】文本框输入"80mm"，在【实例数】文本框输入"2"，在图形区选取"支承钉"，选中【只阵列源】复选框，如图6-18，单击【确定】按钮 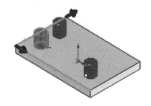，完成零部件的线性阵列，同时在 FeatureManager 设计树中会出现 局部线性阵列1 标记。

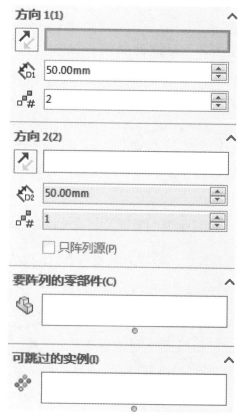

图 6-18   零部件线性阵列

6.3.4   零部件的特征驱动阵列

根据一个现有阵列来生成零部件阵列。

（1）生成零部件特征驱动阵列的操作步骤

选择下拉菜单【插入】→【零部件阵列】→【图案驱动】命令，出现【图案驱动】属性管理器，如图 6-19 所示。

在【要阵列的零部件】中单击，然后选择源零部件。在【驱动阵列】中单击，然后选择驱动阵列。若想跳过实例，在【要跳过的实例】中单击，然后在图形区域选择实例的预览。当指针位于图形区域中的预览上时形状将变为，欲恢复实例，选择【要跳过的实例】框中的实例然后按 Delete 键。单击【确定】按钮，完成零部件的特征驱动阵列。

生成零部件特征驱动阵列应用：打开"零部件特征驱动阵列应用 . sldasm"，选择下拉菜单【插入】→【零部件阵列】→【特征驱动】命令，出现【特征驱动】属性管理器，激活【要阵列的零部件】列表框，在图形区选取"支承钉"，激活【驱动阵列】列表框，在图形区"阵列（线性)1@ 底板"，如图6-20 所示，单击【确定】按钮，完成零部件的特征驱动阵列，同时在 FeatureManager 设计树中会出现 派生线性阵列1 标记。

图 6-19   【特征驱动】属性管理器

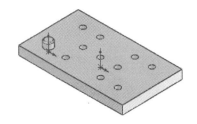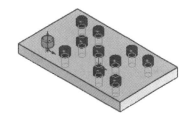

图 6-20 零部件特征驱动阵列

6.3.5 零部件的镜向

在同一装配文件中，有相同且对称的零部件，可以使用镜向零部件的操作来完成，镜向后的零部件即可作为源零部件的复制，也可作为另外的零部件。

（1）零部件镜向的操作步骤

选择下拉菜单【插入】→【镜向零部件】命令 ，出现【镜向零部件】属性管理器，如图 6-21所示。

激活【镜向基准面】列表框，选择镜向基准面。激活【要镜向的零部件】列表框，选择一个或多个需镜向或复制的零部件。其零件名将出现在该列表框中。为每个零部件设定状态（镜向或复制）：在 和 之间切换。 表示零部件被复制。复制的零部件几何体同原件保持不变，只是零部件的方向不同。 表示零部件被镜向。镜向的零部件的几何体发生变化，生成一个真实的镜向零部件。

选中【给新的零部件重新生成配合】复选框，保存在镜向一个以上零部件时所选零部件之间的任何配合。

单击【向下】按钮 ，进入下一步状态，如图 6-22 所示。

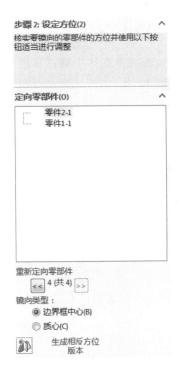

图 6-21 【镜向零部件】属性管理器（步骤 1）　　图 6-22 【镜向零部件】属性管理器（步骤 2）

预览后，单击【确定】按钮 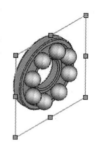，完成零部件的镜向。

（2）零部件镜向的应用

打开"单向推力球轴承.sldasm"，选择下拉菜单【插入】→【镜向零部件】命令，出现【镜向零部件】属性管理器，激活【镜向基准面】列表框，在 FeatureManager 设计树中选择"右视基准面"，激活【要镜向的零部件】列表框，在 FeatureManager 设计树中选择"底圈"，单击【向下】按钮 ，进入下一步状态，预览，如图 6-23 所示。单击【确定】按钮 ✔，完成零部件的镜向，同时在 FeatureManager 设计树中会出现 ⊞ 🔧 (-) 镜向底圈 <1> -> 的标记。

图 6-23 零部件特征镜向应用

注意：镜向后的新零件必须重新添加装配的限制条件，但与原来被镜向的零部件已经产生了对称共享。

6.3.6 编辑零部件

在装配过程中，可能会发现零件模型间存在数据冲突。SolidWorks 提供零件模型在零件环境、装配环境和工程图环境的数据共享。

在 FeatureManager 设计树中右击需要编辑的零部件，在快捷菜单中选择【编辑零部件】命令，此时，其他零部件将呈现蓝色。

右键该零件选择 🔧 图标，编辑该零部件的特征，根据需要编辑即可。

完成编辑，单击【装配体】工具栏上的【编辑零部件】按钮 🔧，结束【编辑零部件】命令。

6.3.7 显示/隐藏零部件

为了方便装配和在装配体中编辑零部件，可以将影响视线的零部件隐藏起来。

（1）隐藏零部件

在 FeatureManager 设计树中右击需要隐藏的零部件，在快捷菜单中选择【隐藏零部件】命令，并且在 FeatureManager 设计树中零部件将呈现透明状。

（2）显示零部件

在 FeatureManager 设计树中右击需要显示的零部件，在快捷菜单中选择【显示零部件】命令。

6.3.8 压缩零部件

为了减少工作时装入和计算的数据量，更有效地使用系统资源，可以根据某段时间内的工作范围，指定合适的零部件为压缩状态，装配体的显示和重建会更快。

（1）压缩

在 FeatureManager 设计树中右击需要压缩的零部件，在快捷菜单中选择【压缩】命令，完成压缩。

（2）解除压缩

在 FeatureManager 设计树中右击需要解除压缩的零部件，在快捷菜单中选择【解除压缩】命令，完成解除压缩。

6.4 装配体的检查

在一个复杂的装配体中，如果想用视觉来检查零部件之间是否有干涉的情况是件困难的事。在 SolidWorks 中利用检查可以发现装配体中零部件之间的干涉。该命令可以选择一系列零部件并寻找它们之间的干涉，干涉部分将在检查结果的列表中成对显示，并在图形区将有问题的区域用一个标定了尺寸的"立方体"来显示。

6.4.1 静态干涉检查

用户可以通过选择下拉菜单【工具】→【干涉检查】命令，对装配体进行静态干涉检查，该命令可以用来对装配体中所有的零件或选择的零件进行检查。

（1）静态干涉检查的操作步骤

在 FeatureManager 设计树中选择装配体的名称，或不选择任何零部件。

单击【装配体】工具栏上的【干涉检查】按钮 ，或选择下拉菜单【工具】→【干涉检查】命令，出现【干涉检查】属性管理器，如图 6-24 所示。

在【所选零部件】下，单击【计算】按钮。

（2）静态干涉检查的应用

单击【装配体】工具栏上的【干涉检查】按钮 ，在【选项】选项卡中，选中【使干涉零件透明】复选框，单击【计算】按钮，在【结果】列表框出现检查结果，如图 6-25 所示。

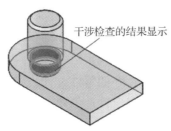

图 6-25 干涉检查

图 6-24 【干涉检查】属性管理器

6.4.2 动态干涉

旋转或移动零部件的过程中，可以进行动态的干涉检查或动态计算零件间的间隙。

（1）移动或旋转零部件时检查干涉的方法

单击【装配体】工具栏上的【移动零部件】按钮 ，或单击【装配体】工具栏上的【旋转零部件】按

钮 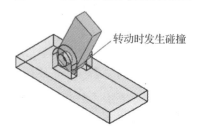，出现【移动零部件】属性管理器，如图 6-26 所示，选中【碰撞检查】单选按钮。

在【检查范围】下选择：

【所有零部件】：如果移动的零部件接触到装配体中任何其他的零部件，会检查出碰撞。

【这些零部件之间】：选择【供碰撞检查的零部件】框中的零部件，然后单击【恢复拖动】按钮。如果要移动的零部件接触到所选零部件，会检测出碰撞。与不在选框中的项目碰撞被忽略。

选中【仅对于拖动的零件】复选框，检查只与选择移动的零部件的碰撞。当消除选择时，选择移动的零部件，因为与所选零部件配合而移动的任何其他零部件将被检查。

选中【碰撞时停止】复选框，停止零部件的运动以阻止其接触到任何其他实体。

在【高级选项】下选择：

选中【高亮显示面】复选框，接触移动的零部件的面被高亮显示。

选中【声音】复选框，发现碰撞时，会出现声音。

选中【忽略复杂曲面】复选框，只在下列曲面类型上发现碰撞：平面、圆柱面、圆锥面、球面以及环面。

移动或旋转零部件来检查碰撞。单击【确定】按钮 ✅。

（2）移动或旋转零部件时检查干涉的应用

单击【装配体】工具栏上的【旋转零部件】按钮 ⟳，出现【移动零部件】属性管理器，选中【碰撞检查】单选按钮。转动杆，发生碰撞电脑会发出声音，同时高亮显示碰撞面，如图 6-27 所示。

图 6-26 【移动零部件】属性管理器

图 6-27 动态干涉检查

6.5 自底向上的装配综合实例

自底向上的装配设计，是利用已经建立好的零件设计装配体。下面通过建立一个轮架的装配体，熟悉创建自底向上的装配的一般过程。首选创建两个子装配体，然后通过主装配体将所有子装配体和零件装配起来，进行干涉检查，添加配置，生成爆炸视图。

【例 6-1】 建立效果如图 6-1 所示装配体。

6.5.1 创建第一个子装配体

（1）新建文件

单击【标准】工具栏上的【新建】按钮 📄，出现【新建 SolidWorks 文件】对话框，选择【装配体】，单击【确定】按钮，进入装配体窗口，出现【插入零部件】属性管理器，选中【生成新装配体时开始指令】和【图形预览】复选框，单击【浏览】按钮，出现【打开】对话框，选择要插入的零件"支架"，单击【打开】按钮，单击原点，则插入"支架"，定位在原点，插入"轴承"，单击【标准】工具栏上的【保存】按钮 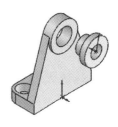，保存为"支架部件"，如图 6-28 所示。

（2）添加配合

单击【装配体】工具栏上的【配合】按钮，出现【配合】属性管理器，激活【要配合的实体】列表框，在图形区选择"支架"轴承孔和"轴承"表面，单击【同轴心】按钮 ⊙，如图 6-29 所示，单击【确定】按钮 ，添加同轴心配合。

图 6-28　支架子装配体

激活【要配合的实体】列表框，在图形区选择"支架"前端面和"轴承"前端面，单击【重合】按钮，如图 6-30 所示，单击【确定】按钮 ，添加重合配合。

单击【确定】按钮 ，完成配合，如图 6-31 所示。

存盘。

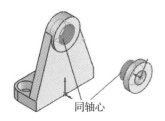

图 6-29　同轴心配合

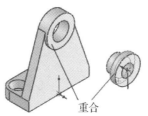

图 6-30　重合配合

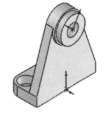

图 6-31　完成配合支架子装配体

6.5.2　创建第二个子装配体

（1）新建文件

单击【标准】工具栏上的【新建】按钮，出现【新建 SolidWorks 文件】对话框，选择【装配体】，单击【确定】按钮，进入装配体窗口，出现【插入零部件】属性管理器，选中【生成新装配体时开始指令】和【图形预览】复选框，单击【浏览】按钮，出现【打开】对话框，选择要插入的零件"轴"，单击【打开】按钮，单击原点，则插入"轴"，定位在原点，插入"键"，插入"轮子"，单击【标准】工具栏上的【保存】按钮 ，保存为"轮部件"，如图 6-32 所示。

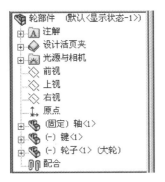
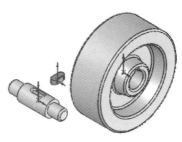

图 6-32　轮子装配体

（2）添加配合

单击【装配体】工具栏上的【配合】按钮 ⬤，出现【配合】属性管理器，激活【要配合的实体】列表框，在图形区选择"轴"键槽底面和"键"底面，单击【重合】按钮 ⬤，如图 6-33 所示，单击【确定】按钮 ⬤，添加重合配合。

激活【要配合的实体】列表框，在图形区选择"轴"键槽端面和"键"端面，单击【重合】按钮 ⬤，如图 6-34 所示，单击【确定】按钮 ⬤，添加重合配合。

激活【要配合的实体】列表框，在图形区选择"轮"轴孔面和"轴"面，单击【同轴心】按钮 ⬤，如图 6-35 所示，单击【确定】按钮 ⬤，添加同轴心配合。

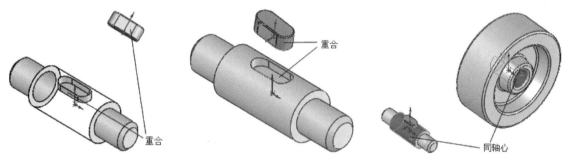

图 6-33　同轴心配合　　　　图 6-34　重合配合　　　　图 6-35　同轴心配合

激活【要配合的实体】列表框，在图形区选择"轮"键槽端面和"键"端面，单击【重合】按钮 ⬤，如图 6-36 所示，单击【确定】按钮 ⬤，添加重合配合。

激活【要配合的实体】列表框，在 FeatureManager 设计树中选择"轮"的右视基准面和"轴"的右视基准面，单击【重合】按钮 ⬤，如图 6-37 所示，单击【确定】按钮 ⬤，添加重合配合。

单击【确定】按钮 ⬤，完成配合，如图 6-38 所示。

存盘。

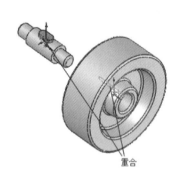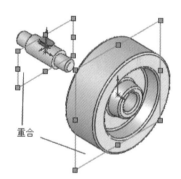

图 6-36　重合配合　　　　图 6-37　重合配合　　　　图 6-38　完成配合轮部件

6.5.3　干涉检查

（1）静态干涉检查

单击【装配体】工具栏上的【干涉检查】按钮 ⬛，出现【干涉检查】属性管理器，在【非干涉零件】选项卡中，选择【隐藏】单向按钮，单击【计算】按钮，结果如图 6-39 所示。分析为键槽和键配合发生干涉，需修改键槽或修改键。

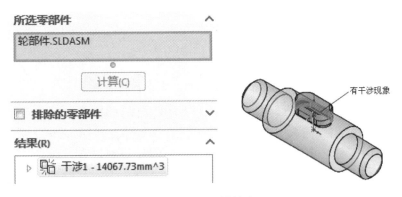

图 6-39　干涉检查

（2）在装配体中修改零件

在 FeatureManager 设计树中右击"轮子"，在快捷菜单中选择【隐藏】命令，隐藏"轮子"。在 FeatureManager 设计树中右击"轴"，在快捷菜单选择【编辑零件】命令，此时，"轴"进入编辑状态，如图 6-40 所示。

在 FeatureManager 设计树中右击"轴"的"切除-拉伸 1"特征，在快捷菜单中选择【编辑草图】命令，在草图绘制环境中，将键槽宽改为"10mm"，如图 6-41 所示。单击【标准】工具栏上的【重建模型】按钮 。

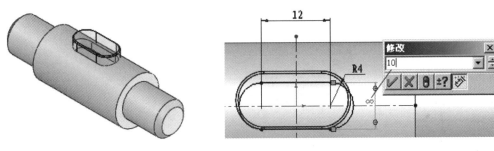

图 6-40　编辑"轴"　　　　　　　　　　　图 6-41　修改尺寸

单击【装配体】工具栏上的【编辑零部件】按钮 ，结束零部件编辑。在 FeatureManager 设计树中右击"轮子"，在快捷菜单中选择【显示】命令，显示"轮子"。再次单击【装配体】工具栏上的【干涉检查】按钮 ，出现【干涉检查】属性管理器，在【非干涉零件】选项卡中，选择【隐藏】单向按钮，单击【计算】按钮，结果无干涉，如图 6-42 所示。

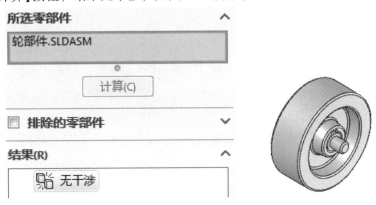

图 6-42　检查无干涉

6.5.4 创建主装配体

（1）新建文件

单击【标准】工具栏上的【新建】按钮 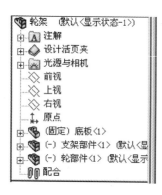，出现【新建 SolidWorks 文件】对话框，选择【装配体】，单击【确定】按钮，进入装配体窗口，出现【插入零部件】属性管理器，选中【生成新装配体时开始指令】和【图形预览】复选框，单击【浏览】按钮，出现【打开】对话框，选择要插入的零件"底板"，单击【打开】按钮，单击原点，则插入"底板"，定位在原点，插入"支架部件"，插入"轮部件"，单击【标准】工具栏上的【保存】按钮 ，保存为"轮架"，如图6-43所示。

（2）装配支架

单击【装配体】工具栏上的【配合】按钮 ，出现【配合】属性管理器，激活【要配合的实体】列表框，在图形区选择"支架部件"底面和"底板"面，单击【重合】按钮 ，如图6-44所示，单击【确定】按钮 ，添加重合配合。

图6-43　轮子装配体

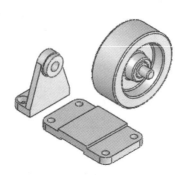
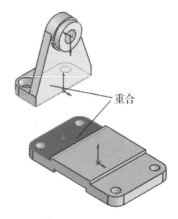

图6-44　同轴心配合

激活【要配合的实体】列表框，在图形区选择"支架部件"前端面和"底板"侧面，单击【重合】按钮 ，如图6-45所示，单击【确定】按钮 ，添加重合配合。

激活【要配合的实体】列表框，在 FeatureManager 设计树中选择"支架部件"的前视基准面和"底座"的前视基准面，单击【重合】按钮 ，如图6-46所示，单击【确定】按钮 ，添加重合配合。

单击【确定】按钮 ，完成配合。

（3）镜向支架

选择下拉菜单【插入】→【镜向零部件】命令，出现【镜向零部件】属性管理器，激活【镜向基准面】列表框，选择右视基准面。激活【要镜向的零部件】列表框，选择"支架部件"。其零件名将出现在该列表框中。勾选 表示零部件被镜向。镜向的零部件的几何体发生变化，生成一个真实的镜向零部件。选中【给新的零部件重新生成配合】复选框，保存在镜向一个以上零部件时所选零部件之间的任何配合单击【向下】按钮 ，进入下一步状态。预览后，单击【确定】按钮 ，完成零部件的镜向，如图6-47所示。

按左支架与底座配合的方法建立配合。

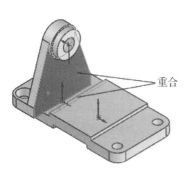
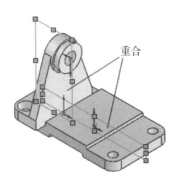
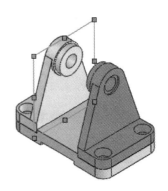

图 6-45　重合配合　　　　　图 6-46　同轴心配合　　　　　图 6-47　零部件的镜向

（4）装配轮部件

单击【装配体】工具栏上的【配合】按钮　，出现【配合】属性管理器，激活【要配合的实体】列表框，在图形区选择"轴"表面和"轴承"内面，单击【同轴心】按钮　，如图 6-48 所示，单击【确定】按钮　，添加同轴心配合。

激活【要配合的实体】列表框，在 FeatureManager 设计树中选择"轮部件"的右视基准面和"底座"的右视基准面，单击【重合】按钮　，如图 6-49 所示，单击【确定】按钮　，添加重合配合。

单击【确定】按钮　，完成配合，如图 6-50 所示。

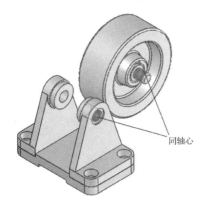
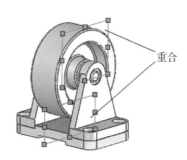
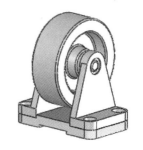

图 6-48　同轴心配合　　　　　图 6-49　重合配合　　　　　图 6-50　完成配合轮部件

6.5.5　添加智能扣件

如果装配体中包含有特定规格的孔、孔系列或孔阵列，利用智能扣件可以自动添加紧固件（螺栓和螺钉）。智能扣件使用 Solidworks Toolbox 标准件库，此库中包含大量 ANSI Inch、ANSI Metric 和 ISO 等多种标准件。用户还可以向 Toolbox 数据库中添加自定义的设计，作为标准件利用智能扣件来使用。

单击【装配体】工具栏上的【智能扣件】按钮　，出现【智能扣件】属性管理器，选择"底座"安装底孔，单击【添加所有】按钮，自动完成紧固件安装，如图 6-51 所示。

右击"扣件"栏中的"六角凹头"，从快捷菜单中选择【更改扣件类型】命令，出现【智能扣件】对话框，选择标准为"ISO"，【类型】下拉列表框内选择"六角形凹头螺钉"，单击　确定　按

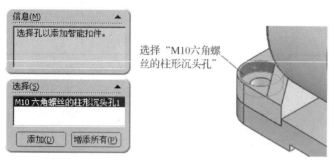

选择 "M10六角螺丝的柱形沉头孔"

图 6-51　【智能扣件】属性管理器

图 6-52　【智能扣件】对话框

钮，如图 6-52 所示。

　　展开"扣件"，右击"顶部层叠"，从快捷菜单中选择【顶部层叠】命令，出现【顶部层叠零部件扣件】对话框，单击【零部件】下拉列表，选择"普通螺垫"，单击【确定】按钮，自动添加螺垫，如图 6-53 所示。

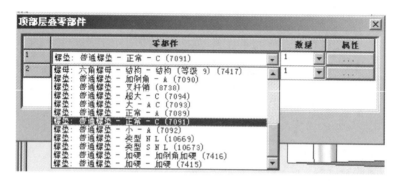

图 6-53　【顶部层叠零部件扣件】对话框

　　右击"扣件"栏中的"Hex Socket …"，从快捷菜单中选择【属性】命令，出现【六角凹头】对话框，在【数值】下拉列表框内选择"30"，单击【确定】按钮，单击【确定】按钮，如图 6-54 所示。

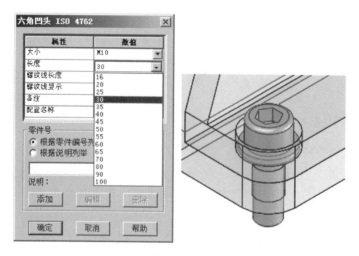

图 6-54　【六角凹头】对话框

6.5.6 装配体剖切显示

在装配体中建立的切除或孔特征仅存在于装配体中，与零件模型本身无关。在应用中，可以利用装配体的孔特征来实现实际装配中的"配合打孔"，或者利用拉伸的切除特征建立装配模型的剖切视图。

绘制剖切界限：选择侧面为基准，绘制草图，如图6-55所示。

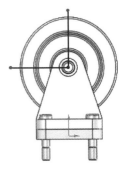

图6-55 绘制剖切界限

剖切：单击【特征】工具栏上【拉伸切除】按钮，出现【切除-拉伸】属性管理器，在【终止条件】下拉列表框内选择【完全贯穿】，在【特征范围】选项卡中选择【所选零部件】单选按钮，激活【影响到的零部件】，在FeatureManager设计树中选择"支架部件""镜向支架部件""轮部件"，如图6-56所示，单击【确定】按钮。

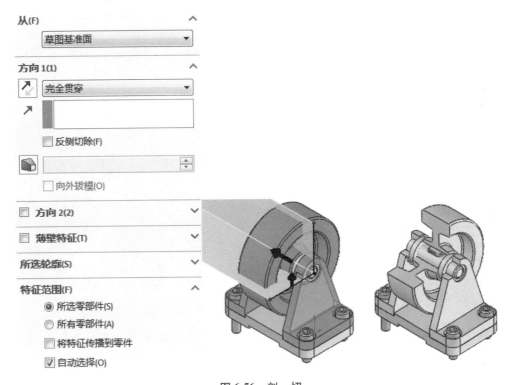

图6-56 剖 切

压缩剖切：在FeatureManager设计树中右击"切除-拉伸1"特征，在快捷菜单选择【压缩】命令，压缩剖切特征。

6.5.7 在装配中应用配置

利用不同的配置可以控制零部件的不同状态，如零件的显示/隐藏、压缩/解除压缩和零件尺寸的变化。

（1）在子装配体中建立配置

在FeatureManager设计树中右击"轮部件"子装配体，从快捷菜单选择【打开装配体】命令，打开"轮部件"装配体。

单击窗口顶部的【configurationManage】标签，激活零件的配置管理。右击"轮部件配置"，在快捷菜单中选择【添加配置】命令，出现【添加配置】属性管理器，在【配置名称】文本框内输入"大轮"，如图6-57所示，单击【确定】按钮 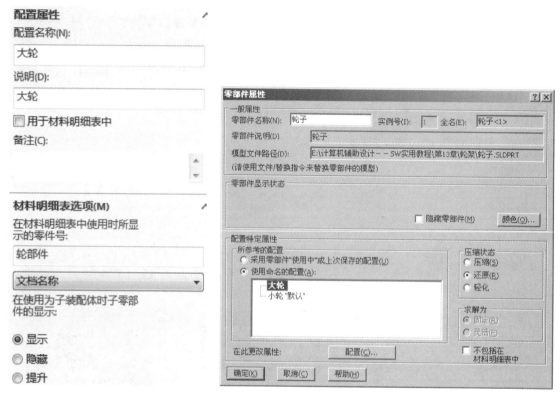。

单击窗口顶部的【FeatureManager 设计树】标签 ，激活零件的 FeatureManager 设计树。在 FeatureManager 设计树中右击"轮子"零件，在快捷菜单中选择【零部件属性】命令，出现【零部件属性】对话框，在【所参考的配置】组合框中，选择【使用命名的配置】单选按钮，选取【大轮】选项，如图6-58所示，单击【确定】按钮。

图6-57　指定配置名称　　　　　　　　图6-58　【零部件属性】对话框

单击窗口顶部的【configurationManage】标签 ，激活零件的配置管理。分别双击各配置，观察部件变化，如图6-59所示。

存盘。

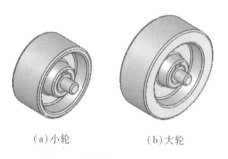

(a) 小轮　　　　　　(b) 大轮

图6-59　"轮部件"变化情况

（2）在主装配体中建立配置

单击窗口顶部的【configurationManage】标签 ，激活零件的配置管理。右击"轮架配置"，在快捷菜单中选择【添加配置】命令，出现【添加配置】属性管理器，在【配置名称】文本框内输入

"大轮"，如图 6-60 所示，单击【确定】按钮 。

单击窗口顶部的【FeatureManager 设计树】标签 ，激活零件的 FeatureManager 设计树。在 FeatureManager 设计树中右击"轮部件"子装配体，在快捷菜单中选择【零部件属性】命令，出现【零部件属性】对话框，在【所参考的配置】组合框中，选择【使用命名的配置】单选按钮，选取"大轮"选项，如图 6-61 所示，单击【确定】按钮。

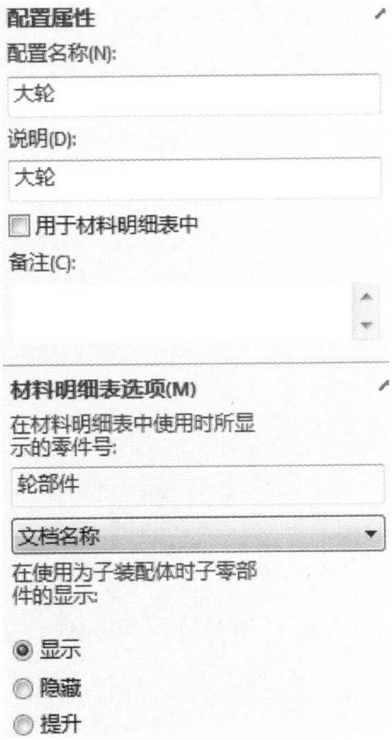

图 6-60 指定配置名称

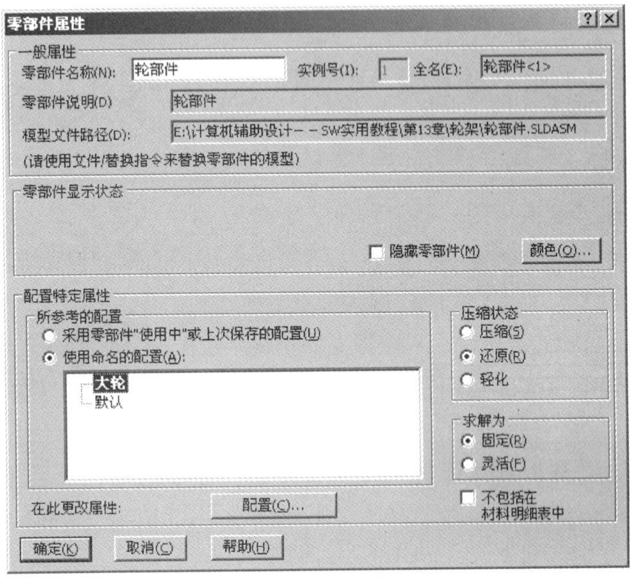

图 6-61 【零部件属性】对话框

（3）在主装配体中建立剖切配置

单击窗口顶部的【configurationManage】标签 ，激活零件的配置管理。右击"轮架配置"，在快捷菜单中选择【添加配置】命令，出现【添加配置】属性管理器，在【配置名称】文本框内输入"剖切"，如图 6-62 所示，单击【确定】按钮 。

单击窗口顶部的【FeatureManager 设计树】标签 ，激活零件的 FeatureManager 设计树。在 FeatureManager 设计树中右击"切除-拉伸 1"特征，在快捷菜单中选择【特征属性】命令，出现【特征属性】对话框，取消【压缩】复选框，选择【此配置】选项，如图 6-63 所示，单击【确定】按钮。

图 6-62 指定配置名称

图 6-63 【特征属性】对话框

单击窗口顶部的【configurationManage】标签，激活零件的配置管理。分别双击各配置，观察部件变化，如图6-64所示。

存盘。

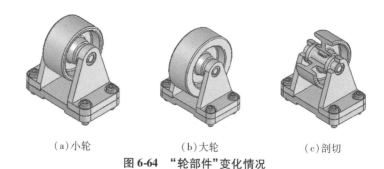

（a）小轮　　　　　　（b）大轮　　　　　　（c）剖切

图6-64　"轮部件"变化情况

6.5.8　装配体爆炸视图

出于制造目的，经常需要分离装配体中的零部件，以形象地分析它们之间的相互关系。装配体的爆炸视图可以分离其中的零部件以便查看这个装配体。

（1）生成装配体爆炸视图

①单击【装配体】工具栏上的【爆炸视图】按钮，出现【爆炸】属性管理器，选中【拖动后自动调整零部件间距】复选框，在图形区全选"轮架"，单击【应用】按钮，完成自动爆炸，如图6-65所示。

②在图形区域选取"轮子"，将指针移动到操纵杆蓝色箭头的头部，指针形状变为，然后以拖曳方式将零部件定位，如图6-66所示，单击【确定】按钮。

图6-65　爆炸视图　　　　　　　　**图6-66　调整爆炸视图**

③生成装配体爆炸视图。

（2）爆炸视图的显示开关

爆炸视图建立后，爆炸步骤列表显示在"配置管理器"中指定的配置下。

单击【配置管理器】标签，展开指定的配置选项，右击"爆炸视图1"，选择快捷菜单【编辑特征】命令，可以编辑爆炸设计中的各个参数，以满足需求。

选择【删除】命令，可以删除爆炸视图。

选择【解除爆炸】命令，则在图形区域中装配体不显示爆炸视图。

选择【爆炸】命令，可重新显示装配的爆炸视图。

6.6　自顶向下的装配综合实例

SolidWorks支持自顶向下的装配体设计。所谓自顶向下的装配体设计，是指在装配环境下对零部件的高级操作方式，如建立新零件、建立装配体的特征。在装配体环境下进行零件设计，可以参考当前零件的位置和轮廓建立或修改零件特征。产生的关系自动关联到零件中，当参考零件的位置或形状变化时，会影响建立的特征。

在采用自顶向下方式进行设计时，既可以采用总体方案草图进行设计，又可以方便地产生新的子部件，在设计平面机构(如平面四连杆机构、曲柄摇杆机构、摆动导杆急回机构、直线运动机构等)时，采用自顶向下的设计方式，可以快速、准确地实现设计意图，完成产品设计。

【例 6-2】 按连杆预定的位置设计四连杆机构。

已知连杆 BC = 260mm 和预定要占据的两个位置 B1C1 和 B2C2，设计此四连杆机构，如图 6-67 所示。

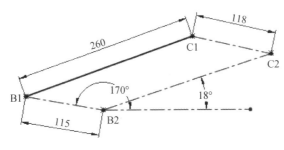

图 6-67 四连杆机构设计要求

6.6.1 布局草图

根据四连杆机构的设计要求，如机构的外形尺寸、构件、机架的长度和连杆预定的位置，设计四连杆机构。

①建立设计要求草图，如图 6-67 所示。

②完成布局草图总体设计。在 FeatureManager 设计树中选择前视基准面，单击【草图】工具栏上的【草图绘制】按钮，进入草图绘制模式，单击【草图】工具栏上的【中心线】按钮，绘制草图。单击【草图】工具栏上的【显示/删除几何关系】按钮，出现【显示/删除几何关系】属性管理器，在【过滤器】下拉列表框内选择【外部】选项，在【几何关系】列表框中右击，从快捷菜单中选择【删除所有】命令，删除与草图 1 的几何关系。在 FeatureManager 设计树中右击"草图1"，在快捷菜单中选择【隐藏】命令，隐藏"草图 1"，单击【草图】工具栏上的【智能尺寸】按钮，标注尺寸，如图 6-68 所示。

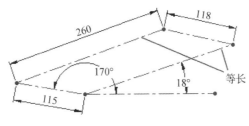

图 6-68 运动轨迹

单击【草图】工具栏上的【中心线】按钮，绘制辅助线，标注尺寸，并将 A 点与原点重合，单击【标准】工具栏上的【重建模型】按钮，完成布局草图总体设计，如图 6-69 所示。

③制作块在 FeatureManager 设计树中选择前视基准面，单击【草图】工具栏上的【草图绘制】

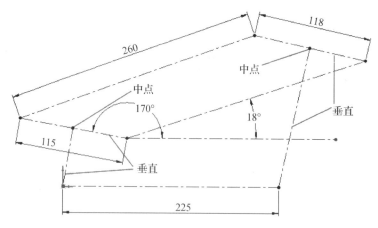

图 6-69 布局草图总体设计

按钮 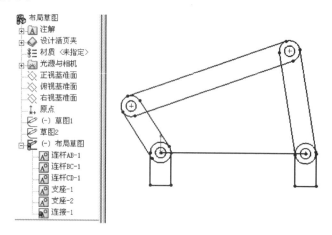，进入草图绘制模式，绘制草图，分别制作块"连杆 AB""连杆 BC""连杆 CD""支座"和"连接"，如图 6-70 所示。

图 6-70 布局草图

6.6.2 从布局草图生成装配体

（1）生成装配体

在 FeatureManager 设计树中右击"布局草图"，从快捷菜单中选择【从布局草图生成装配体】命令，出现【从布局草图生成装配体】对话框，将装配体名称改为"四连杆机构"，取消【连接】复选框，如图 6-71 所示。

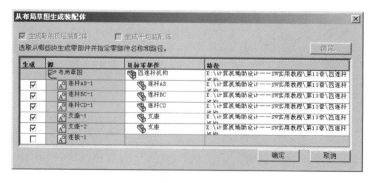

图 6-71 【从布局草图生成装配体】命令

（2）生成零件

① 在 FeatureManager 设计树中右击"连杆 AB"，在快捷菜单中选择【编辑零件】命令，在 FeatureManager 设计树中展开"连杆 AB"，选取"草图 1"，单击【特征】工具栏上的【拉伸凸台/基体】命令，出现【拉伸】属性管理器，在【开始条件】下拉列表框内选择【草图基准面】选项，在【终止条件】下拉列表框内选择【给定深度】选项，在【深度】文本框内输入"10mm"，激活【所选轮廓】列表框，在绘图区选择需要拉伸的面，在【所选轮廓】中出现"草图 1－局部范围＜1＞"，如图 6-72 所示，单击【确定】按钮 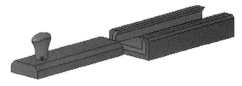。

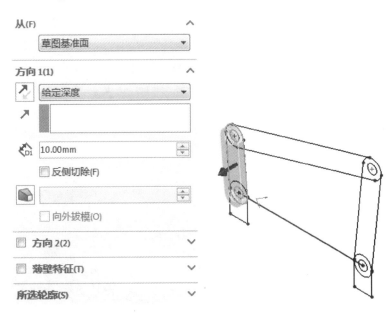

图 6-72　生成连杆 AB

②单击【装配体】工具栏上的【编辑零件】按钮 ，完成连杆 AB 设计，按同样方法完成其他零件设计。

（3）隐藏"布局草图"

在 FeatureManager 设计树中右击"布局草图"，在快捷菜单中选择【隐藏】命令，隐藏"布局草图"。

（4）存盘

保存"四连杆机构"，"四连杆机构"如图 6-73 所示。

图 6-73　"四连杆机构"

6.7　SolidWorks 高级配合

使用高级配合关系完成特定需求，如凸轮配合、齿轮配合、限制配合、宽带配合和对称配合。

6.7.1　物质动力

物质动力是以现实的方式查看装配体零部件运动的方法之一。启动物质动力功能后，当拖动一个零部件时，此零部件就会向其接触的零部件施加作用力，并使接触的零部件在所允许的自由度范围内。物质动力可以在整个装配体范围内应用，拖动的零部件可以推动一个零部件向前移动，然后推动另一个零部件移动。

（1）建立装配体

建立物质动力实例，如图6-74所示。

（2）标准拖动

单击【装配体】工具栏上的【移动零部件】按钮 ，出现【移动零部件】属性管理器，选择【自由拖动】选项，指针变成 ✥ 形状，激活【选项】选项卡，选择【标准拖动】单选按钮，按住鼠标拖动，观察移动情况，如图6-74所示。

图6-74　自由拖动

（3）碰撞检查

在【选项】选项卡中，选中【碰撞检查】单选按钮，选中【碰撞时停止】复选框，激活【高级选项】选项卡，选中【高亮显示面】【声音】复选框，选择"手柄"，由于销钉的影响，滑块＜1＞被拖动到如图6-75所示位置，停止并发出"叮铛"声。

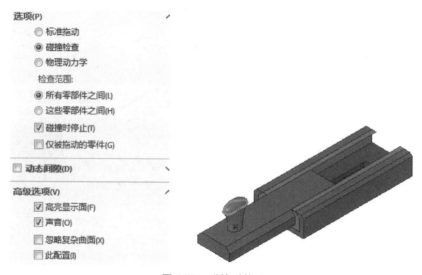

图6-75　碰撞时停止

（4）物质动力

在【选项】选项卡中，选择【物理动力学】单选按钮，选择"手柄"，在零件上出现一个 ⊛ 符号，这个符号代表质量中心。拖动"手柄"，当"滑块＜1＞"移动到槽尾部时，"滑块＜1＞"将拖动"滑块＜2＞"同时移动，直到"滑块＜2＞"零件到达"底板"槽的尾部，发生碰撞时停止，如图6-76所示。

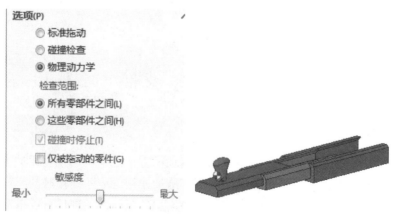

图6-76　物质动力

6.7.2 对称、限制配合

对称配合强制使两个相似的实体相对于零部件的基准面或平面或装配体的基准面对称。限制配合可以让零件在距离和角度配合的数值范围内移动。

(1)打开装配体

打开"对称配合实例．SLDASM"。

(2)对称配合

单击【装配体】工具栏上的【配合】按钮 ✐ ，出现【配合】属性管理器，激活【高级配合】选项卡，单击【对称】 ⬚ 按钮，激活【要配合的实体】列表框，在图形区选择两个"滚柱端面"，激活【对称基准面】选项卡，在 FeatureManager 设计树中选择"右视"，单击【确定】按钮 ✓ ，如图 6-77 所示，完成对称配合。

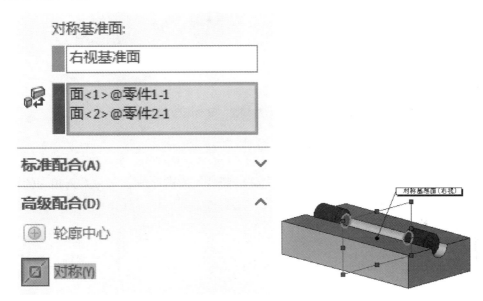

图6-77 "滚柱端面"对称配合

(3)限制配合

单击【装配体】工具栏上的【配合】按钮 ✐ ，出现【配合】属性管理器，激活【高级配合】选项卡，单击【距离】按钮 ↔ ，激活【要配合的实体】选项卡，在图形区选择两个滚柱端面，在【最大值】文本框内输入"50mm"，在【最下值】文本框内输入"10mm"，完成限制配合，如图 6-78 所示，单击【确定】按钮 ✓ 。

(4)测试

单击【装配体】工具栏上的【移动零部件】按钮 ▦ ，出现【移动零部件】属性管理器，选择【自由拖动】选项，指针变成 ✥ 形状，激活【选项】选项卡，选择【标准拖动】单选按钮，按住鼠标拖动，观察移动情况。

图 6-78　"滚柱端面"限制配合

6.7.3　凸轮配合

凸轮推杆配合为相切或重合配合类型。允许将圆柱、基准面或点与一系列相切的拉伸曲面相配合。如同在凸轮上可看到的。凸轮轮廓为采用直线、圆弧以及样条曲线制作，保持相切并形成闭合的环。

（1）打开装配体

打开"凸轮配合实例.sldasm"。

（2）凸轮配合

单击【装配体】工具栏上的【配合】按钮，出现【配合】属性管理器，激活【高级配合】选项卡，单击【凸轮】按钮，激活【要配合的实体】列表框，在图形区选择"凸轮面"，激活【凸轮推杆】列表框，在图形区选择"推杆端面"，完成凸轮配合，如图 6-79 所示，单击【确定】按钮。

（3）测试

单击【装配体】工具栏上的【旋转零部件】按钮，出现【旋转零部件】属性管理器，选择【自由拖动】，指针变成　　形状，激活【选项】选项卡，选择【标准拖动】单选按钮，按住鼠标转动，观察移动情况。

图 6-79　"凸轮面""推杆端面"凸轮配合

6.7.4 齿轮配合

齿轮配合会强迫两个零部件绕所选轴相对旋转。齿轮配合的有效旋转轴包括圆柱面、圆锥面、轴和线性边线。

（1）建立装配体

建立齿轮配合实例，如图6-80所示。

（2）齿轮配合

单击【装配体】工具栏上的【配合】按钮 ，出现【配合】属性管理器，激活【机械配合】选项卡，单击【齿轮】按钮 ，激活【要配合的实体】列表框，在图形区选择两个"齿轮"的边线，在【比率】文本框输入"38：18"，如图6-80所示，单击【确定】按钮 。

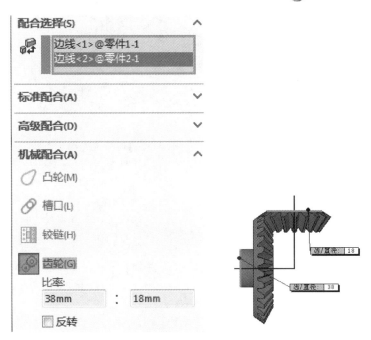

图6-80 两个"齿轮"配合

（3）测试

单击【装配体】工具栏上的【旋转零部件】按钮 ，出现【旋转零部件】属性管理器，选择【自由拖动】，指针变成 形状，激活【选项】选项卡，选择【标准拖动】单选按钮，按住鼠标转动，观察移动情况。

6.7.5 宽带配合

宽带配合使薄片处于凹槽宽度的中心。薄片参考可以包括：两个平行面、两个不平行面、一个圆柱面或轴。凹槽宽度参考可以包括：两个平行平面、两个不平行平面。

（1）打开装配体

打开"宽度配合实例.sldasm"。

（2）宽度配合

单击【装配体】工具栏上的【配合】按钮 ，出现【配合】属性管理器，激活【高级配合】选项卡，单击【宽度】按钮，激活【要配合的实体】列表框，在图形区选择"底座"绞配合面，激活【薄片选择】列表框，在图形区选择"杆"绞配合面，完成宽度配合，如图 6-81 所示，单击【确定】按钮。

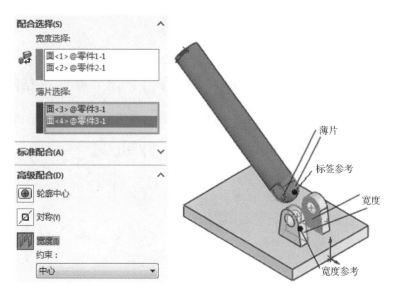

图 6-81 "底座"绞配合面、"杆"绞配合面宽度配合

（3）同轴配合

对"底座"绞孔、"杆"绞孔添加同轴配合。

（4）测试

单击【装配体】工具栏上的【旋转零部件】按钮，出现【旋转零部件】属性管理器，选择【自由拖动】，指针变成形状，激活【选项】选项卡，选择【标准拖动】单选按钮，按住鼠标转动，观察移动情况。

6.8 装配体工程图

装配体工程图的基本生成方法与零件工程图相类似。只是在零部件的级别上多了一些控制命令。

6.8.1 零件序号

在装配图的视图上可以插入各零部件的序号，其顺序按照材料明细表的序号顺序而定。

（1）建立工程图

建立轮架工程图，图 6-82 所示。

（2）添加序号

单击【工程图】工具栏上的【零件序号】按钮，指针形状

变为，单击装配体的每个零部件，出现【零件序号】属性管理器，在【零件序号文字】下拉列表中选择【自定义】选项，在【自定

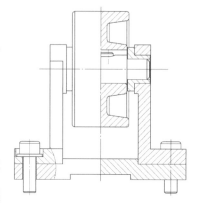

图 6-82 "剖面视图"

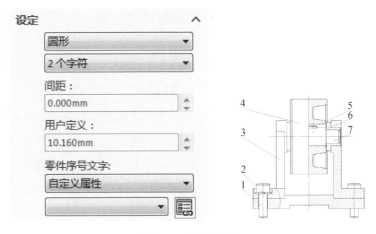

图 6-83 零件序号

义文字】文本框内输入相应的序号，如图 6-83 所示，单击【确定】按钮 ✅。

6.8.2 材料明细表

在企业生产组织过程中，BOM 表是描述产品零件基本管理和生产属性的信息载体。工程图中的材料明细表相当于简化的 BOM 表，通过表格的形式罗列装配体中零部件的各种信息。

（1）添加零件明细表

单击【工程图】工具栏上的【材料明细表】按钮，出现【材料明细表】属性管理器，选择【剖视图】为指定模型，单击【为插入明细表打开表格模板】按钮，选择【表模板】，单击【表定位点】，选中【附加到定位点】复选框，在【材料明细表类型】选项卡中选择【仅对于零件】单选按钮，如图 6-84 所示，单击【确定】按钮 ✅。

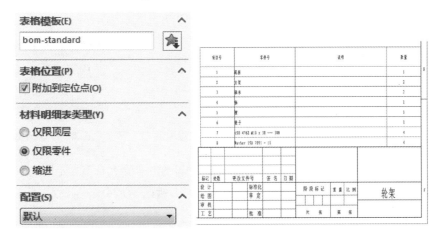

图 6-84 添加"材料明细表"

（2）编辑零件明细表表格格式

单击"材料明细表"，出现【单元格】属性管理器，单击【表格格式】按钮，出现【表格】属性管理器，单击【定位】按钮，单击【文字格式】按钮 和 ，如图 6-85 所示，单击【确定】按钮 ✅。

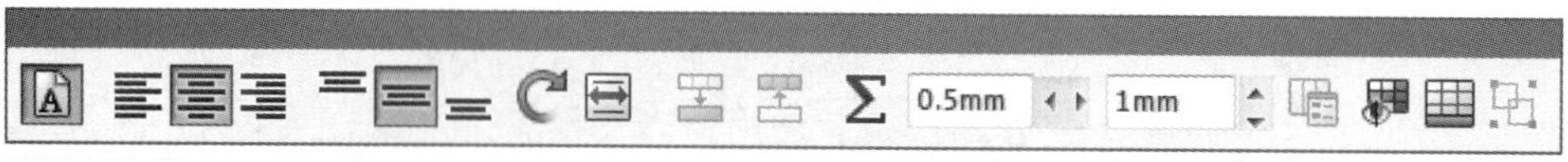

图 6-85 "单元格"属性管理器

（3）编辑零件明细表单元格格式

单击"项目号"列，出现【单元格】属性管理器，单击【列属性】按钮，出现【列】属性管理器，在【标题】文本框输入"序号"，单击【确定】按钮✓。

右击"序号"单元格，从快捷菜单中选择【插入】→【右列】命令，插入空白列，单击空白列，在【单元格】属性管理器中，单击【列属性】按钮，出现【列】属性管理器，选择【用户定义】单选按钮，在下拉列表中选择【属性名称】选项，在【标题】文本框输入"代号"，如图 6-86 所示，单击【确定】按钮✓。

单击"项目号"列，出现【单元格】属性管理器，单击【列属性】按钮，出现【列】属性管理器，在【标题】文本框输入"零件名称"，单击【确定】按钮✓。

单击"数量"列，在【单元格】属性管理器中，单击【列属性】按钮，出现【列】属性管理器，单击 ⬅ 按钮，则"数量"列向左移动一列，如图 6-87 所示，单击【确定】按钮✓。

右击"数量"单元格，从快捷菜单中选择【插入】→【右列】命令，插入空白列，单击空白列，在【单元格】属性管理器中，单击【列属性】按钮，出现【列】属性管理器，选择【用户定义】单选按钮，在下拉列表中选择【材料】选项，在【标题】文本框输入"材料"，单击【确定】按钮✓。

单击"说明"列，出现【单元格】属性管理器，单击【列属性】按钮，出现【列】属性管理器，选择【用户定义】单选按钮，在下拉列表中选择【备注】，在【标题】设置文本框输入"备注"，单击【确定】按钮✓。

右击"序号"单元格，从快捷菜单中选择【格式化】→【列宽】命令，出现【列宽】对话框，在【列宽】文本框输入"18mm"，如图 6-88 所示，单击【确定】按钮。

图 6-86 【单元格】属性管理器

图 6-87 【单元格】属性管理器

图 6-88 【列宽】对话框

按相同方法设置"代号"单元格"列宽"为 40mm，设置"零件名称"单元格"列宽"为 40mm，设置"数量"单元格"列宽"为 18mm，设置"材料"单元格"列宽"为 24mm，设置"备注"单元格"列宽"为 40mm，到此，完成明细表定制，如图 6-89 所示。

（4）保存自定义材料明细表

右击材料明细表，从弹出的快捷菜单中选择【保存为模板】命令，在"另存为"对话框中，输入"自定义材料明细表 .sldbomtbt"，单击【保存】按钮。

添加注释，完成工程图设计。

序号	零件代号	零件名称	数量	材料	说明
8		Washer ISO 7091 - 10	4		
7		ISO 4762 M10 x 30 --- 30N	4		
6	100-1-6	轮子	1	45	
5	100-1-5	键	1	45	
4	100-1-4	轴	1	45	
3	100-1-3	轴承	2	35	
2	100-1-2	支架	2	Q235A	
1	100-1-1	底板	1	Q235A	

标记	处数	更改文件号	签 名	日 期				
设 计		标准化			阶段标记	重 量	比 例	
绘 图		审 定						轮架
审 核								
工 艺		批 准			共 张	第 张		

图 6-89 明细表定制

6.9 实例分析

活塞式压气机汽缸的零件组成比较复杂，在不影响仿真的前提下，只对其主要零件进行造型，包括曲柄、连杆、销轴、活塞和机座。

（1）曲柄

运行 SolidWorks，选择【文件】→【新建】→【零件】命令，建立一个新文件，以文件名"曲柄"存盘。右击 FeatureManager 设计树中的【材质】，选择【编辑材料】命令，如图 6-90 所示。设置零件的材质，选用"普通碳钢"，单击【确定】按钮 ✅。

选择【插入】→【草图绘制】命令，选择【前视基准面】，绘制一个圆，用智能尺寸按钮 ✧ 标注圆的直径，如图 6-91 所示，单击 🖉 退出草图。

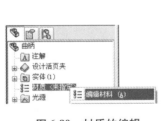

图 6-90 材质的编辑

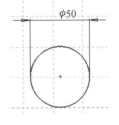

图 6-91 画 圆

选择【插入】→【凸台/基体】→【拉伸】命令，拉伸草图，拉伸距离为 5.00mm，如图 6-92 所示。

在圆柱体端面上右击，选择【插入草图】命令，按下 🔼，正视于草图，绘制圆，标注尺寸直径为 10mm，标注尺寸如图 6-93 所示，单击 🖉 退出草图。选择【插入】→【凸台/基体】→【拉伸】命令，拉伸草图，拉伸距离为 20.00mm。

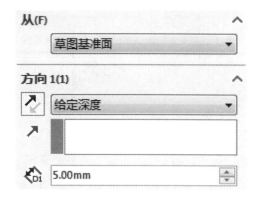

图 6-92　拉　伸

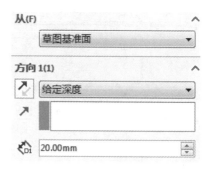

图 6-93　标注尺寸

在圆柱体另一端面上右击，选择【插入草图】命令，按下 ，正视于草图，绘制圆，标注尺寸，标注尺寸如图 6-94 所示，单击 退出草图。选择【插入】→【凸台/基体】→【拉伸】命令，拉伸草图，拉伸距离为 5.00mm。

选择【插入】→【特征】→【圆角】命令，将各边倒圆角，如图 6-95 所示。

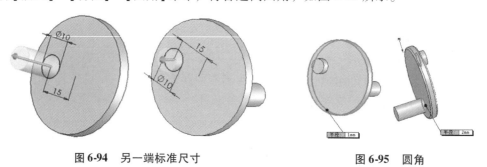

图 6-94　另一端标准尺寸

图 6-95　圆角

选择【插入】→【参考几何体】→【基准面】命令，以拉伸距离为 5.00mm 的特征创建基准面 1，如图 6-96 所示。

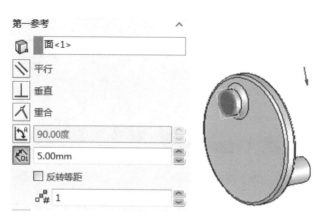

图 6-96　建立基准面

选择【插入】→【阵列/镜像】→【镜像】命令，选择基准面 1 作为镜像面，镜像对象选择【要镜像的实体】，选择整个已经完成造型的实体，如图 6-97 所示，单击确定按钮 ，得到曲柄造型，如图 6-98 所示。

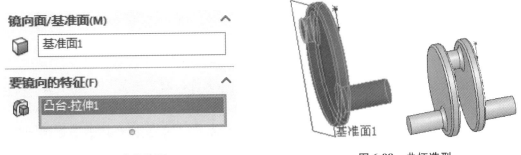

图 6-97　实体造型　　　　　　　　图 6-98　曲柄造型

（2）连杆

选择【文件】→【新建】→【零件】命令，建立一个新文件，以文件名"连杆"存盘。右击 FeatureManager 设计树中的【材质】，选择【编辑材料】命令，设置零件的材质，选用"普通碳钢"。

选择【插入】→【草图绘制】命令，选择【前视基准面】，绘制草图，标注尺寸如图 6-99 所示，单击退出草图。选择【插入】→【凸台/基体】→【拉伸】命令，拉伸草图，拉伸距离为 5.00mm。

选择【插入】→【参考几何体】→【基准面】命令，选择连杆端面，设置参数如图 6-100 所示，建立一个通过连杆厚度中间的基准平面，供装配时使用。

图 6-99　草图标注

选择【插入】→【特征】→【倒角】命令，将零件各边倒角，边长为 1.00mm，如图 6-101 所示。

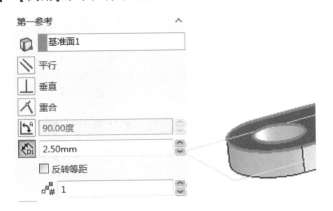

图 6-100　设置参数

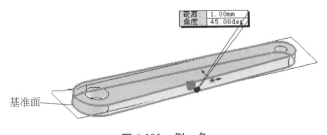

图 6-101　倒　角

（3）销轴

选择【文件】→【新建】→【零件】命令，建立一个新文件，以文件名"销轴"存盘。右击 FeatureManager 设计树中的【材质】，选择【编辑材料】命令，设置零件的材质，选用"普通碳钢"。

选择【插入】→【草图绘制】命令，选择【前视基准面】，绘制草图，如图 6-102 所示，单击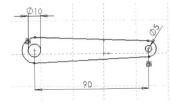

退出草图。选择【插入】→【凸台/基体】→【拉伸】命令，拉伸草图，拉伸距离为38.00mm。

选择【插入】→【参考几何体】→【基准面】命令，选择销轴端面，设置如图6-103所示，建立通过销轴长度中间的基准平面，供装配时使用，如图6-104所示。

（4）活塞

选择【文件】→【新建】→【零件】命令，建立一个新文件，以文件名"活塞"存盘。右击FeatureManager设计树中的【材质】，选择【编辑材料】命令，设置零件的材质，选用"普通碳钢"。

选择【插入】→【草图绘制】命令，选择【前视基准面】，绘制一个圆，直径为40.00mm。单击[图]退出草图，选择【插入】→【凸台/基体】→【拉伸】命令，拉伸距离为40.00mm，得到一圆柱体。

选择【插入】→【特征】→【抽壳】命令，选择圆柱体端面，抽壳壁厚填写3，如图6-105所示。

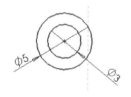

图6-102　绘制草图　　　图6-103　基准平面设置　　　图6-104　基准平面　　　图6-105　圆柱体

选择【插入】→【参考几何体】→【基准轴】命令，选择圆柱面，建立通过圆柱轴线的基准轴1。

选择【插入】→【参考几何体】→【基准面】命令，再在图6-106中选择"基准轴1"和"上视基准面"，建立通过圆柱轴线的基准面1。右击该基准面边框，选择【插入草图】命令，按下[图]，正视于草图，在草图上绘制一个圆，如图6-107所示，单击[图]退出草图。

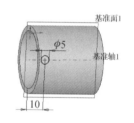

图6-106　选择基准面　　　　　　　图6-107　草图上绘制圆

选择【插入】→【切除】→【拉伸】命令，参数设置如图6-108所示。

再次右击基准面1边框，选择【插入草图】命令，按下[图]，正视于草图，在该草图上绘制一个矩形，标注尺寸，如图6-109所示，单击[图]退出草图。

选择【插入】→【切除】→【旋转】命令，选择基准轴作为旋转轴，在活塞上环切除一个槽，如图6-110所示，单击[图]退出草图。

选择【插入】→【阵列/镜像】→【线性阵列】命令，选择环切槽特征作为阵列对象，如图6-111所示。选择基准轴作为阵列方向，填写阵列参数，如图6-112所示。

选择【插入】→【特征】→【圆角】命令，将各外边倒圆角，半径0.50mm，得到零件活塞造型，如图6-113所示。

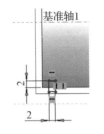

图 6-108　参数设置　　　　　图 6-109　标注尺寸　　图 6-110　切除槽

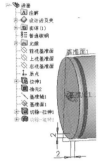

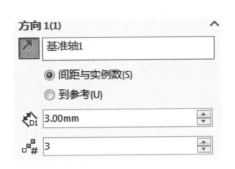

图 6-111　阵列对象　　　　　图 6-112　填写阵列参数　　　　　图 6-113　活塞造型

（5）机座

选择【文件】→【新建】→【零件】命令，建立一个新文件，以文件名"机座"存盘。右击 FeatureManager 设计树中的【材质】，选择【编辑材料】命令，设置零件的材质，选用"普通碳钢"。

选择【插入】→【草图绘制】命令，选择【前视基准面】，绘制草图，如图 6-114 所示，单击 退出草图。

选择【插入】→【凸台/基体】→【拉伸】命令，拉伸草图，拉伸距离为 50.00mm，得到机座造型，如图 6-115 所示。

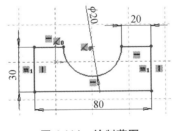

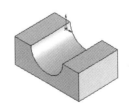

图 6-114　绘制草图　　　　　图 6-115　机座造型

（6）装配

选择【文件】→【新建】→【装配体】命令，建立一个新装配体文件，以文件名"活塞式压气机装配体"保存该文件。单击装配体工具栏上的插入零部件按钮 ，或选择【插入】→【零部件】→【现有零件/装配体】命令，在左边 PropertyManager 对话框中将出现以前保存的文件，也可以单击 浏览(B)… 按钮，如图 6-116 所示，在存放本章零件的文件夹中选择要装配的零件。如果工具栏上没有出现按钮 ，右击工具栏任意位置，在出现的菜单中选中【装配体】。

①曲柄与连杆装配。首先将前面完成的零件"曲柄"添加进来。再次单击装配体工具栏上的插入零部件按钮，在左边【PropertyManager】对话框中单击 浏览(B)... 按钮，将前面完成的零件"连杆"添加进来。

单击视图工具栏上的局部放大按钮，将零件放大，为了便于装配，可以用工具栏上的移动零部件，用旋转零部件来调节零部件的位置，以便于装配。单击装配体工具栏上的配合按钮，在 PropertyManager 的配合选择下，分别选择曲柄轴面和连杆的孔面，如图 6-117 所示，出现配合弹出工具栏，这里自动识别的默认配合为同心配合，零部件将移动到位，预览配合。选择配合弹出工具栏上的，确认配合。

若已经安装 COSMOSMotion，配合的时候会出现"自动设置新零件为静止或运动部件"的提示，这里回答"是"或"否"都可以，只需要在装配完毕后，在 COSMOSMotion 中再次确认、修改静止或运动部件即可。

图 6-116　PropertyManager 对话框

图 6-117　孔　面

再次单击装配体工具栏上的配合按钮，选择图 6-118 中曲柄的基准面和连杆的基准面，进行重合配合。这里，可以选择图形中的基准面，也可以将左边树状文字展开，用鼠标选择文字。

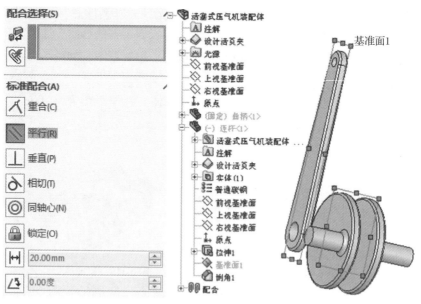

图 6-118　选择基准面

②连杆与销轴装配。选择工具栏上的，单击 浏览(B)... 按钮，从文件夹中添加零件"销轴"，选择工具栏上的配合按钮，然后选中连杆上的孔和销轴的表面，进行同心配合，单击弹出工具栏上的，确定配合。再次选择工具栏上的配合按钮，单击绘图区左边文字"活塞式压气机装配体"前面的"＋"号，将其展开，分别选择连杆和销轴的基准平面，完成重合配

合，从而使连杆与销轴在中间位置对齐装配，如图 6-119 所示。

③销轴与活塞装配。选择工具栏上的 ![按钮]，单击 浏览(B)... 按钮，从文件夹中添加零件"活塞"，选择工具栏上的配合按钮 ![按钮]，然后选中活塞的孔和销轴的表面，进行同心配合，单击弹出工具栏上的 ![按钮]，确定配合。再次选择工具栏上的配合按钮 ![按钮]，单击绘图区左边文字"活塞式压气机装配体"前面的"＋"号，将其展开，分别选择活塞和销轴的基准平面，完成重合配合，使活塞和销轴在中间位置装配，如图 6-120 所示。

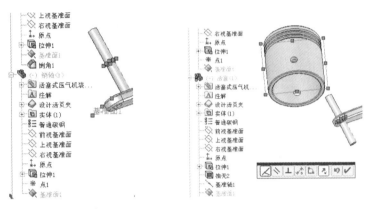

图 6-119 对齐装配　　　　图 6-120 中间位置装配

④活塞与机座装配。选择工具栏上的 ![按钮]，单击 浏览(B)... 按钮，从文件夹中添加零件"机座"，选择工具栏上的配合按钮 ![按钮]，分别选择活塞圆柱体表面与机座圆柱体表面，完成重合配合。单击弹出工具栏上的 ![按钮]，再次选择工具栏上的配合按钮 ![按钮]，单击绘图区左边文字"活塞式压气机装配体"前面的"＋"号，将其展开，分别选择活塞的"上视基准面"与机座的"上视基准面"，按下垂直按钮 ![按钮]，使机座水平放置，如图 6-121 所示。

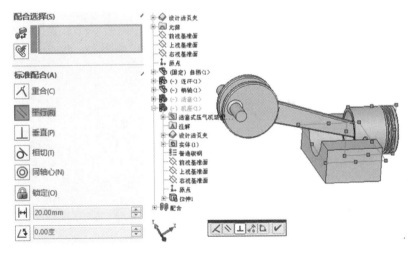

图 6-121 机座水平放置

⑤初始位置的确定。为了使压气机的初始位置在 0 度，要把曲柄转动中心和连杆安置在同一水平线上。在设计树中，右击"曲柄"，在出现的菜单中选择【浮动】，如图 6-122 所示，使固定的曲柄成为浮动，然后调节曲柄和连杆的位置在同一水平线上，如图 6-123 所示。

至此，完成了零件的装配图。

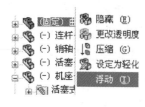

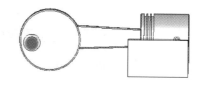

图 6-122　浮　动　　　　　图 6-123　调节曲柄和连杆在同一水平线上

本章小结

　　装配体就是将各种不同的零部件组合在一起，这些部件可以是独立的零件，也可以是子装配，一般在创建大型的复杂装配体时，应先创建各子装配件，然后再将所有的子装配体与零件按照装配约束关系组合在一起。装配约束是本章的一个重点，只有理解了零件或子装配体之间的约束关系，才能达到装配过程中完全约束的效果。本章介绍了零件装配的基本知识，并以一个常用工程装配体模型为例介绍了创建装配体的一般过程。

▶▶▶ 第7章 工程图设计

工程图是用来表达三维模型的二位图样，通常包含一组视图、完成的尺寸、技术要求、标题栏等内容，在工程图设计中，可以利用 SolidWorks 设计的实体零件和装配体直接生成所需视图，也可以基于现有的视图生成新的视图。工程图是产品设计的重要设计树文件，一方面体现了设计成果，另一方面也是生产参考依据。在产品的生产制造过程中，工程图还是设计人员进行交流和提高工作效率的重要工具，是工程界的技术语言。SolidWorks 提供了强大的工程图设计功能，用户可以很方便地借助于零部件或装配体三维模型生成所需的各个视图，包括剖视图、局部方法视图等。SolidWorks 在工程图与零部件或者装配体三维模型之间提供相关的功能，即对零部件或装配体三维模型进行修改时，所有相关的工程视图将自动更新，以反映零部件或者装配体的形状和尺寸变化；反之，当在一个工程图中修改零部件或者装配体尺寸时，系统也自动将相关的其他工程视图及三维零部件或者装配体中相应结构的尺寸进行更新。本章主要介绍工程图的基本设置方法，以及工程视图的创建和尺寸、注释的添加，最后介绍打印工程图的方法。

⊙ 学习目标

了解工程图文件的操作和图纸格式的设置。
掌握标准工程视图和派生视图的创建。
能够熟练编辑工程视图。

7.1 工程图概述

工程图是表达设计者思想，以及加工和制造零部件的依据。工程图由一组视图、尺寸、技术要求和标题栏及明细表组成。

SolidWorks 的工程图文件由相对独立的两部分组成，即图纸格式文件和工程图内容。图纸格式文件包括工程图的图幅大小、标题栏设置、零件明细表定位点等。这些内容在工程图中保持相对稳定。建立工程图文件时首先要指定图纸的格式。

7.1.1 建立工程图文件

新建工程图和建立零件相同，首先需要选择工程图模板文件。

单击【标准】工具栏上的【新建】按钮 ⬜，出现【新建 SolidWorks 文件】对话框，选择【工程图】，单击【确定】按钮，出现【图纸格式／大小】对话框，选择一种图纸格式，如图 7-1 所示。

单击【确定】按钮，进入工程图窗口，当前图纸的比例显示在窗口底部的状态栏中，如图 7-2 所示。

说明：工程图文件的扩展名为 .slddrw。

同零件文件及装配体的操作界面类似，工程图的设计树中包含其项目层次关系的清单。每张图纸有一个图标，每张图纸下有图纸格式和每个视图的图标及视图名称。项目图标旁边的符号"＋"表示它包含相关的项目。单击符号"＋"即展开所有项目并显示内容。

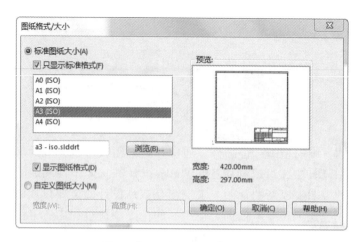

图 7-1 【图纸格式/大小】对话框

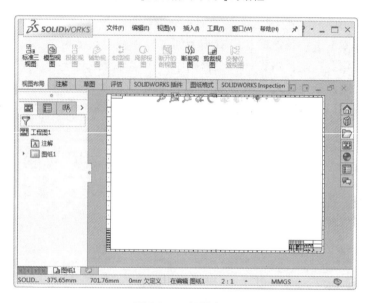

图 7-2　工程图窗口

7.1.2　建立多张工程图

在需要的情况下,可以在一个工程图文件中包含多张工程图纸。

在图纸的空白处右击鼠标,从快捷菜单中选择【添加图纸】命令,在文件中新增加一张图纸,如图 7-3 所示。新添的图纸默认使用原来图纸的格式。

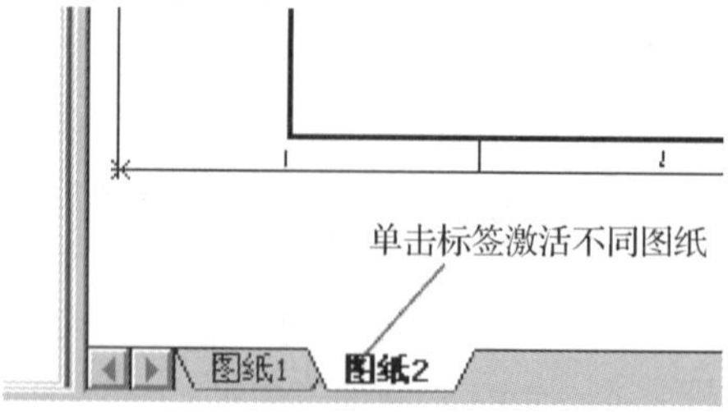

7.1.3　建立工程图图纸格式文件

工程图图纸格式文件为包括工程图的图幅大小、标题栏设置、零件明细表定位点在内的工程图中保持相对不变的文件。

(1)新建文件

单击【标准】工具栏上的【新建】按钮 ,出现【新建 Solidworks 文件】对话框,选择【工程图】,单击【确定】按钮,出现【图纸格式/大小】对话框,选中【自定义图纸大小】,在【宽度】文本

单击标签激活不同图纸

图 7-3　建立多张工程图

框内输入"420mm"，在【宽度】文本框内输入"297mm"，单击【确定】按钮，进入工程图界面，如
图 7-4 所示。

图 7-4 【图纸格式/大小】对话框

（2）设置属性

选择下拉菜单【工具】→【选项】命令，出现【系统选项】对话框，选择【文档属性】标签，单击
【出详图】选项，在【尺寸标注标准】中做下列选择，保持其他选项为默认。

单击【出详图】选项，定义下列各项：选择 GB 标准；引头零值选择"移除"；中心线延伸【大
小】设定为"3mm"；选择【自动更新材料明细表】选项。单击【尺寸】选项，定义下列各项：箭头
样式设置成实心箭头样式(S)：[图] ；箭头方向设置成"向内"。

单击【引线】按钮，选中【取代标准的箭头显示】复选框，设置如图 7-5 所示。

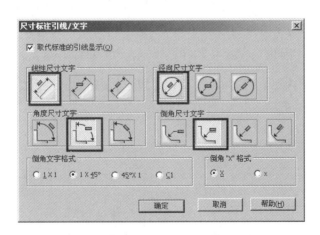

图 7-5 【尺寸标注引线/文字】对话框

单击【虚拟交点】选项，设置成十字型 [图]。

单击【单位】选项，定义下列各项：在【单位系统】组合框中选择【自定义】单选按钮；在【长
度单位】组合框中选择【长度单位】为"毫米"，【小数位数】为"2"；在【角度单位】组合框中选择
【角度单位】为"度"，【小数位数】为"2"。

单击【确定】按钮，保存文件属性设置并关闭对话框。

（3）设置投影类型

右击 FeatureManager 设计树中【图纸 1】选项，从快捷菜单中选择【属性】命令，出现【图纸属性】对话框，选择【投影类型】中的"第一视角"，单击【确定】按钮，如图 7-6 所示。

图 7-6　【图纸属性】对话框

（4）切换到编辑图纸格式状态

右击 FeatureManager 设计树中【图纸 1】选项，从快捷菜单中选择【编辑图纸格式】命令，切换到编辑图纸格式状态下。

注意：在工程图状态时，可以随时切换到编辑图纸格式状态，此时图纸中将不显示其他内容。

（5）绘制边框

单击【矩形】按钮 ，绘制两个矩形分别代表图纸的纸边界线和图框线，如图 7-7 所示。

单击左下角点，在【X】文本框内输入"0mm"，在【Y】文本框内输入"0mm"。单击【固定】按钮 ，添加几何关系"固定"，如图 7-8（a）所示。单击右上角点，在【X】文本框内输入"420mm"，在【Y】文本框内输入"297mm"。单击【固定】按钮 ，添加几何关系"固定"，如图 7-8（b）所示。

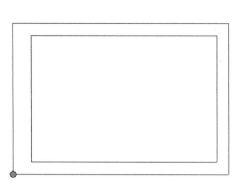

图 7-7　绘制边角

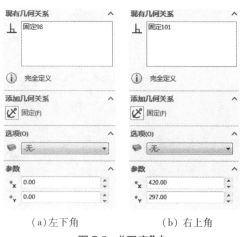

（a）左下角　　　（b）右上角

图 7-8　"固定"点

标注内侧矩形的尺寸。单击【线型】工具栏中的【线粗】按钮 ▤，定义 4 条直线为粗线，如图 7-9 所示。

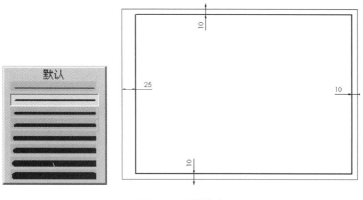

图 7-9　设置线宽

（6）绘制标题栏

① 按照要求绘制标题栏中相应的直线，并使用几何关系、尺寸确定直线的位置，如图 7-10 所示。

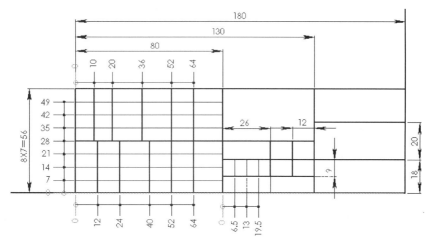

图 7-10　标题栏

② 选择下拉菜单【视图】→【隐藏/显示注解】命令，按住 Ctrl 键，依次选择需隐藏的尺寸，单击【重建模型】按钮 ⊗。

③ 单击【注解】工具栏上的【注释】按钮 Ａ，插入文本注释。选择一组文字，单击对齐工具栏上的工具按钮，对齐文字，如图 7-11 所示。

标记	处数	更改文件号	签 名	日 期				
设 计		标准化			阶段标记	重量	比例	
绘 图		审 定						
审 核								
工 艺		批 准			共 张	第 张		

图 7-11　添加文字

（7）设置零件名称

单击【注解】工具栏上的【注释】按钮 **A**，插入文本注释，在【注释】属性管理器中单击【链接到属性】按钮 ，出现【链接到属性】对话框，选择【图纸属性中所指定视图的模型】单选按钮，在【属性名称】下拉列表中选择【SW-文件名称（File Name）】，单击【确定】按钮，单击 ✔ 按钮，如图7-12所示。

图 7-12　【链接到属性】对话框

（8）设置图纸比例

单击【注解】工具栏上的【注释】按钮 **A**，插入文本注释，在【注释】属性管理器中单击【属性链接】按钮 ，出现【链接到属性】对话框，选择【图纸属性中所指定视图的模型】单选按钮，在下拉列表中选择【SW—图纸比例（SheetScale）】选项，单击【确定】按钮，单击 ✔ 按钮。

（9）设置零件代号

单击【注解】工具栏上的【注释】按钮 **A**，插入文本注释，在【注释】属性管理器中单击【属性链接】按钮 ，出现【链接到属性】对话框，选择【图纸属性中所指定视图的模型】单选按钮，在输入框中输入"零件号"，单击【确定】按钮，如图7-13所示。

图 7-13　【链接到属性】对话框

（10）设置材料名称

单击【注解】工具栏上的【注释】按钮 **A**，插入文本注释，在【注释】属性管理器中单击【属性链接】按钮，出现【链接到属性】对话框，选择【图纸属性中所指定视图的模型】单选按钮，在输入框中输入"Material"，单击【确定】按钮，单击 ✔ 按钮，如图 7-14 所示。

图 7-14　标题栏

（11）设置材料明细表定位点

在 FeatureManager 设计树中展开【图纸格式 1】选项，右击【材料明细表定位点 1】选项，从快捷菜单中选择【设定定位点 A】命令，选择【标题栏】右上角定位点，如图 7-15 所示。

图 7-15　设定定位点 A

（12）切换到编辑图纸状态

右击 FeatureManager 设计树中【图纸 1】选项，从快捷菜单中选择【编辑图纸】命令，切换到编辑图纸状态下。

（13）存盘

选择下拉菜单【文件】→【保存图纸格式】命令，出现【保存图纸格式】对话框，输入文件名为"A3 横向 . slddrt"，单击【保存】按钮，生成新的工程图图纸格式。

7.2　标准视图

标准视图是根据模型不同方向的视图建立的视图，标准视图依赖于模型的放置位置。标准视图包括标准三视图、模型视图以及相对视图。

7.2.1　标准三视图

利用标准三视图可以为模型同时生成 3 个默认正交视图，即主视图、俯视图和左视图。主视图是模型的"前视"视图，俯视图和左视图分别是模型在相应位置的投影。

单击【工程图】工具栏上的【标准三视图】按钮，出现【标准三视图】属性管理器，单击【浏览】按钮，出现【打开】对话框，选择"斜架支座"，单击【打开】按钮，建立标准三视图，如图 7-16 所示。

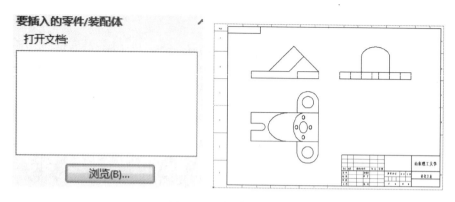

图 7-16　"标准三视图"

7.2.2　模型视图

模型视图是从零件的不同视角方位为视图选择方位名称。

打开"模型视图.slddrw"，单击【工程图】工具栏上的【模型视图】按钮，在图纸区域选择任意视图，出现【模型视图】属性管理器，单击【等轴测】按钮，在图纸区域选择合适位置，单击左键，建立等轴测视图，如图 7-17 所示。

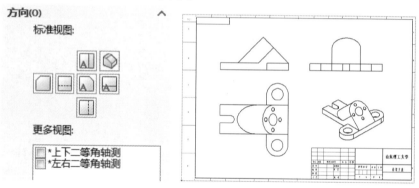

图 7-17　等轴测视图

7.2.3　相对视图

相对视图是一个正交视图，由模型的两个直交面及各自的具体方位的规格定义，解决了零件图视图定向与工程图投影方向的矛盾。

①选择下拉菜单【插入】→【工程视图】→【相对于模型】命令，指针变为形状，在图形区选择"前视图"，出现"相对视图"属性管理器，在图形区选择"面＜1＞"作为前视图，选择"面＜2＞"作为左视图，如图 7-18 所示，单击【确定】按钮。

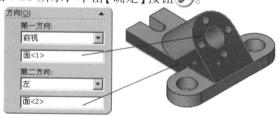

图 7-18　选定视角

②在工程图窗口指针变为 ✛ 形状，并出现视图预览框，将视图预览框移动到所需位置，单击以放置视图。生成相对视图，如图 7-19 所示。

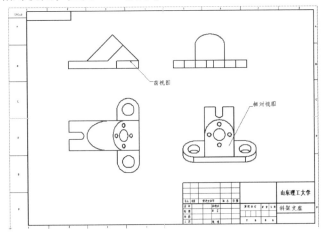

图 7-19　相对视图

7.3　派生工程图

派生工程视图是由其他视图派生的，包括投影视图、向视图、辅助视图、旋转视图、剪裁视图、局部视图和断裂视图。

7.3.1　投影视图

投影视图是根据已有视图，通过正交投影生成的视图。

选择主视图，单击【投影视图】 ，指针变成 ✛ 形状，并显示视图预览框，将指针移到主视图左侧，单击左键，作出右视图。选择主视图，单击【投影视图】 ，指针变成 ✛ 形状，并显示视图预览框，将指针移到主视图上方，单击左键，作出仰视图。选择左视图，单击【投影视图】 ，指针变成 ✛ 形状，并显示视图预览框，指针移到左视图右侧，单击左键，作出后视图。

生成的视图如图 7-20 所示。

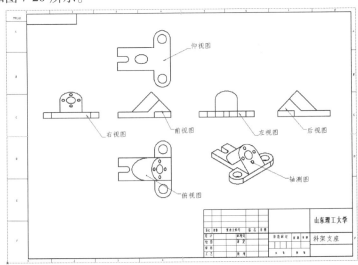

图 7-20　投影视图

7.3.2　向视图

投影视图也可以不按对齐位置，即生成向视图。

用鼠标右键单击后视图边界空白区，从快捷菜单中选择【视图对齐】→【解除对齐关系】命令，这样后视图就与左视图解除了对齐关系，将后视图移动到左下角，选择后视图，出现【工程视图】属性管理器，选中【显示视图箭头】复选框，在方框中输入"A"，单击【确定】按钮，将指针指向箭头，形状变成，拖动箭头到所需位置，如图7-21所示。

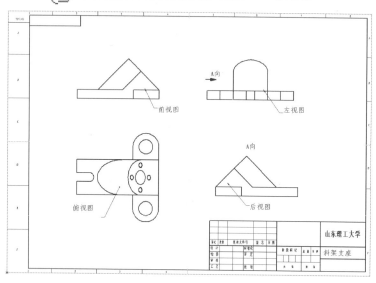

图7-21　向视图

说明：①选择下拉菜单【工具】→【选项】命令，在【文件属性】标签下选择【箭头】，更改【剖面/视图大小】的高度、宽度、长度数值，可以更改箭头大小。

②选择下拉菜单【工具】→【选项】命令，在【文件属性】标签下选择【注解字体】，单击【视图箭头】，出现【选择字体】对话框，然后选择合适字体，可以更改视图箭头字体。

③右键单击视图上的文字，从快捷菜单中选择【属性】命令，出现【属性】对话框，取消【使用文档字体】复选框，单击【字体】按钮，出现【选择字体】对话框，然后选择合适字体，可以更改视图字体。

7.3.3　辅助视图

辅助视图的用途相当于机械制图中的斜视图，用来表达机体倾斜结构。

选择视图中的斜边线，单击【工程图】工具栏上的【辅助视图】按钮，指针变成形状，并显示视图预览框，指针移到所需位置，单击左键，放置视图，如图7-22所示。

7.3.4　旋转视图

通过旋转视图，可将视图绕其中心点转动任意角度，或通过旋转视图将所选边线设置为水平或竖直方向。

用鼠标右键单击辅助视图边界空白区，从快捷菜单中选择

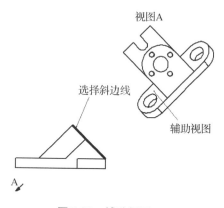

图7-22　辅助视图

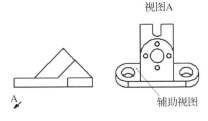

图 7-23　旋转视图

【视图对齐】→【解除对齐关系】命令，这样辅助视图就与主视图解除了对齐关系。选择辅助视图，单击【视图】工具栏上的【旋转视图】按钮 ⟳，出现【旋转工程视图】对话框，在【工程视图角度】文本框内输入"–45°"，选中【相关视图反映新的方向】【随视图旋转中心符号线】复选框，单击【应用】按钮，单击【关闭】按钮，关闭对话框。选择辅助视图，将其移动到合适位置，如图 7-23 所示。

7.3.5　剪裁视图

剪裁视图是在现有视图中剪去不必要的部分，使得视图所表达的内容既简练又突出重点。

双击辅助视图空白区域，激活该视图。单击【草图】工具栏上【圆】按钮 ⊕，在 A 向辅助视图中绘制封闭轮廓线，选择所绘制的封闭轮廓，单击【工程图】工具栏上的【剪裁视图】按钮 ✄，视图多余部分被剪掉，完成剪裁视图，如图 7-24 所示。

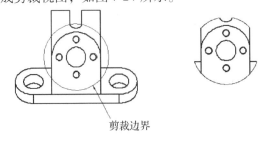

图 7-24　剪裁视图

右键单击剪裁视图，从快捷菜单中选择【剪裁视图】→【编辑剪裁视图】命令，剪裁视图进入编辑状态，编辑剪裁轮廓线，单击【标准】工具栏上的【重新建模】按钮 ❽，结束编辑，如图 7-25所示。

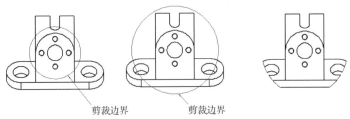

图 7-25　编辑剪裁视图

右键单击剪裁视图，从快捷菜单中选择【剪裁视图】→【移除剪裁视图】命令，出现未剪裁视图。选择封闭轮廓线，按 Delete 键，恢复视图原状，如图 7-26 所示。

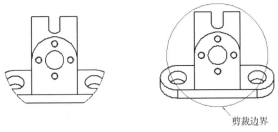

图 7-26　移除剪裁视图

7.3.6 局部视图

局部视图用来显示现有视图某一局部的形状，常用放大的比例来显示。

单击【工程图】工具栏上的【局部视图】按钮 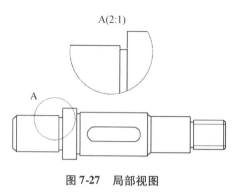，指针变成 形状，在欲建局部视图的部位绘制圆，显示视图预览框，指针移到所需位置，单击左键，放置视图，如图7-27所示。

图 7-27　局部视图

7.3.7 断裂视图

对于较长的机件(如轴、杆、型材等)，沿长度方向的形状一致或按一定规律变化，可用断裂视图命令将其断开后缩短绘制，而与断裂区域相关的参考尺寸和模型尺寸反映实际的模型数值。

(1)生成断裂视图

①单击【工程图】工具栏上的【竖直折断线】按钮 ，选择前视图，出现两条竖直折断线，如图7-28 所示。

② 用指针拖动断裂线到所需位置，如图7-29 所示。

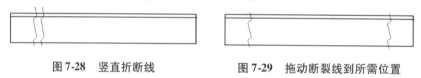

图 7-28　竖直折断线　　　　图 7-29　拖动断裂线到所需位置

③ 用鼠标右键单击视图边界内部，从快捷菜单中选择【断裂视图】命令，生成断裂视图，如图7-30 所示。

(2)修改断裂视图

改变折断间距：选择下拉菜单【工具】→【选项】命令，选择【文件属性】选项卡，选择【出详图】。在【折断线】组合框中，改变"间隙"值为20mm，改变"延伸"值为3mm，单击【确定】按钮，单击【标准】工具栏上的【重建模型】按钮 ，如图7-31 所示。

图 7-30　断裂视图　　　　图 7-31　改变"间隙"值

改变断裂位置：拖动折断线，即可改变断裂位置。

改变折断形状：用鼠标右键单击断裂线，从快捷菜单中选择一种样式。

撤销折断：选择折断线，按 Delete 键。

7.4 剖面视图

剖面视图用来表达机体的内部结构。生成剖面视图必须先在工程图中绘出适当的剖切路径，在执行剖面视图命令时，系统依照指定的剖切路径，产生对应的剖面视图。所绘制的路径可以是一条直线段、相互平行的线段，还可以是圆弧。

在工程实际中，根据剖切面剖切机件程度的不同分为全剖视图、半剖视图和局部剖视图。

7.4.1　全剖视图

在将机件完全剖切时，可以用一个或多个相互平行的平面，也可以用两个相交的平面实现剖切，剖切后将分别得到单一剖、阶梯剖和旋转剖视图。

（1）单一剖视图

①单击【草图】工具栏上的【中心线】按钮 ▐，绘制中心线，如图 7-32 所示。

说明：要求直线通过两圆心，且要超过视图中几何边线。可用添加几何关系来保证直线通过两圆心。

② 选择所绘制的中心线草图，单击【工程图】工具栏上的【剖面视图】按钮 ↹，出现生成剖面视图提示，指针移到所需位置，单击左键，放置视图，出现【剖面视图】属性管理器，单击【确定】按钮 ✔，如图 7-33 所示。

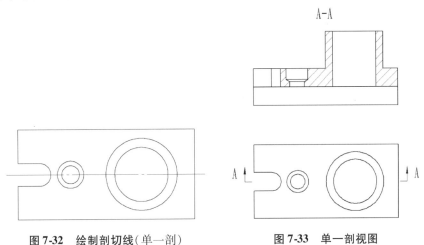

图 7-32　绘制剖切线（单一剖）　　　　图 7-33　单一剖视图

说明：如剖面线不合适，可单击剖面线，出现【区域剖面线/填充】属性管理器，在此可以编辑剖面线的各种属性。

（2）阶梯剖视图

①单击【草图】工具栏上的【中心线】按钮 ▐，绘制中心线，如图 7-34 所示。要求中心线通过圆心，且要超过视图中几何体边线。

② 按 Ctrl 键，复选 3 条中心线，单击【工程图】工具栏上的【剖面视图】按钮 ↹，出现生成剖面视图提示，指针移到所需位置，单击左键，放置视图，出现【剖面视图】属性管理器，选中【反转方向】复选框，单击【确定】按钮 ✔，如图 7-35 所示。

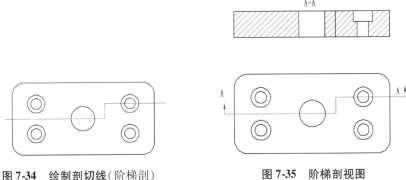

图 7-34　绘制剖切线（阶梯剖）　　　　图 7-35　阶梯剖视图

③ 右键单击中间边线，从弹出的快捷菜单中选择【隐藏边线】命令，隐藏中间边线，如图 7-36 所示。

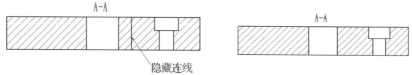

图 7-36　隐藏边线

（3）旋转剖视图

① 单击【草图】工具栏上的【中心线】按钮 ⋮，绘制剖切线，如图 7-37 所示。要求剖切线通过圆心，且要超过视图中几何体边线。

② 按 Ctrl 键，复选两条中心线，单击【工程图】工具栏上的【旋转剖视图】按钮 ⌐，出现生成剖面视图提示，指针移到所需位置，单击左键，放置视图，出现【剖面视图】属性管理器，单击【确定】按钮，如图 7-38 所示。

说明：选择剖切线应先选择斜线，再选择水平线。

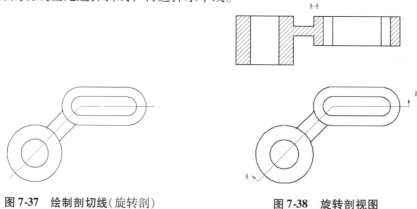

图 7-37　绘制剖切线（旋转剖）　　　　　图 7-38　旋转剖视图

7.4.2　半剖视图

在 SolidWorks 工程图中没有直接提供生成半剖视图的功能，但可以利用模型的配置建立模型的半剖视图，或利用阶梯剖方法建立半剖视图。

（1）利用切除模型的方法建立半剖视图

① 右击视图，在快捷菜单中选择【属性】命令，出现【工程视图属性】对话框，在【配置信息】组合框中选中【使用命名配置】单选按钮，选择【半剖配置】选项，如图 7-39 所示。

② 右键单击中间边线，从快捷菜单中选择【隐藏边线】命令，隐藏中间边线。单击【中心符号线】按钮 ⊕，选择圆，生成中心线，调整中心线的长度，选中要剖面的区域，单击【注解】工具栏中的【区域剖面线/填充】按钮，出现【区域剖面线/填充】属性管理器，在【属性】选项卡中选中【剖面线】单选按钮，在【剖面线样式】选择【ISO（Steel）】选项，在【剖面线图样比例】文本框输入"1"，在【剖面线图样角度】文本框输入"0 度"。在【加剖面线的区域】选项卡中选中【区域】单选按钮，在图形区选中需填充区域，如图 7-40 所示，单击【确定】按钮。

图 7-39　【工程视图属性】对话框

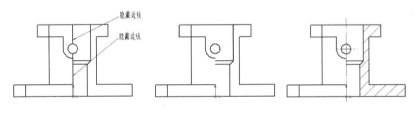

图 7-40　隐藏边线

（2）利用阶梯剖方法建立半剖视图

①单击【草图】工具栏上的【中心线】按钮 ⋮ ，绘制中心线。要求中心线通过圆心，且要超过视图中几何体边线，如图 7-41 所示。

②按 Ctrl 键，选择中心线，单击【剖面视图】按钮 ⟁ ，出现生成剖面视图提示，指针移到所需位置，单击左键，放置视图，出现【剖面视图】属性管理器，单击【确定】按钮 ✔ ，如图 7-42 所示。

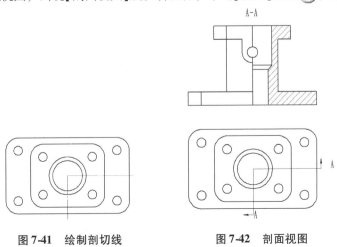

图 7-41　绘制剖切线　　　　　图 7-42　剖面视图

说明：选择中心线的向后次序为：先选垂直线，再选水平线。读者可试一试不同次序选择后的效果。

③右键单击中间边线，从快捷菜单中选择【隐藏边线】命令，隐藏中间边线，单击【工程图】工具栏上的【中心符号线】按钮 ⊕，选择圆，生成中心线，调整中心线的长度，如图7-43所示。

说明：也可运用单击【草图】工具栏上的【中心线】按钮 ⋮，绘制中心线。

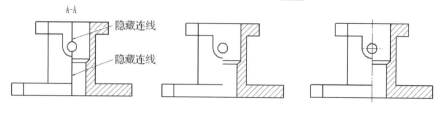

图7-43　调整中心线的长度

7.4.3　局部剖视图

利用不规则曲线剖切机件一定的深度，将产生局部剖视图。

①单击【草图】工具栏上的【圆】按钮 ⊕，绘制圆，如图7-44所示。

②选取圆，单击【工程图】工具栏上【断开的剖视图】按钮 ，出现【断开的剖视图】属性管理器，在

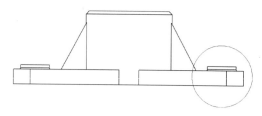

图7-44　绘制剖切线

【深度】文本框输入"30"，如图7-45所示，单击【确定】按钮 ✅。

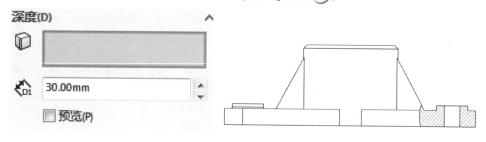

图7-45　局部剖视图

7.4.4　断面剖视图

①单击【草图】工具栏上的【中心线】按钮 ⋮，绘制中心线，如图7-46所示。

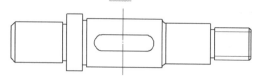

图7-46　绘制剖切线

② 选择中心线，单击【工程图】工具栏上的【剖面视图】按钮 ，显示视图预览框，按Ctrl键，指针移到所需位置，单击左键，放置视图，出现【剖面视图】属性管理器，选中【只显示曲

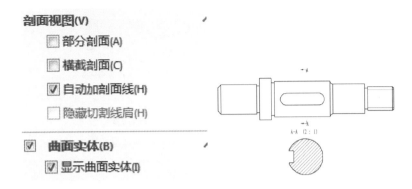

图 7-47　断面剖视图

面】复选框，如图 7-47 所示，单击【确定】按钮 。

7.5　工程图的尺寸标注和技术要求

SolidWorks 工程图中的尺寸标注是模型相关联的，在模型中更改尺寸和在工程图中更改尺寸具有相同的效果。

建立特征时标注的尺寸和由特征定义的尺寸（如拉伸特征的深度尺寸、阵列特征的间距等）可以直接插入到工程图中。在工程图中可以使用标注尺寸工具添加其他尺寸，但这些尺寸是参考尺寸，是从动的。也就是说，在工程图中标注的尺寸是受模型驱动的。

7.5.1　设置尺寸选项

工程视图中尺寸的规格尽量根据国标标注。

选择下拉菜单【工具】→【选项】命令，出现【文档属性】对话框，打开【文档属性】选项卡，如图 7-48 所示。

单击【尺寸】选项，设置尺寸线、尺寸界线和箭头样式，如图 7-49 所示。

图 7-48　【文件属性】选项卡

图 7-49 尺寸线、尺寸界线和箭头样式

单击【注解文字】选项，在【注解字体】列表框中选择"尺寸"，出现【选择字体】对话框，设置文字字体，如图 7-50 所示，单击【确定】按钮。

单击【箭头】，设置箭头大小，如图 7-51 所示。

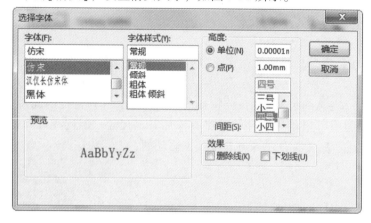

图 7-50 【选择字体】对话框

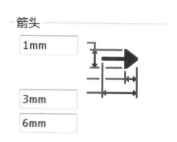

图 7-51 设置箭头大小

其他选项设置可采用系统默认值，单击【确定】按钮。

7.5.2 插入模型项目

在工程图中标注尺寸，一般先将生成每个零件特征时的尺寸插入到各个工程视图中，然后通过编辑、添加尺寸，使标注的尺寸符合正确、完整、清晰和合理的要求。插入的模型尺寸属于驱动尺寸，能通过编辑参考尺寸的数值来更改模型。

（1）插入模型尺寸

复选两个视图，单击【注解】工具栏上的【模型项目】按钮，出现【模型项目】属性管理器，激活【来源/目标】选项卡，选择【整个模型】选项，选择【将项目输入到所有视图】复选框，在【尺寸】选项卡中选择【选择所有和消除重合】复选框，单击【确定】按钮，如图 7-52 所示。

（2）调整尺寸

双击需要修改的尺寸，在【修改】对话框中输入新的尺寸值，可修改尺寸。

在工程视图中拖动尺寸文本，可以移动尺寸位置，调整到合适位置。

在拖动尺寸时按住 Shift 键，可将尺寸从一个视图移动到另一个视图中。

在拖动尺寸时按住 Ctrl 键，可将尺寸从一个视图复制到另一个视图中。

右击尺寸，在快捷菜单中选择【显示选项】→【显示成直径】命令，更改显示方式。

选择需要删除的尺寸，按 Delete 键即可删除指定尺寸。

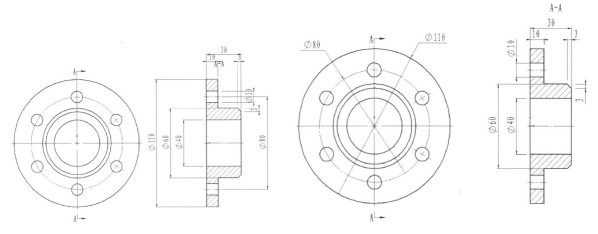

图 7-52　插入模型项目　　　　　　　　　图 7-53　插入模型尺寸

调整完毕，如图 7-53 所示。

7.5.3　标注从动尺寸

添加到工程图文件中的尺寸，属于参考尺寸，并且是从动尺寸，不能通过编辑参考尺寸的数值来更改模型。当模型更改时，参考尺寸值也会更改。

（1）标注从动尺寸

单击【注解】工具栏上的【智能尺寸】按钮 ，选择边线标注尺寸，如图 7-54 所示。

（2）添加直径符号

单击需添加直径符号的尺寸，出现【尺寸】属性管理器中，在【标注尺寸文字】列表框中，单击【直径】按钮 ，添加直径符号，如图 7-55 所示。

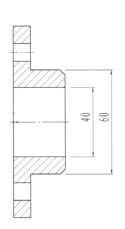

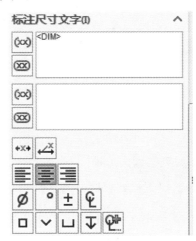

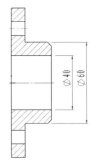

图 7-54　标注从动尺寸　　　　　　　　　图 7-55　添加直径符号

7.5.4　标注尺寸公差

在【尺寸属性】或【尺寸】属性管理器中设置尺寸公差，并可在图纸中预览尺寸和公差。

（1）双边公差

选中 "φ60" 尺寸，出现【尺寸】属性管理器，激活【公差/精度】选项卡，在选择【公差类型】下拉列表框内选择【双边】选项，在【上限】文本框内输入 "0.08"，在【下限】文本框内输入

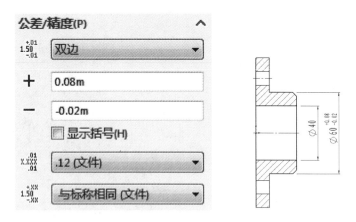

图 7-56 "双边的"公差标注

"－0.02"，如图 7-56 所示，单击【确定】按钮 ✅ 。

（2）对称公差

右击"φ60"尺寸，从快捷菜单中选择【属性】命令，出现【尺寸属性】对话框，单击【公差/精度】按钮，在【公差类型】下拉列表中选择【对称】选项，在【上限】文本框内输入"0.08"，单击【尺寸属性】对话框中的【确定】按钮，如图 7-57 所示。

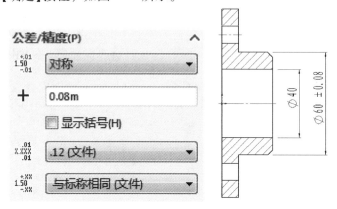

图 7-57 【对称】公差标注

（3）与公差套合

打开"与公差套合.slddrw"，选中"φ60"尺寸，出现【尺寸】属性管理器，激活【公差/精度】选项卡，在选择【公差类型】下拉列表框内选择【与公差套合】选项，在选择【分类】下拉列表框内选择【过渡】选项，在选择【轴套合】下拉列表框内选择【g7】选项，单击【线性显示】按钮 H7/g6，选中【显示括号】复选框，如图 7-58 所示，单击【确定】按钮 ✅ 。

7.6 工程图注解

工程图中描述与制造过程相关的标示符号都是工程图注解，包括注释、表面粗糙度、形位公差、基准目标和中心线等。

7.6.1 中心线或中心符号线

在工程视图标注尺寸和添加注释前，应先添加中心线或中心符号线。

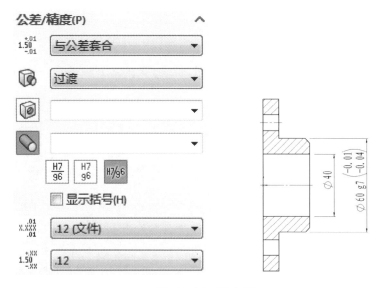

图7-58 "与公差套合"公差标注

（1）单一中心符号线

打开"单一中心符号线.slddrw"，单击【注解】工具栏上的【中心符号线】按钮⊕，出现【中心线符号】属性管理器，单击【单一中心符号线】按钮＋，指针变为 形状，选择外圆，标注大圆中心线，单击【确定】按钮✅，如图7-59所示。

（2）线性中心符号线

打开"线性中心符号线.slddrw"，单击【注解】工具栏上的【中心符号线】按钮⊕，出现【中心线符号】属性管理器，单击【线性中心符号线】按钮 ，选择【连接线】复选框，指针变为 形状，选择底孔，出现【相切】符号，单击【相切】符号，建立所有阵列实例的中心符号线，单击【确定】按钮✅，如图7-60所示。

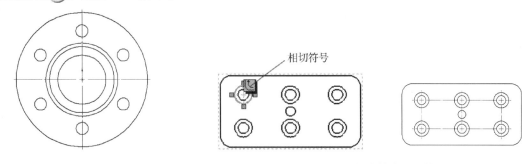

图7-59 添加单一中心线符号　　　　　　图7-60 添加线性中心线符号

（3）圆形中心符号线

单击【注解】工具栏上的【中心符号线】按钮⊕，出现【中心线符号】属性管理器，单击【圆形中心符号线】按钮⊕，选择【圆周线】【基体中心符号线】复选框，取消【径向线】复选框，指针变为 形状，选择底孔，出现【相切】符号，单击【相切】符号，建立所有阵列实例的中心符号线，单击【确定】按钮✅，如图7-61所示。

（4）中心线

单击【注解】工具栏上的【中心线】按钮 ⊞ ，出现【中心线】属性管理器，选择需添加中心线的对边线，单击【确定】按钮 ✅ ，如图7-62所示。

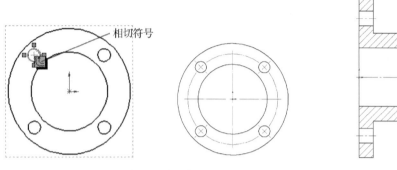

图7-61　添加圆形中心符号线　　　　图7-62　添加中心线

7.6.2　注释

利用文本注释，可以在工程图中的任意位置添加文本，如添加工程图中的"技术要求"等内容。

（1）表面加工说明

单击【注解】工具栏上的【注释】按钮 **A** ，指针变为 形状 ，指向边线，指针变为

形状，单击确认，输入注释内文字，单击【确定】按钮 ✅ ，完成表面加工说明，如图7-63所示。

（2）技术要求

单击【注解】工具栏上的【注释】按钮 **A** ，指针变为 形状 ，单击图纸区域，输入注释内文字，按Enter键，在现有的注释下加入新的一行，单击【确定】按钮 ✅ ，完成技术要求，如图7-64所示。

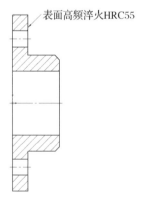

技术要求
1.未注圆角R2～R3
2.淬火HRC40～45

图7-63　添加表面加工说明　　　　图7-64　添加技术要求

7.6.3　表面粗糙度符号

表面粗糙度符号表示零件表面加工的程度。可以按GB 131—1983的要求设定零件表面粗糙度，包括基本符号、去除材料、不去除材料等。

单击【注解】工具栏上的【表面粗糙度符号】按钮 √，出现【表面粗糙度】属性管理器，选择【要求切削加工】按钮 √，输入【最小粗糙度】值为"6.3"，如图7-65所示。

符号说明： √——基本， √——要求切削加工， √——禁止切削加工， ▽——JIS基本， √——JIS研磨， ～——JIS未加工。

完成设置，会显示符号预览，在图纸区域左击鼠标选定符号放置位置，单击【确定】按钮 ⊘，完成表面粗糙度符号的标注，如图7-66所示。

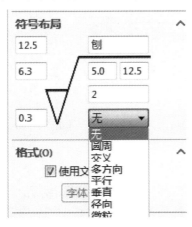

图7-65　【表面粗糙度】属性管理器

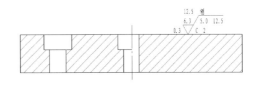

图7-66　放置表面粗糙度符号

说明：不关闭【表面粗糙度】属性管理器，可添加多个表面粗糙度符号。

7.6.4　基准特征

标注形位公差之前，大多应先标注基准特征，再标注形位公差。

单击【注解】工具栏上的【基准特征】按钮 A，出现【基准特征】属性管理器，设置完毕，选择要标注的基准，单击确认，拖动预览，单击确认，单击【确定】按钮 ⊘，完成基准特征，如图7-67所示。

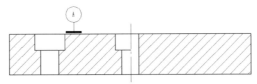

图7-67　添加基准特征

7.6.5　形位公差

在工程图中可以添加特征的形位公差，包括设定形位公差的代号、公差值、原则等内容，同时可以为同一要素生成不同的形位公差。

（1）添加形位公差

单击【注解】工具栏上的【形位公差】按钮 ⊡，出现【属性】对话框，设定形位公差内容，如图7-68所示。

单击符号栏的 ▾，在符号对话框中选择形位公差的符号。

在"公差1"文本框中输入公差值大小。

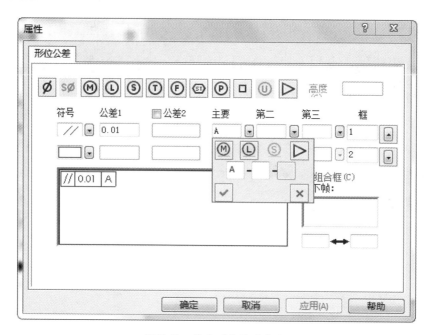

图 7-68　设定形位公差内容

在"主要""第二""第三"文本框中分别输入形位公差的主要、第二、第三基准。

在图纸区域单击形位公差。如果需要添加其他形位公差，可继续添加，单击【确定】按钮

，如图 7-69 所示。

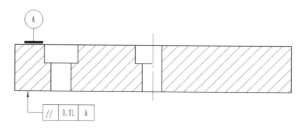

图 7-69　标注形位公差

（2）控制形位公差

在图纸区域中拖动形位公差或其箭头，可以移动形位公差位置。双击形位公差，可以编辑形位公差。

7. 6. 6　孔标注

孔标注可在工程图中使用。如果改变了模型中的一个孔尺寸，则标注将自动更新。当孔使用异型孔向导而生成时，孔标注将使用异型孔向导信息。

单击【注解】工具栏上的【孔标注】按钮 ∪Ø，指针变为 形状，单击孔的边线，然后单击图形区域来放置孔标注，如图 7-70 所示。

7. 6. 7　装饰螺纹线标注

装饰螺纹线是用来描述特定孔的属性，而不必加入真实的螺纹于模型。装饰螺纹线可以应用于零件或工程图层级，它和其他注解不同，因为它是赋予孔特征内的另一个特征。

选择下拉菜单【插入】→【注解】→【装饰螺纹线】按钮命令，选择底边，出现"装饰螺纹线"属

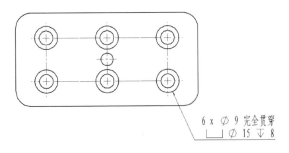

图 7-70　孔标注

性管理器，在【终至条件】下拉列表框内选择【给定深度】，在【深度】文本框内输入"20mm"，单击【确定】按钮，如图 7-71 所示。

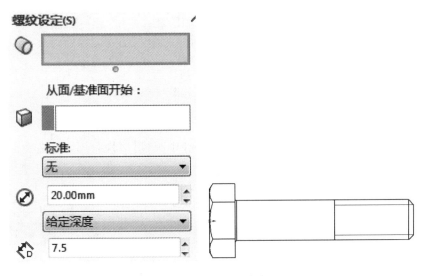

图 7-71　装饰螺纹线

7.7　工程图综合应用

工程图的绘制是有顺序的，下面提供一些绘制原则。

新建一张新工程图，决定图纸幅面。选用模型视图，生成一个主视图。调整视图比例或调整图纸大小。分析零件，考虑表达零件外型和尺寸的方案。添加视图（如投影视图、辅助视图、剖视图）。添加中心线，插入模型尺寸，补充尺寸标注（插入尺寸），添加公差，添加注解。加入总表面加工符号、技术要求。检查有无疏漏、多余的尺寸、符号等。完成一张工程图，存盘。

【例 7-1】　完成轴工程图绘制，如图 7-72 所示。

生成工程图步骤如下：

（1）新建零件

选择下拉菜单【文件】→【新建】命令，在新建对话框中单击【工程图】图标，单击【确定】，出现【图纸格式/大小】对话框，选择 A3 横向，单击【确定】按钮，进入工程图窗口。

（2）主视图

单击【工程图】工具栏上的【模型视图】按钮，出现【模型视图】属性管理器，单击【浏览】按钮，出现【打开】对话框，选择轴，单击【打开】按钮，建立主视图，如图 7-73 所示。

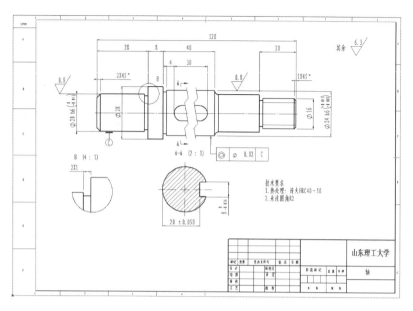

图 7-72　轴工程图

（3）添加中心线

单击【注解】工具栏上的【中心线】按钮，出现【中心线】属性管理器，在图形区选择边线，单击【确定】按钮，如图 7-74 所示。

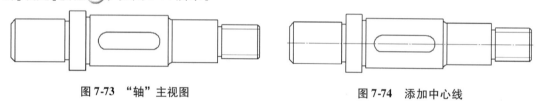

图 7-73　"轴"主视图　　　　　　　　　　　图 7-74　添加中心线

（4）添加折断线

单击【工程图】工具栏上的【竖直折断线】按钮，选择前视图，出现两条竖直折断线，用指针拖动断裂线到所需位置，用鼠标右键单击视图边界内部，从快捷菜单中选择【断裂视图】命令，生成断裂视图，如图 7-75 所示。

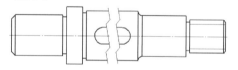

图 7-75　添加竖直折断线

（5）添加剖面线

单击【工程图】工具栏上的【剖面视图】按钮，指针变成形状，在预建剖面视图的部位绘制直线，显示视图预览框，按 Ctrl 键，指针移到所需位置，单击左键，放置视图，出现【剖面视图】属性管理器，选中【反转方向】复选框，选中【只显示曲面】复选框，单击【确定】按钮，单击【注解】工具栏上的【中心符号线】按钮，出现【中心线符号】属性管理器，单击【单一中心符号线】按钮，指针变为形状，选择剖面外圆，标注中心线，单击【确定】按钮，如图 7-76 所示。

（6）添加局部视图

单击【工程图】工具栏上的【局部视图】按钮，指针变成形状，在预建局部视图的部位绘制圆，显示视图预览框，指针移到所需位置，单击左键，放置视图，如图 7-77 所示。

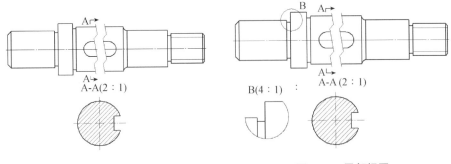

图 7-76　剖面视图　　　　　　图 7-77　局部视图

（7）添加模型尺寸

复选 3 个视图，单击【注解】工具栏上的【模型项目】按钮，出现【模型项目】属性管理器，激活【来源/目标】选项卡，选择【整个模型】选项，选择【将项目输入到所有视图】复选框，在【尺寸】选项卡中选择【选择所有和消除重合】复选框，单击【确定】按钮，调整尺寸标注，如图 7-78 所示。

（8）添加公差

选择需标注公差的尺寸添加公差，如图 7-79 所示。

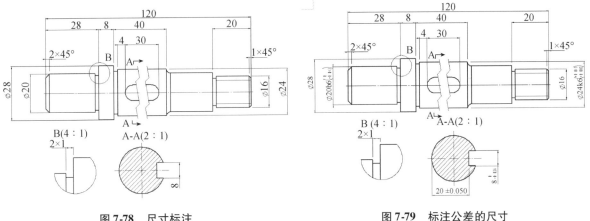

图 7-78　尺寸标注　　　　　　图 7-79　标注公差的尺寸

（9）添加表面粗糙度符号

单击【注解】工具栏上的【表面粗糙度符号】按钮，出现【表面粗糙度】属性管理器，选择【要求切削加工】按钮，输入"最小粗糙度"值，标注表面粗糙度，如图 7-80 所示。

（10）添加基准特征

单击【注解】工具栏上的【基准特征】按钮，出现【基准特征】属性管理器，设置完毕，选择要标注的基准，单击确认，拖动预览，单击确认，单击【确定】按钮，完成基准特征，如图 7-81 所示。

（11）添加形位公差

单击【注解】工具栏上的【形位公差】按钮，出现【属性】对话框，设定形位公差内容，在

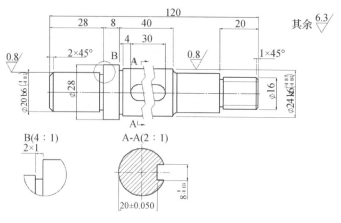

图 7-80　标注表面粗糙度

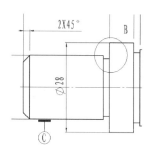

图 7-81　基准特征

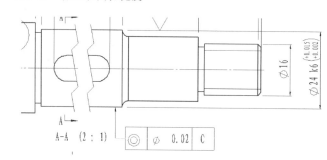

图 7-82　设定形位公差

图纸区域单击形位公差，单击【确定】按钮✅，如图 7-82 所示。

（12）添加注释

单击【注解】工具栏上的【注释】按钮 **A**，指针变为 形状，单击图纸区域，输入注释内文字，按 Enter 键，在现有的注释下加入新的一行，单击【确定】按钮✅，完成技术要求，如图 7-83 所示。

技术要求
1. 热处理：淬火HRC40～50
2. 未注圆角R2

图 7-83　技术要求

（13）存盘

至此完成工程图绘制，存盘。

7.8　自主练习

①自定义并保存图纸格式。要求按图 7-84 国家标准 GB/T 10609.1—1989 规定的标题栏，绘制 A2 图纸格式，A2 图纸幅面尺寸为 420×594。

②完成工程图，如图 7-85 所示。

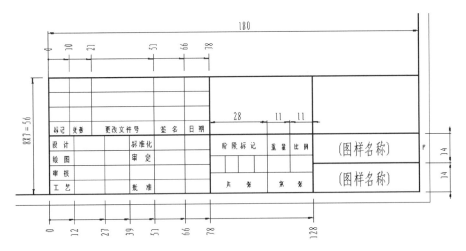

图 7-84　国家标准 GB/T 10609.1—1989 规定的标题栏

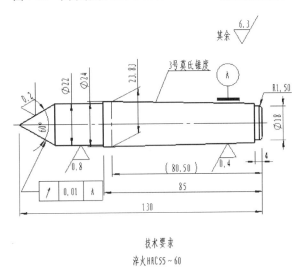

图 7-85　工程图

本章小结

　　生成工程图是 SolidWorks 一项非常实用的功能，掌握好生成工程视图和工程图文件的基本操作，可以快速、正确地为零件的加工过程活动提供合格的工程图样。需要注意的是，用户在使用 SolidWorks 软件时，一定要注意与我国技术制图国家标准的联系和区别，以便正确使用软件提供的各项功能。本章首先讲解了有关工程图的基本知识，各种类型视图的创建方法，并详细介绍了尺寸、注释、形位公差等常用工程项目，通过学习，要求能够建立熟练标准的工程图。

▶▶▶▶ 第8章 钣金和焊件设计

钣金类零件结构简单，应用广泛，多用于各种产品的机壳和支架部分。SolidWorks 软件具有功能强大的钣金建模功能，使用户能方便地建立钣金模型，结合具体实例讲解钣金的特征。焊件是由多个零件焊接在一起而成的。在 SolidWorks 中可以方便地进行焊件设计。不仅可以在装配体中将各个零件装配起来，生成焊缝，而且还可以多实体零件建模，利用多个实体组成焊件零件。

⊙ 学习目标

掌握钣金特征的操作方法。
熟练建立钣金模型。
掌握焊件特征的操作方法。
熟练建立焊件模型。

8.1 钣金零件建模

SolidWorks 提供了一些专门应用于钣金零件建模的特征，包括几种法兰特征（如基体法兰、边线法兰和斜接法兰）、薄片、折叠以及展开工具。提供了成形工具，可以很方便地建立各种钣金形状，也可以很方便地修改或建立成形工具。钣金的工具栏如图 8-1 所示。

图 8-1 钣金工具栏

8.1.1 基体法兰特征

基体法兰是钣金零件的基本特征，是钣金零件设计的起点。建立基体法兰特征以后，系统就会将该零件标记为钣金零件。该特征不仅生成了零件最初的实体，而且为以后的钣金特征设置了参数。

基体法兰特征的草图，可以是单一开环、单一闭环或多重封闭轮廓。

（1）创建【基体法兰】特征的操作步骤

单击【钣金】工具栏上的【基体-法兰/薄片】按钮 🗟 ，或选择下拉菜单【插入】→【钣金】→【基体法兰】命令，出现【基体法兰】属性管理器，如图 8-2 所示。

设置【终止条件】和【深度】。设置【钣金规格】，设置【钣金参

图 8-2 【基体法兰】属性管理器

数】，在【厚度】文本框输入钣金厚度。在【折弯半径】文本框输入折弯半径。选中【反向】复选框，反向加厚草图。

注意：基体-法兰特征的厚度和折弯半径将成为其他钣金特征的默认值。

单击【确定】按钮 ，生成基体法兰特征。

（2）【基体法兰】特征应用

新建"基体法兰特征 . sldprt"。

在 FeatureManager 设计树中选择"前视基准面"，单击【草图】工具栏上的【草图绘制】按钮 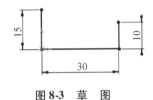，进入草图绘制，绘制如图 8-3 所示的草图。

单击【钣金】工具栏上的【基体-法兰/薄片】按钮 ，出现【基体-法兰】属性管理器，在【终止条件】下拉列表中选择【给定深度】选项，在【深度】文本框输入"30mm"，在【厚度】文本框输入"1mm"，在【折弯半径】文本框输入"2mm"，如图 8-4 所示，单击【确定】按钮 。

图 8-3　草　图　　　　图 8-4　基体-法兰特征

8.1.2　钣金零件的 FeatureManager 设计树

基体法兰特征建立后，自动形成 3 个特征：钣金 1、基体-法兰 1 和平板型式 1，如图 8-5 所示。

钣金 1：包含默认的折弯参数。若要编辑默认折弯半径、折弯系数、折弯扣除或默认释放槽类型，右键单击钣金 1，然后选择编辑特征。

图 8-5　钣金零件的 FeatureManager 设计树

基体-法兰 1：代表钣金零件的第一个实体特征。

平板型式 1：展开钣金零件。在默认情况下，当零件处于折弯状态时，平板型式被压缩。将该特征解除压缩以展开钣金零件。在折叠的钣金零件中，平板型式特征应是最后一个特征。在 FeatureManager 设计树中，平板型式之前的所有特征在折叠或展开的钣金零件中都出现。而平板型式之后的所有特征则只在展开的钣金零件中出现。

8.1.3　边线法兰特征

边线法兰可以利用钣金零件的边线添加法兰，通过所选边线可以设置法兰的尺寸和方向。

（1）创建【边线法兰】特征的操作步骤

单击【钣金】工具栏上的【边线法兰】按钮 ，或选择下拉菜单【插入】→【钣金】→【边线法兰特征】命令，出现【边线法兰】属性管理器，如图 8-6 所示。

在图形区域中，选择一条或多条边线。设置【法兰角度】，在【长度终止条件】下拉列表中选择【给定深度】选项。设置【法兰位置】，如图 8-7 所示。

设置其他参数。

单击【确定】按钮 ，生成边线法兰特征。

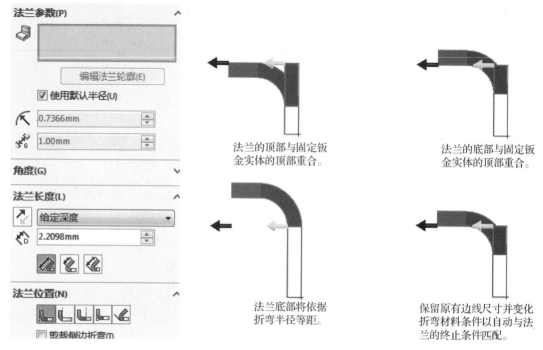

图8-6 【边线法兰】特征属性管理器

图8-7 设置【法兰位置】

（2）【边线法兰】特征应用

①边线法兰添加到一条边线。打开"法兰添加到一条边线.sldprt"。单击【钣金】工具栏上的【边线法兰】按钮，出现【边线法兰】特征属性管理器，激活【选择边线】列表框，在图形区选择"边线1"，选中【使用默认边线】复选框，在【法兰角度】文本框输入"90°"，在【长度终止条件】下拉列表中选择【给定深度】选项，在【长度】文本框输入"8mm"，在【法兰位置】选项中单击【折弯在外】按钮，如图8-8所示，单击【确定】按钮，生成边线法兰特征。

②编辑边线法兰。打开"编辑边线法兰.sldprt"。在FeatureManager设计树中右击"边线-法兰"，在快捷菜单中选择【编辑草图】命令，编辑草图，如图8-9所示，单击【标准】工具栏上的【重新建模】按钮，生成编辑边线法兰特征。

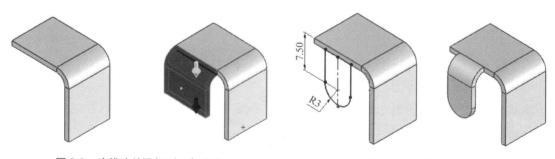

图8-8 边线法兰添加到一条边线

图8-9 编辑边线法兰

③边线法兰添加到多条边线。打开"法兰添加到多条边线.sldprt"。在图形区按＜Ctrl＞按钮选择"边线1"和"边线2"，单击【钣金】工具栏上的【边线法兰】按钮，出现【边线法兰】特征属性管理器，选中【使用默认边线】复选框，在【缝隙距离】文本框中输入"0.01mm"，在【法兰角

度】文本框输入"90°"，在【长度终止条件】下拉列表中选择【给定深度】选项，在【长度】文本框输入"5mm"，在【法兰位置】选项中单击【折弯在外】按钮，如图 8-10 所示，单击【确定】按钮，生成边线法兰特征。

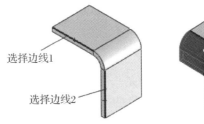

图 8-10 边线法兰添加到多条边线

8.1.4 斜接法兰特征

斜接法兰用来生成一段或多段相互连接的法兰并自动生成必要的切口。通过设置法兰位置可以设置法兰在模型的外面或里面。

（1）创建【斜接法兰】特征的操作步骤

单击【钣金】工具栏上的【斜接法兰】按钮，或选择下拉菜单【插入】→【钣金】→【斜接法兰】命令，出现【斜接法兰】属性管理器，如图 8-11 所示。

在图形区选择边线。设置参数。

单击【确定】按钮，生成斜接法兰特征。

（2）【斜接法兰】特征应用

①单边斜接法兰。在图形区选择"边线"，单击【草图】工具栏上的【草图绘制】按钮，进入草图绘制，绘制草图。单击【钣金】工具栏上的【斜接法兰】按钮，出现【斜接法兰】属性管理器，如图 8-12 所示，单击【确定】按钮。

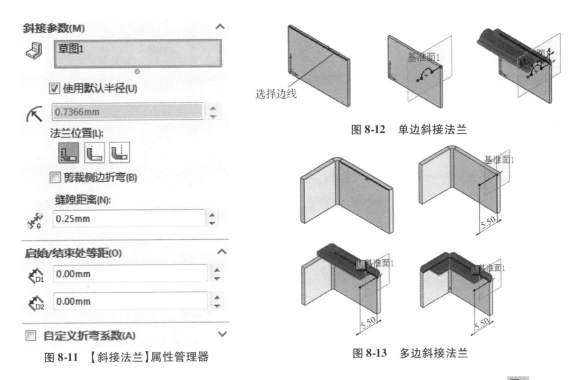

图 8-11 【斜接法兰】属性管理器

图 8-12 单边斜接法兰

图 8-13 多边斜接法兰

②多边斜接法兰。在图形区选择"边线"，单击【草图】工具栏上的【草图绘制】按钮，进入草图绘制，绘制草图。单击【钣金】工具栏上的【斜接法兰】按钮，出现【斜接法兰】属性管

理器，单击所选边线中点处出现的【延伸】 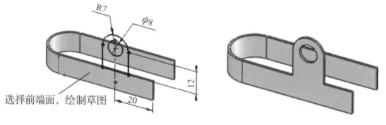 ，如图8-13所示，单击【确定】按钮 ✅ 。

8.1.5 添加薄片特征

薄片特征建立草图是垂直于钣金于钣金零件厚度方向，为钣金零件添加凸缘。

（1）创建【薄片】特征的操作步骤

单击【钣金】工具栏上的【基体-法兰/薄片】按钮 🐾 ，或选择下拉菜单【插入】→【钣金】→【薄片】命令，生成薄片特征。

（2）【薄片】特征应用

在图形区选择前端面，绘制草图，单击【钣金】工具栏上的【基体-法兰/薄片】按钮 🐾 ，生成薄片特征，绘制如图8-14所示的草图。

图8-14 薄片特征

8.1.6 展开/折叠特征

使用【展开】和【折叠】工具可在钣金零件中展开和折叠一个、多个或所有折弯。首先，添加展开特征来展开折弯。然后，添加切除特征。最后，添加折叠特征将折弯返回到其折叠状态。

（1）展开的操作步骤

单击【钣金】工具栏上的【展开】按钮 ，或选择下拉菜单【插入】→【钣金】→【展开】命令，出现【展开】属性管理器，如图8-15所示。

在【固定面】 中选择图形区域不因特征而移动的面。

选择一个或多个折弯作为【要展开的折弯】 ，或单击【收集所有折弯】按钮，来选择零件中所有合适的折弯。

单击【确定】按钮 ✅ ，所选的折弯展开。

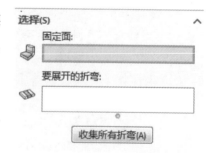

图8-15 【展开】属性管理器

（2）折叠的操作步骤

单击【钣金】工具栏上的【折叠】按钮 ，或选择下拉菜单【插入】→【钣金】→【折叠】命令，出现【折叠】属性管理器，如图8-16所示。

在【固定面】 中选择图形区域的一个不因特征面移动的面。

选择一个或多个折弯作为【要折叠的折弯】 ，或单击【收集所有折弯】按钮，来选择零件中所有合适的折弯。

单击【确定】按钮 ✅ ，所选的折弯折叠。

（3）【展开/折叠】应用

①展开操作。单击【钣金】工具栏上的【展开】按钮，出现【展开】属性管理器，激活【固定面】列表框，在图形区选择"底面"，单击【收集所有折弯】按钮，选择零件中所有合适的折弯。单击【确定】按钮，所选的折弯展开，如图8-17所示。

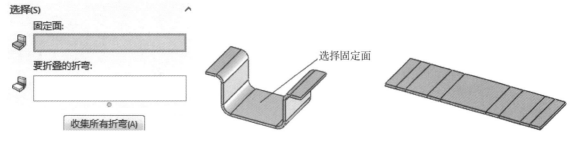

图8-16 【折叠】属性管理器

图8-17 展开所有合适的折弯

②折叠操作。单击【钣金】工具栏上的【折叠】按钮，出现【折叠】属性管理器，激活【固定面】列表框，在图形区选择"底面"，单击【收集所有折弯】按钮，选择零件中所有合适的折弯。单击【确定】按钮，所选的折弯折叠如图8-18所示。

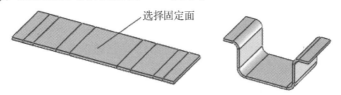

图8-18 折叠所有合适的折弯

8.1.7 切除

可以在钣金零件的折叠、展开状态下建立切除特征，以移除零件的材料。

（1）在折叠状态下的切除

在折叠状态下，可以随时在零件的任何表面上建立切除，在零件的折叠状态下建立的切除特征将会在零件的展开状态显示。

在图形区选择前端面，绘制草图，单击【钣金】工具栏上的【拉伸切除】按钮，出现【切除-拉伸】属性管理器，选中【与厚度相等】复选框，单击【确定】按钮，完成切除，如图8-19所示。

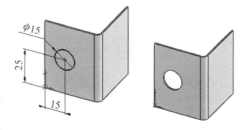

图8-19 完成切除

（2）通过钣金折弯的切除

可以通过折弯线生成切除。

①单击【钣金】工具栏上的【展开】按钮，出现【展开】属性管理器，激活【固定面】列表框，在图形区选择"底面"，单击【收集所有折弯】按钮，选择零件中所有合适的折弯。单击【确定】按钮，所选的折弯展开，如图8-20所示。

②在图形区选择前端面，绘制草图，单击【钣金】工具栏上的【拉伸切除】按钮 ⊡ ，出现【切除-拉伸】属性管理器，选中【与厚度相等】复选框，单击【确定】按钮 ✅ ，完成切除，如图8-21所示。

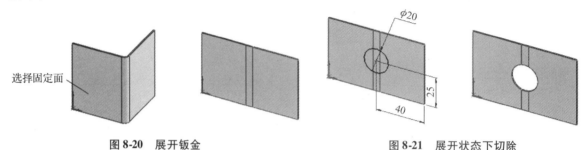

图8-20　展开钣金　　　　　　　　　　　　　　图8-21　展开状态下切除

③ 单击【钣金】工具栏上的【折叠】按钮 ，出现【折叠】属性管理器，激活【固定面】列表框，在图形区选择"前端面"，单击【收集所有折弯】按钮，选择零件中所有合适的折弯。单击【确定】按钮 ✅ ，所选的折弯折叠，如图8-22所示。

图8-22　通过钣金折弯的切除

8.1.8　绘制的折弯特征

如果需要在钣金零件上添加折弯，首先要在创建折弯的面上绘制一条草图线来定义折弯。该折弯类型被称为草图折弯。

（1）创建绘制的折弯特征的操作步骤

在钣金零件的平面上绘制一条直线。

单击【钣金】工具栏上【绘制的折弯】按钮 ，或选择下拉菜单【插入】→【钣金】→【绘制的折弯】命令，出现【绘制的折弯】属性管理器，如图8-23所示。

在【固定面】 中选择一个不因特征而移动的面。

单击【折弯中心线】 、【材料在内】 、【材料在外】 或【折弯向外】 的折弯位置。

图8-23　【绘制的折弯】属性管理器

为【折弯角度】设定一数值，如有必要，单击【反向】 。

如想使用默认折弯半径以外的选择，消除【使用默认半径】复选框，设定【折弯半径】 。

单击【确定】按钮 ✅ 。生成绘制的折弯特征。

（2）绘制的折弯特征应用

选择前端面，绘制草图，单击【钣金】工具栏上的【绘制的折弯】按钮 ，出现【绘制的折弯】属性管理器，激活【固定面】列表框，在图形区选择固定面，默认其他选项，如图8-24所示，单击【确定】按钮 ✅ 。

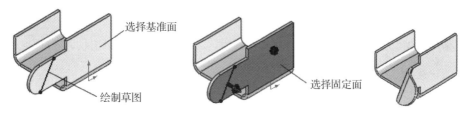

图 8-24　绘制的折弯特征

8.1.9　断开边角

断开边角可以建立圆角形状或倒角形状的边角。

（1）创建【断开边角】特征的操作步骤

单击【钣金】工具栏上的【断开边角】按钮 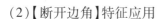，或选择下拉菜单【插入】→【钣金】→【断开边角】命令，出现【断开边角】属性管理器，如图 8-25 所示。

边角边线和/或法兰面 。在图形区域中，选择断开的边角边线或法兰面。

断开类型：单击倒角 （直边线）或圆角 （圆边线）。

距离 ：为倒角距离设定数值。

单击【确定】按钮 ，生成基体法兰特征。

图 8-25　【断开边角】属性管理器

（2）【断开边角】特征应用

①选择断开的边角边线。单击【钣金】工具栏上的【断开边角】按钮 ，出现【断开边角】属性管理器，在图形区断开的边角边线，在【距离】文本框输入"4mm"，如图 8-26 所示，单击【确定】按钮 。

②选择法兰面。单击【钣金】工具栏上的【断开边角】按钮 ，出现【断开边角】属性管理器，在图形区选择法兰面，在【距离】文本框输入"4mm"，如图 8-27 所示，单击【确定】按钮 。

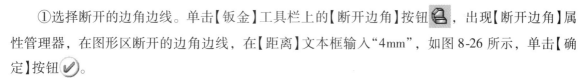

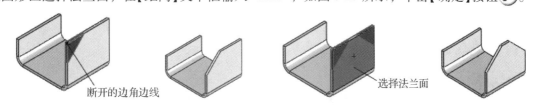

图 8-26　断开边角　　　　　　　　　　　　图 8-27　断开边角

8.1.10　褶边

褶边工具可以将钣金零件的边线变成不同的形状。

（1）创建褶边特征的操作步骤

单击【钣金】工具栏上的【褶边】按钮 ，或选择下拉菜单【插入】→【钣金】→【褶边】命令，出现【褶边】属性管理器，如图 8-28 所示。

图形区域中，选择添加褶边的边线。

选择【材料在内】 ![icon] 或【折弯在外】 ![icon] 指定添加褶边的位置。单击【反向】按钮 ![icon]，在零件的另一边生成褶边。

选择类型：【闭合】 ![icon]，【开环】 ![icon]，【撕裂形】 ![icon]，【滚轧】 ![icon]。

设定【长度】 ![icon]（只对于闭合和开环褶边）、【间隙距离】 ![icon]（只对于开环褶边）、【角度】 ![icon]（只对于撕裂形和滚轧褶边）、【半径】 ![icon]（只对于撕裂形和滚轧褶边）。

单击【确定】按钮 ![icon]，生成褶边特征。

（2）褶边特征应用

单击【钣金】工具栏上的【褶边】按钮 ![icon]，出现【褶边】属性管理器激活【边线】列表框，在图形区选择边线，单击【开环】按钮 ![icon]，在【长度】文本框输入"3mm"，在【间隙距离】文本框输入"2mm"，如图8-29所示，单击【确定】按钮 ![icon]。

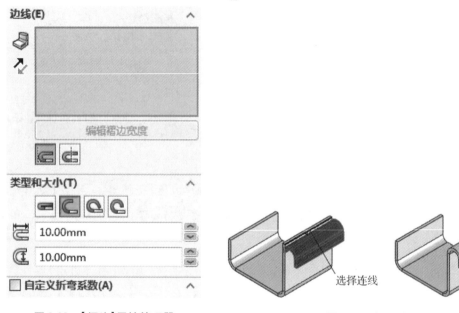

图8-28 【褶边】属性管理器   图8-29 褶 边

选择连线

8.1.11 闭合角

生成闭合区域的钣金零件。

（1）创建闭合角特征的操作步骤

单击【钣金】工具栏上的【闭合角】按钮 ![icon]，或选择下拉菜单【插入】→【钣金】→【闭合角】命令，出现【闭合角】属性管理器，如图8-30所示。

为【要延伸的面】 ![icon] 选择一个或多个平面。

选择【边角类型】：对接 ![icon]，重叠 ![icon]，欠重叠 ![icon]。

为【缝隙距离】 ![icon] 设定数值，为【重叠/欠重叠比率】 ![icon] 设定数值。选择【打开折弯区域】。

单击【确定】按钮 ![icon]，生成褶边特征。

（2）闭合角特征应用

单击【钣金】工具栏上的【闭合角】按钮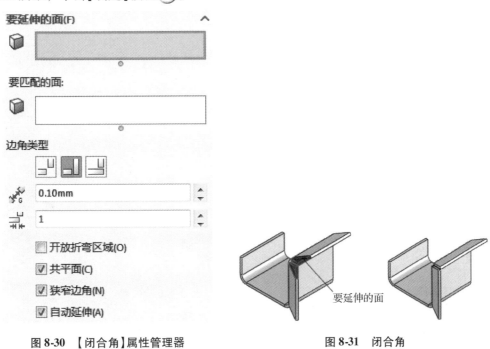，出现【闭合角】属性管理器，激活【要延伸的面】列表框，在图形区选择要延伸的面，单击【对接】按钮，在【缝隙距离】文本框输入"0.1mm"，如图 8-31 所示，单击【确定】按钮。

图 8-30　【闭合角】属性管理器　　　　图 8-31　闭合角

8.1.12　转折

转折工具通过从草图线生成两个折弯而将材料添加到钣金零件上。

生成闭合区域的钣金零件。

（1）创建转折特征的操作步骤

单击【钣金】工具栏上的【转折】按钮，或选择下拉菜单【插入】→【钣金】→【转折】命令，出现【转折】属性管理器，如图 8-32 所示。

在图形区域中，为【固定面】选择一个面。设置【终止条件】。

选择【尺寸位置】：【外部等距】，【内部等距】，【总尺寸】。

如果想使转折的面保持相同长度，选择【固定投影长度】复选框。

单击【确定】按钮，生成转折特征。

（2）【转折】特征应用

单击【钣金】工具栏上的【转折】按钮，出现【转折】属性管理器，激活【固定面】列表框，在图形区选择要固定的面，在【终止条件】下拉列表中选择【成形到一面】选项，在图形区选择端面，选择【固定投影长度】复选框，如图 8-33 所示，单击【确定】按钮。

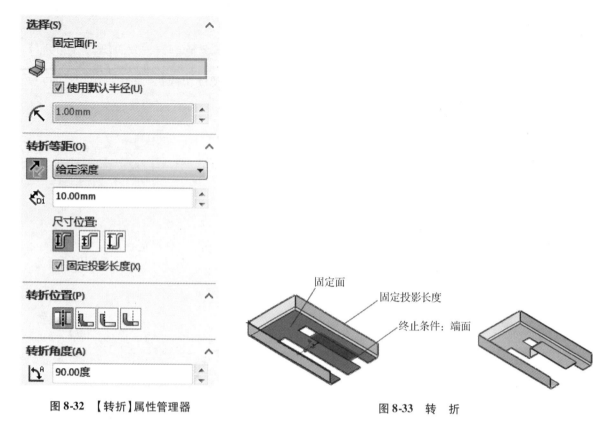

选择(S) ∧
固定面(F):

☑ 使用默认半径(U)

🡤 1.00mm

转折等距(O) ∧

↗ 给定深度 ▼

Di 10.00mm

尺寸位置:

☑ 固定投影长度(X)

转折位置(P) ∧

转折角度(A) ∧

A 90.00度

图 8-32 【转折】属性管理器

固定面
固定投影长度
终止条件: 端面

图 8-33 转 折

8.1.13 钣金成形工具

钣金成形工具在钣金零件中用于钣金的折弯、伸展。SolidWorks 提供了一些成形工具，这些工具包括：Embosses（压凸）、Extruded Flangs（冲孔）、Louvers（百叶窗）、Ribs（压筋）、Lances（切口）等，用户也可以自己设计成形工具。

（1）使用标准成形工具的操作步骤

打开钣金零件，然后浏览【设计库】中包含成形工具的文件夹。将成形工具从【设计库】拖动到要改变形状的面上。应用成形工具的面与成形工具自身的结束曲面相对应。默认情况下，工具向下行进。材料在工具接触面时变形。按 Tab 键来更改行进方向并接触材质的另一侧。将特征放置在要应用的位置。通过标注尺寸，添加几何关系或修改方向草图完全定义草图。在【放置成形特征】对话框中单击【完成】按钮。

（2）使用标准成形工具

打开"标准成形工具应用.sldprt"，展开设计库中的"forming tools"文件夹，默认情况下此文件夹包含了 SolidWorks 软件提供的钣金成形工具，选择"embosses"文件夹，文件夹中包含的钣金成形工具显示在下面的列表框，如图 8-34 所示。

拖动"counter sink emboss"工具到模型的表面，如图 8-35 所示。

系统自动转到"编辑草图"模式，标注尺寸，如图 8-36 所示。

在【放置成形特征】对话框中单击【完成】按钮，如图 8-37 所示，完成成形特征。

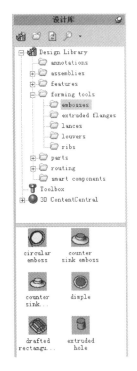

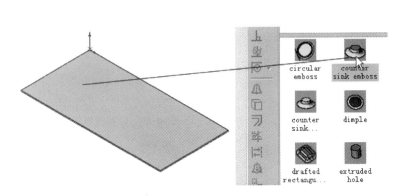

图 8-34 设计库和"embosses"
文件夹中的成形工具

图 8-35 拖动并放置

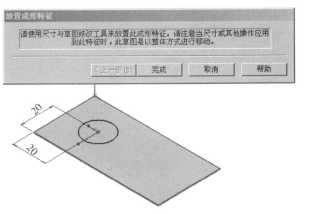

图 8-36 编辑草图模式

图 8-37 成形特征

8.1.14 钣金综合实例

【例 8-1】 应用钣金计算机电源盒盖，如图 8-38 所示。

（1）建模分析

叉类由连接端、底座组成，此模型的建立将分为 A→B→C→D→E→F→G 七部分完成，如图 8-39 所示。

（2）建模步骤

新建文件：选择下拉菜单【文件】→【新建】命令，在新建对话框中单击【零件】图标，单击【确定】。

A 部分：在 FeatureManager 设计树中选择"前视基准面"，单击【草图】工具栏上的【草图绘

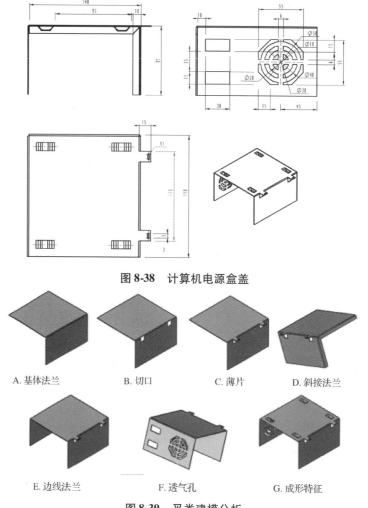

图 8-38　计算机电源盒盖

A. 基体法兰　　　B. 切口　　　C. 薄片　　　D. 斜接法兰

E. 边线法兰　　　F. 透气孔　　　G. 成形特征

图 8-39　叉类建模分析

制】按钮 ，进入草图绘制，绘制如图 8-40 所示草图。

单击【钣金】工具栏上的【基体-法兰/薄片】按钮 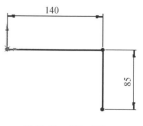，出现【基体法兰】属性管理器，在【终止条件】下拉列表中选择【两侧对称】选项，在【深度】文本框内输入"150mm"，在【厚度】文本框内输入"1mm"，在【折弯半径】文本框内输入"2.5mm"，如图 8-41 所示，所示单击【确定】按钮 。

图 8-40　草　图

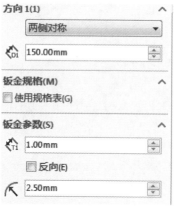

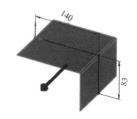

图 8-41　基体法兰特征

B部分：单击【钣金】工具栏上的【展开】按钮 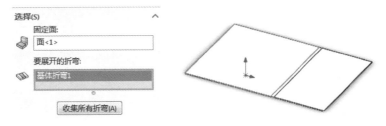，出现【展开】属性管理器，选择固定面为上表面，单击【收集所有折弯】按钮，如图8-42所示，单击【确定】按钮 ⊘，完成展开。

图8-42　"展开"钣金

选择上表面为基准面，单击【草图】工具栏上的【草图绘制】按钮 ⁄，进入草图绘制，绘制草图，如图8-43所示。

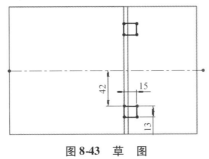

图8-43　草　图

单击【钣金】工具栏上的【拉伸切除】按钮 ▣，出现【切除-拉伸】属性管理器，选中【与厚度相等】复选框，如图8-44所示，单击【确定】按钮 ⊘，完成切除特征。

单击【钣金】工具栏上的【折叠】按钮 ⤸，出现【折叠】属性管理器，选择固定面为上表面，单击【收集所有折弯】按钮，单击【确定】按钮 ⊘，如图8-45所示，完成折叠。

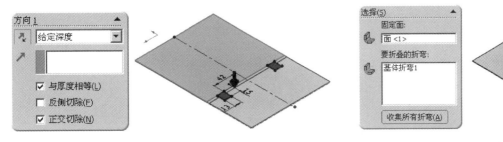

图8-44　切除-拉伸特征　　　　　　　　　　图8-45　折叠特征

C部分：选择"盒盖"上表面为"基准面"，单击【草图绘制】按钮 ⁄，进入草图绘制，绘制草图，如图8-46所示。

单击【钣金】工具栏上的【基体-法兰/薄片】按钮 ⬙，完成薄片特征，如图8-47所示。

D部分：按住Shift键，按两次向上箭头（↑），反转模型，选择模型的外边线，单击【草图】工具栏上的【草图绘制】按钮 ⁄，系统将会自动在靠近的端点上建立绘图基准面，从直线的顶点开始绘制一条长为5mm的水平线作为【斜接法兰】的轮廓，如图8-48所示。

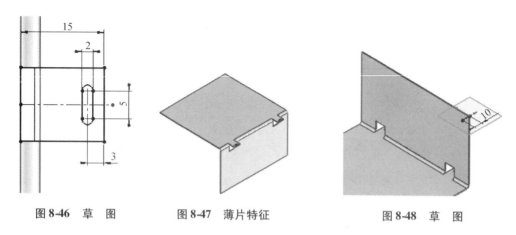

图 8-46　草　图　　　　　图 8-47　薄片特征　　　　　图 8-48　草　图

单击【钣金】工具栏上的【斜接法兰】按钮 ，出现【斜接法兰】属性管理器，在图形区域将显示斜接法兰的预览图形，如图 8-49 所示。

在图形区域单击延伸符号 ，系统将自动选择相切的边线，斜接法兰延续到整个链接的外轮廓上，如图 8-50 所示。单击【确定】按钮 ，完成斜接法兰。

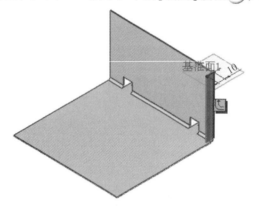 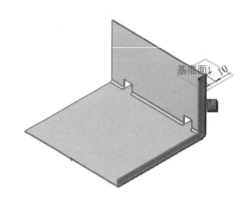

图 8-49　斜接法兰特征预览图形　　　　　图 8-50　斜接法兰特征

E 部分：单击【钣金】工具栏上的【边线法兰】按钮 ，出现【边线-法兰】属性管理器，激活【选择边线】列表框，在图形区选择"边线"，在【长度终止条件】下拉列表框内选择【成形到一顶点】，在图形区选择"顶点 <1>"，设置法兰的位置为【折弯在外】 ，设置【角度】为 90 度，如图 8-51 所示，单击【确定】按钮 ，完成边线法兰操作。

F 部分：选取边线法兰面为基准面，单击【草图】工具栏上的【草图绘制】按钮 ，进入草图绘制，绘制草图，如图 8-52 所示。

单击【钣金】工具栏上的【拉伸切除】按钮 ，出现【切除-拉伸】属性管理器，选中

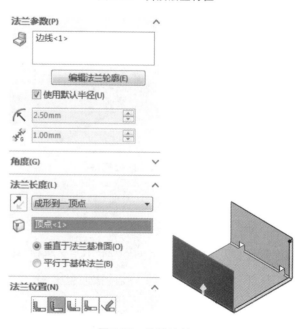

图 8-51　边线法兰

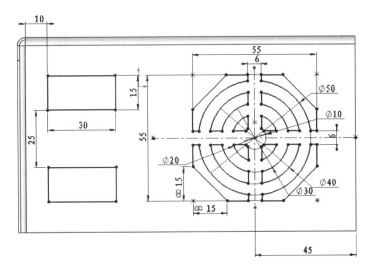

图 8-52　草　图

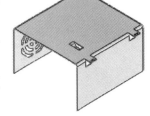

图 8-53　切除-拉伸

【与厚度相等】复选框，如图 8-53 所示，单击【确定】按钮，完成切除特征。

　　使用钣金成形工具：单击【设计库】按钮以显示"设计库"任务窗口，展开 Design Library，双击【Forming Tools】文件夹

forming tools

，双击【lances】文件夹

lances

，将

bridge lance

拖到"基体-法兰"平面的底部，出

图 8-54　放置成形特征

现【放置成形特征】对话框，单击【完成】按钮，如图 8-54 所示。

　　在特征管理器中单击新建"bridge lance1"前面的⊞符号，展开特征包含的定义。右击"草图7"，从快捷菜单中选择【编辑草图】命令，在草图编辑状态下，添加尺寸，确定特征的位置，如图 8-55 所示，单击【标准】工具栏上的【重建模型】按钮 。

　　双击"bridge lance1"特征，在图形区域按需要的尺寸修改特征的尺寸，如图 8-56 所示，单击【重建模型】按钮 。

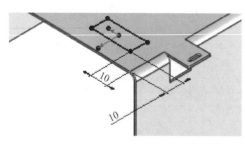

图 8-55　编辑草图

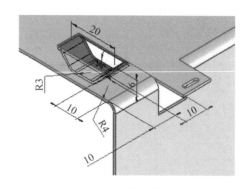

图 8-56　修改模型

单击【特征】工具栏上的【线性阵列】按钮 ，出现【阵列（线性）】属性管理器，选择阵列
【方向 1】，在【间距】文本框内输入"95mm"，在【实例数】文本框内输入"2"，选择阵列【方向 2】，
在【间距】文本框内输入"120mm"，在【实例数】文本框内输入"2"，激活【要阵列的特征】列表框，
在图形区选择"bridge lance1"，如图 8-57 所示，单击【确定】按钮 。

存盘。

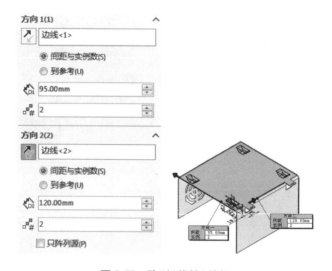

图 8-57　阵列（线性）特征

8.2　焊件设计

8.2.1　焊件设计概述

焊件是一个装配体，但很多情况下焊接零件在材料明细表中作为单独的零件来处理，因此
应该将一个焊件零件作为一个多实体零件来建模。使用 SolidWorks 软件的焊件功能进行焊接零
件设计时，执行焊件功能中的焊接结构构件可以设计出各种焊件框架，也可以执行焊件工具栏
中的剪切和延伸特征功能设计各种焊接箱体、支架类零件。在实体焊件设计过程中都能够设计
出相应的焊缝，真实地体现了焊件的焊接方式。设计好实体焊件后，还可以焊接零件的工程图，
在工程图中生成焊接零件的切割清单。

8.2.2 焊件特征工具与命令

在本节中将着重介绍 SolidWorks 2016 的焊件特征工具命令。用户可以通过多种方式启用焊件工具。如从"焊件"工具栏，从"焊件"工具条，从菜单栏执行焊件工具命令等。

（1）"焊件"工具栏

在命令管理器中单击【焊件】按钮，弹出【焊件】工具栏，如图 8-58 所示。【焊件】工具栏中包括所有焊件设计工具与焊件编辑工具。

图 8-58 【焊件】工具栏

（2）【焊件】工具条

在工具栏区域用鼠标右键单击，并在弹出的快捷菜单选择【焊件】工具命令，程序弹出【焊件】工具条，如图 8-59 所示。

（3）【焊件】菜单

在菜单栏执行【插入】→【焊件】命令，可以在弹出的【焊件】菜单中调用工具命令，如图 8-60 所示。

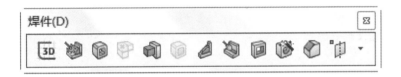

图 8-59 "焊件"工具条

图 8-60 "焊件"菜单

8.2.3 焊件特征工具的应用

在 SolidWorks 2010 软件系统中，焊件功能主要提供了焊件特征工具、结构构件特征工具、角撑板特征工具、顶端盖特征工具、圆角焊缝特征工具、剪裁/延伸特征工具，在【焊件】工具栏中还包括拉伸凸台/基体、拉伸切除、倒角、异形孔向导和参考几何体等特征工具，其使用方法与常见实体设计相同。本节主要介绍焊件所特有的特征工具使用方法。

（1）焊件

焊件是焊接零件设计的起点，无论何时添加焊件特征，该特征均作为用户建立的第一个特征，在 Feature Manager 设计树中焊件特征将在其他特征的上面。软件还在 ConfigurationManager 中生成两个默认配置：父配置默认 <按加工> 和派生配置默认 <按焊接>。

用户可通过以下方式来执行【焊件】命令：

①在命令管理器的【焊件】工具栏上单击【焊件】按钮。

②在【焊件】工具条上单击【焊件】按钮。

图 8-61 "焊件"特征

277

③在菜单栏执行【插入】→【焊件】→【焊件】命令。

执行【焊件】命令后，焊件特征将被添加到 Feature Manager 设计树中，如图 8-61 所示。

（2）结构构件

使用"结构构件"工具，可以使多个带基准面的 2D 草图或 3D 草图或 2D 和 3D 组合的草图，生成焊件。

用户可通过以下方式来执行【结构构件】命令：

①在命令管理器的【焊件】工具栏上单击【结构构件】按钮 ⊞。

②在【焊件】工具条上单击【结构构件】按钮 ⊞。

③在菜单栏执行【插入】→【焊件】→【结构构件】命令。

执行【结构构件】命令后，在草图上选择路径线段，选好路径线段后指针 ⅋ 由变为 ⤵，在图形区显示结构构件预览，属性管理器中将显示【结构构件】面板，如图 8-62 所示。

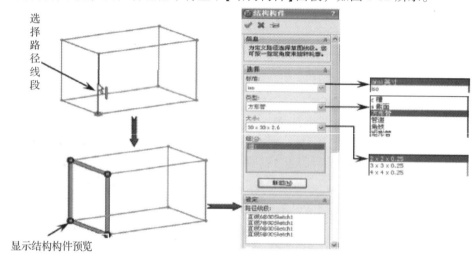

图 8-62 【结构构件】面板

【结构构件】面板中各选项区的选项、按钮的含义如下：

①标准。包含两个文件夹（ansi 英寸和 iso）。在"结构构件"面板中，每个标准文件夹的名称在标准中作为选择出现。在选择标准后，其每个"类型"子文件夹的名称在类型中出现。

②类型。确定焊件的形状。选择不同的"标准"，其类型的下拉选项将不同，选择"ansi 英寸"，其类型的下拉选项有 C 槽、S 截面、方形管、管道、角铁和矩形管；选择"iso"，其类型的下拉选项有 C 槽、SB 横梁、方形管、管道、角铁和矩形管。其形状如图 8-63 所示。

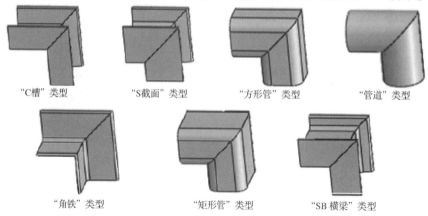

"C槽"类型　　　"S截面"类型　　　"方形管"类型　　　"管道"类型

"角铁"类型　　　"矩形管"类型　　　"SB 横梁"类型

图 8-63 "类型"的 7 个选项

③大小。确定焊件的形状大小，选择不同的类型，其大小的下拉选项将不同。

④组。结构构件包含一个或多个组，它们可以被视为一个单位。组中的线段可以是平行的或相邻的。

⑤新组。单击此按钮可以在组中新增加一个组。

⑥路径线段。在此列表中显示选择好的边线。

⑦应用边角处理。勾选此复选框，将边角处理按钮激活（终端斜接按钮 ⊩、终端对接 1 按钮 ⊩ 和终端对接 2 按钮 ⊩，其形状如图 8-64 所示。

终端斜接　　　　　终端对接1　　　　　终端对接2

图 8-64　"应用边角处理"的 3 个选项

⑧同一组中连接的线段之间的缝隙 。通过输入值或单击上、下微调按钮，来设置连接线段之间的缝隙。

（3）生成自定义结构构件轮廓

SolidWorks 软件系统中的结构构件特征库中提供的结构构件的种类、大小是有限的。设计者可以根据自己的实际情况来制定结构构件的截面轮廓，再将设计好的结构构件的截面轮廓保存到特征库中，以便于以后的设计使用。下面以生成大小为 100×100×5 的方形管轮廓为例，介绍生成自定义结构构件轮廓的操作步骤。

①草图绘制。执行【工具】→【绘制草图实体】→【矩形】菜单命令，或者单击【草图】工具栏上的【矩形】按钮 ，在图形区域绘制一个 100×100 的矩形，通过标准智能尺寸，使原点在矩形的中心。单击【草图】工具栏上的【绘制圆角】按钮 ，绘制圆角，如图 8-65 所示。单击【草图】工具栏上的【等距实体】按钮 ，在【等距实体】面板中的【等距距离】中输入值"5"，生成等距实体草图，如图 8-66 所示。单击【退出草图】按钮 ，完成草图绘制。

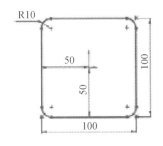 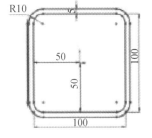

图 8-65　绘制矩形并绘制圆角　　　　图 8-66　生成等距实体

②保存自定义结构构件轮廓。在 FeatureManager 设计树中，选中绘制好的草图，执行【文件】→【另存为】菜单命令，将自定义的结构构件轮廓保存。保存位置最好是焊件结构构件的轮廓草图文件的默认位置为：安装目录 \ SolidWorks \ date \ weldmentprofiles 文件夹的子文件夹中，保存名称为"100×100×5"，文件类型为 . sldlfp。

（4）剪裁/延伸

使用剪裁/延伸特征工具来剪切或延伸结构构件，使之在焊件零件中正确对接。此特征工具适用于：两个在拐角处汇合的结构构件；一个或多个结构构件与另一个实件构件相汇合；与结构构件两端同时汇合。

用户可通过以下方式来执行【剪裁/延伸】命令：

①在命令管理器的【焊件】工具栏上单击【剪裁/延伸】按钮。

②在【焊件】工具条上单击【剪裁/延伸】按钮。

③在菜单栏执行【插入】→【焊件】→【剪裁/延伸】命令。

执行【剪裁/延伸】命令后，在焊接件上选择要剪裁的实体和剪裁边界，选好要剪裁的实体和剪裁边界后指针由变为，在图形区显示剪切预览，属性管理器中将显示【剪裁/延伸】面板，如图 8-67 所示。

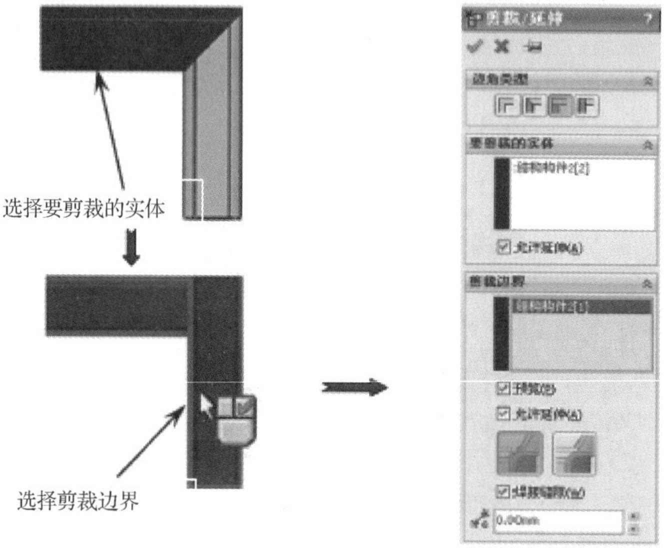

图 8-67 【剪裁/延伸】面板

【剪裁/延伸】面板中各选项区的选项、按钮的含义如下：

①边角类型。确定剪切/延伸后焊接件的相接处的形状，其提供了 4 种不同类型的“边角类型”供选择（终端剪切、终端斜接、终端对接 1 和终端对接 2 ）。选择不同的类型，生成不同的结果，如图 8-68 所示。

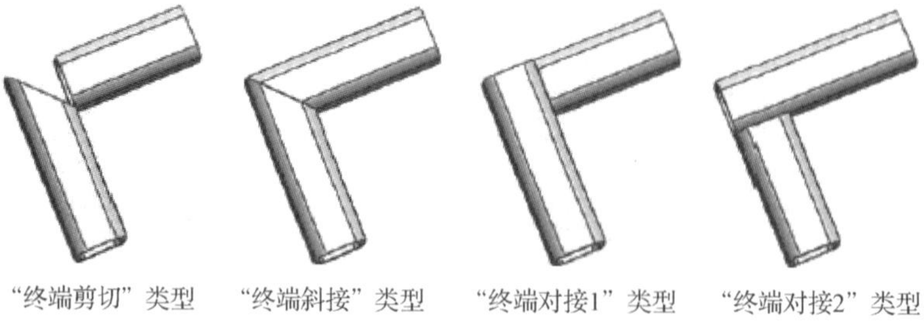

图 8-68 四种不同类型的边角类型

②要剪裁的实体。在此列表中显示在焊接件上选择好的需要剪裁的实体。

③剪裁边界。在此列表中显示在焊接件上选择好的剪裁边界。

④预览。勾选此复选框，在图形区域内将显示剪裁/延伸后的结果，反之则不显示。

⑤切除类型。确定剪裁/延伸后的焊接件剪裁出的结果，其下有两种不同类型的切除类型（实体之间的简单切除和实体之间的封顶切除）。选择不同的切除类型，其结果将不同，如图 8-69 所示。

实体之间的简单切除 实体之间的封顶切除

图 8-69 两种不同类型的切除

（5）顶端盖

顶端盖特征工具用于敞开的结构构件，使敞开的结构构件闭合起来。

用户可通过以下方式来执行【顶端盖】命令：

①在命令管理器的【焊件】工具栏上单击【顶端盖】按钮 。

②在【焊件】工具条上单击【顶端盖】按钮 。

③在菜单栏执行【插入】→【焊件】→【顶端盖】命令。

执行【顶端盖】命令后，在焊接件上选择需要闭合的敞开面，在选好需要闭合的敞开面后，在图形区显示闭合预览，属性管理器中将显示【顶端盖】面板，如图 8-70 所示。

【顶端盖】面板中各选项区的选项、按钮的含义如下：

①面 。在此列表中将显示选择好的需要闭合的结构构件的敞开面。

②厚度方向。确定顶端盖的方向，其下有两种不同的选项供选择（向外 和向内 ）。选择不同的类型，生成的顶端盖方向将不同，如图 8-71 所示。

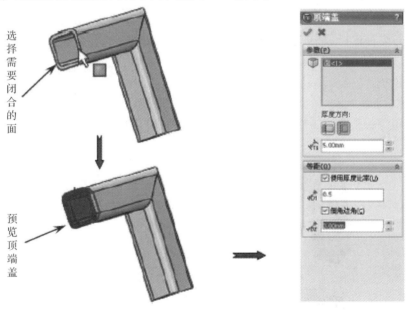

图 8-70 【顶端盖】面板

③厚度 。通过输入值或单击上下微调按钮，来设置顶端盖的厚度。

④使用厚度比率。勾选此复选框，弹出厚度比率 ，通过输入值或单击上下微调按钮，来设置顶端盖与厚度的比率。

⑤等距距离 。通过输入值或单击上下微调按钮，来设置顶端盖的外沿到结构构件的外沿

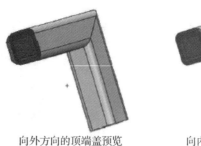

向外方向的顶端盖预览　　　　向内方向的顶端盖预览

图 8-71　两种顶端盖的厚度方向

距离。

⑥倒角边角。勾选此复选框，弹出倒角距离，通过输入值或单击上下微调按钮，来设置顶端盖的倒角距离，如图 8-72 所示。

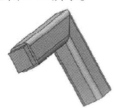 

未勾选"倒角边角"的顶端盖　　　勾选"倒角边角"的顶端盖

图 8-72　倒角边角的顶端盖

（6）角撑板

使用角撑板特征工具可以加工两个交叉带平面的结构构件之间的区域。

用户可通过以下方式来执行【角撑板】命令：

①在命令管理器的【焊件】工具栏上单击【角撑板】按钮。

②在【焊件】工具条上单击【角撑板】按钮。

③在菜单栏执行【插入】→【焊件】→【角撑板】命令。

执行【角撑板】命令后，在焊接件上选择需要添加角撑板的面，选好需要添加角撑板的面后，在图形区显示角撑板预览，属性管理器中将显示【角撑板】面板，如图 8-73 所示。

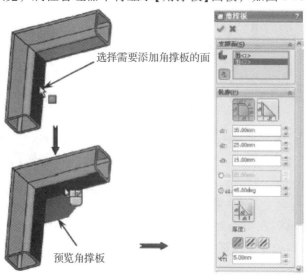

选择需要添加角撑板的面

预览角撑板

图 8-73　【角撑板】面板

【角撑板】面板中各选项区的选项、按钮的含义如下。

①选择面。在此列表中将显示选择好的需要添加角撑板的面。

②反转轮廓 d1 和 d2 参数。单击此按钮可以改变 d1 和 d2 的所在面。

③轮廓。确定角撑板的轮廓形状，其下有两种不同选项供选择(多边形轮廓和三角形轮廓)。选择不同的轮廓，生成的角撑板形状将不同，如图 8-74 所示。

④轮廓边距。通过输入值或单击上下微调按钮，来设置轮廓的长度。

⑤轮廓角度。通过输入值或单击上下微调按钮，来设置轮廓的倾斜角度。轮廓角度只有在【多边形轮廓】选项下才有，而在【三角形轮廓】选项下则没有。

⑥倒角。单击此按钮，在生成的角撑板的尖角处将生成一个倒角，如图 8-75 所示。

| 多边形轮廓角撑板 | 三角形轮廓角撑板 | 默认的角撑板 | 单击"倒角"按钮的角撑板 |

图 8-74　两种角撑板的轮廓　　　　　　图 8-75　单击"倒角"按钮生成的角撑板

⑦厚度。确定角撑板厚度相对生成结构构件草图的位置，其下有 3 种不同类型供选择(内边、两边和外边)。选择不同的类型，生成角撑板厚度的位置将不同，如图 8-76 所示。

⑧角撑板厚度。通过输入值或单击上下微调按钮，来设置角撑板的厚度。

⑨位置。确定角撑板的位置，其下有 3 种不同类型供选择(轮廓定位于起点、轮廓定位于中点和轮廓定位于终点)。选择不同的类型，生成角撑板的位置将不同，如图 8-77 所示。

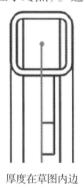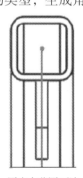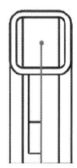

| 厚度在草图内边 | 厚度在草图两边 | 厚度在草图外边 |

图 8-76　3 种类型的厚度位置

⑩等距。勾选此复选框，将激活等距值，通过输入值或单击上下微调按钮，来设置等距的距离。

⑪反向等距方向。单击此按钮可以改变等距的方向。

(7)圆角焊缝

使用圆角焊缝特征工具可以在任何交叉的焊接件实体之间添加全长、间歇或交错圆角焊缝。用户可通过以下方式来执行【圆角焊缝】命令：

①在命令管理器的【焊件】工具栏上单击【圆角焊缝】按钮。

②在【焊件】工具条上单击【圆角焊缝】按钮。

③在菜单栏执行【插入】→【焊件】→【圆角焊缝】命令。

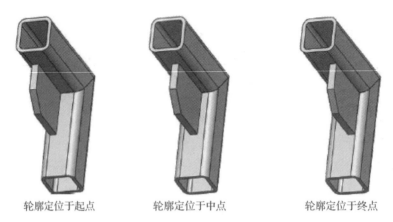

轮廓定位于起点　　　　　　轮廓定位于中点　　　　　　轮廓定位于终点

图 8-77　3 种角撑板的位置

执行【圆角焊缝】命令后，在焊接件上选择需要添加圆角焊缝的面，选好需要添加圆角焊缝的面后指针由 变为 ，在图形区显示圆角焊缝的预览，属性管理器中将显示【圆角焊缝】面板，如图 8-78 所示。

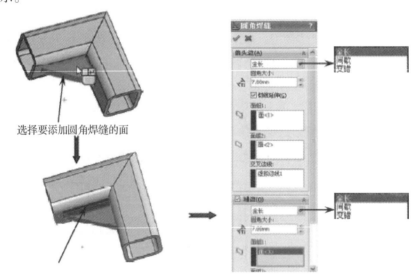

选择要添加圆角焊缝的面

图 8-78　"圆角焊缝"面板

【圆角焊缝】面板中各选项区的选项、按钮的含义如下：

①全长。整条焊缝完整焊接，如图 8-79(a)所示。

②间歇。焊缝的焊接点采取间隔焊接形式，在另一面的焊接点与箭头边的焊接点成对称形式，如图 8-79(b)所示。

③交错。焊缝的焊点采取间隔焊接形式，但在另一面上的焊点与箭头边的焊点呈交错形式，如图 8-79(c)所示。

④圆角大小 。圆角焊缝的长度。

⑤焊缝长度。每个焊缝段的长度，只用于"间歇"或"交错"类型。

⑥节距。每个焊缝起点之间的距离，只用于"间歇"或"交错"类型。

⑦切线延伸。勾选此复选框，切线将延伸，反之则不延伸。

⑧面组 1。在此列表中将显示选择好需要添加圆角焊缝的第一个面。

⑨面组 2。在此列表中将显示选择好需要添加圆角焊缝的第二个面。

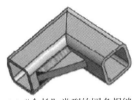 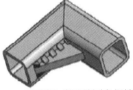 

(a) "全长" 类型的圆角焊缝　　(b) "间歇" 类型的圆角焊缝　　(c) "交错" 类型的圆角焊缝

图 8-79　三种不同类型的圆角焊缝

⑩交叉边线。面组 1 与面组 2 之间相交的边线。

注意：在选择面组 1 和面组 2 的时候，两个面不能在同一个实体上面，否则将无法选择。

8.2.4　焊件切割清单

切割清单类似于装配体的材料明细表，只不过是切割清单存在于多实体零件中。在切割清单中，焊件中相似的项目被分组到一个特殊的文件夹中，这个文件夹成为"切割清单项目。在进行焊件设计过程中，当第一个焊件特征插入到零件中时，实体文件夹重新命名为切割清单，以表示要包括在切割清单中的项目。

（1）更新切割清单

在焊件零件文档中的 FeatureManager 设计树中用鼠标右键单击"切割清单"，在弹出的快捷菜单中选择【更新】命令，如图 8-80 所示。

相同项目在【切割清单】项目子文件夹中列举在一起。切割清单的图标为 时，表示切割清单需要更新；切割清单的图标为 时，表示切割清单已经更新。

（2）排除特征至清单外

在设计过程中，如果要将焊件特征排除在切割清单之外，可以用鼠标右键单击焊件特征，在弹出的快捷菜单中选择【制作焊缝】命令，如图 8-81 所示。更新切割清单后，此焊件特征将被排斥在外。

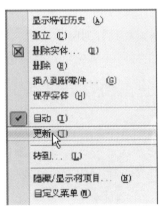 

图 8-80　新切割清单　　　　　图 8-81　择快捷菜单

（3）将焊件切割清单插入工程图

用户可通过在工程图文档中，执行【插入】→【表格】→【焊件切割清单】菜单命令，将焊件切割清单插入工程图。

执行【焊件切割清单】命令后，在系统的提示下，在图形区域选择一个工程图视图，弹出【焊件切割清单】面板，如图 8-82 所示。【焊件切割清单】面板中各选项区的选项、按钮的含义如下：

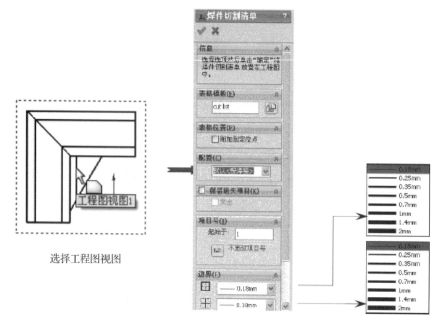

选择工程图视图

图 8-82   焊件"切割清单"面板

①表格模板。单击【浏览模板】按钮![icon]，选择"标准"或"自定义"模板，此选项只能在插入表格过程中才可以使用。

②表格位置。确定表格在工程图中的位置，其下包括恒定边角和附加到定位点，在"恒定边角"下有 4 种不同类型的选项，左上![icon]、右上![icon]、左下![icon]和右下![icon]。"附加到定位点"将指定的边角附加到表格的定位点，如果不勾选此复选框，可以在图形区域中单击来放置切割清单。

③保留遗失项目。如果切割清单项目在"切割清单"生成以后已从焊件中被删除，勾选【保留遗失项目】复选框可以将项目在表格中保持列举。如果遗失的项目被保留，选择"删除线"，用内画线格式为遗失的项目显示文字。

④起始于。切割清单以该文本框中显示的数字开始编号。

⑤不更改项目号。项目号被分类或重新组序时保留在其行列内。

⑥框边界![icon]。通过选择【边界厚度】下拉列表中的线厚来确定框边界线条的厚度。

⑦网络边界![icon]。通过选择【边界厚度】下拉列表中的线厚来确定网络边界线条的厚度。

⑧图层![icon]。在其下拉列表中将显示所有的图层。

（4）配置焊件切割清单

在焊件中有两种默认的配置：默认＜按加工＞和默认＜按焊接＞，"默认"为用户指定的名称。顶层为＜按加工＞配置，顶层异形为处于＜按焊接＞配置的派生状态。焊件切割清单常基于焊接状态配置。

（5）自定义焊件切割清单属性

用户在设计工程中可以自定义焊件切割清单属性，在 FeatureManager 设计树中用鼠标右键单击"焊件切割清单"，在弹出的快捷菜单中选择【属性】命令，如图 8-83 所示，将会弹出【切割清单属性】对话框，如图 8-84 所示。

在对话框中可以对其每一项内容进行自定义，定义后单击对话框中的【确定】按钮即可完成自定义。

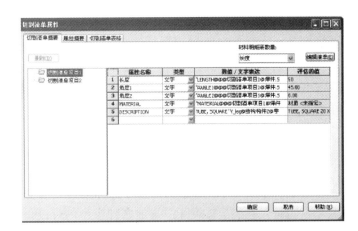

图 8-83　择"属性"命令　　　　　　　图 8-84　【切割清单属性】对话框

（6）焊件工程图

焊件的设计完成后，需要将其信息在工程图中表达出来，这样才能向工程技术人员传递具体的几何形状和尺寸信息，最终指导工人进行焊件的加工。用户可通过以下方式生成焊件工程图：

①单击【标准】工具栏中的【新建】按钮，在弹出的【新建 SolidWorks 文件】对话框中单击【工程图】按钮，进入工程图界面。

②在弹出的【模型视图】面板中，选择要生成工程图的焊件作为插入零件，如图 8-85 所示。选好焊件后单击【下一步】按钮，【模型视图】面板进入选择"视图"和"方向"界面，如图 8-86 所示，单击【确定】按钮。

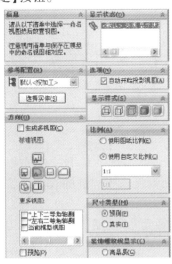

图 8-85　【模型视图】面板中选择焊件　　　图 8-86　工程图的方向及比例

（7）生成子焊件

生成子焊件是将复杂模型分段为更容易管理的实体。子焊件包括列举在切割清单文件夹中的任何实体，包括结构构件、顶端盖、角撑板、圆角焊缝，以及使用剪裁/延伸工具所剪裁的结构构件。用户可通过以下方式来生成子焊件：

①在焊件模型的 FeatureManager 设计树中，扩展切割清单文件夹。

②选择要包括在子焊件中的实体，可使用 Shift 键或 Ctrl 键批选。

③所选实体在图形区域中高亮显示。

④用鼠标右键单击实体，在弹出的快捷菜单中选择"生成子焊件"。

⑤包含所选实体的子焊件文件夹出现在切割清单文件夹下。

⑥用鼠标右键单击子焊件文件夹，在弹出的快捷菜单中选择"插入到新零件"。

⑦子焊件模型在新的 SolidWorks 窗口中打开，【另存为】对话框出现。

⑧接受或编辑文件名称，然后单击【保存】按钮。

⑨在焊件模型中所作的更改会扩展到子焊件模型中。

8.2.5 装配体中添加焊缝

前面介绍了多实体零件生成的焊件中圆角焊缝的创建方法，在使用关联设计进行装配体设计过程中，也可以在装配体焊件中添加多种类型的焊缝。本节将介绍在装配体的零件之间创建焊缝零部件和编辑焊缝零部件的方法，以及相关的焊缝形状、参数、标注等方面的知识。

（1）焊接类型

在 SolidWorks 装配体中，运用【焊缝】命令可以将多种焊接类型的焊缝零部件添加到装配体中，生成的焊缝术语装配特征，是关联装配体中生成的新装配体零部件。可以在零部件之间添加 ansi、iso 标准支持的焊接类型，常用的 iso 标准支持的焊接类型一共有 11 种（两凸缘 ⋀、I 形 ‖、V 形 ⋁、K 形 �V、V 形附根部 Ⴤ、K 形附根部 Ⅴ、U 形 ⋃、J 形 ⋃、背后焊接 ⌒、填角焊接 ◣、沿缝焊接 ⊜）。选择不同的焊接类型，生成的焊缝形状将不同，其各个类型的简图，如图 8-87 所示。

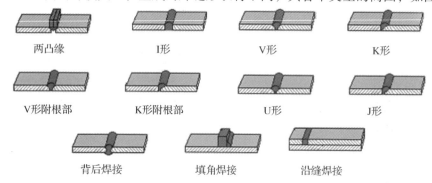

两凸缘　　　　　　　I形　　　　　　　　V形　　　　　　　　K形

V形附根部　　　　K形附根部　　　　　U形　　　　　　　　J形

背后焊接　　　　　填角焊接　　　　　沿缝焊接

图 8-87　11 种焊接类型

（2）焊缝的顶面高度和半径

当焊缝的表面形状凸起或凹陷时，必须指定顶面焊接高度。对于一些焊接类型，还要指定底面焊接高度。如果焊接的表面是平面，则没有表面高度。当焊缝的表面形状是圆弧形状时，不仅要指定顶面的高度，还要指定圆弧的半径。

对于凸起的焊接，顶面高度是指焊缝最高点与接触面之间的距离，如图 8-88（a）所示。

对于凹陷的焊接，顶面高度是指由顶面向下测量的距离，如图 8-88（b）所示。

对于圆弧形状的焊接，圆弧的半径即焊缝的半径，如图 8-88（c）所示。

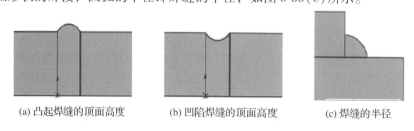

(a) 凸起焊缝的顶面高度　　　　(b) 凹陷焊缝的顶面高度　　　　(c) 焊缝的半径

图 8-88　焊缝的顶面高度和半径

（3）焊缝结合面

在 SolidWorks 装配体中，焊缝的结合面分为顶面、结束面和接触面。所有焊接类型都必须选择接触面，除此以外，某些焊件类型还需要选择顶面和结束面。针对不同的焊缝类型，需要选择不同的结合面类型，在【焊缝结合面】对话框中将会激活对应的"结合面"，并且在其右侧的信息列表中显示提示信息，如图 8-89 所示。

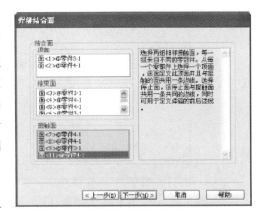

图 8-89　【焊缝结合面】对话框

【焊缝结合面】对话框中 3 种结合面的含义如下：

①顶面。指用来测量顶面焊接高度的面。在每个零部件上，选择与接触面共用一条边线的一个面。

②结束面。指定义焊缝开始与终止处的面。在每个零部件上，选择与接触面共用一条边线的两个面或两组相对的面作为结束面。

③接触面。指通过焊缝连接重组的面，即所要添加焊缝位置的面。在每个零部件可以选择一个面或一组相邻的面作为接触面。

（4）创建焊缝

在 SolidWorks 的装配体中，可以将多种焊接类型添加到装配体中，焊缝成为在关联装配体中生成的新装配体零部件，属于装配体特征。

用户可通过以下方式来创建焊缝：

①打开一个装配体文档，如图 8-90 所示。

②执行【插入】→【装配体特征】→【焊缝】菜单命令，弹出【焊缝类型】对话框，在【类型】列表框中选择"U 形"，显示所选类型的符号及简图，如图 8-91 所示。

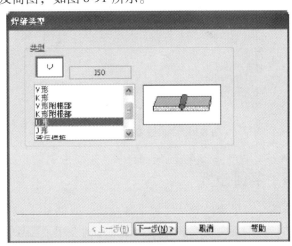

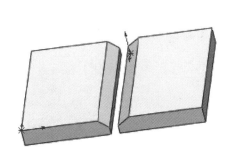

图 8-90　需要创建焊缝的装配体　　　　　图 8-91　【焊缝类型】对话框

③单击【下一步】按钮，弹出【焊缝表面】对话框，在【表面形状】列表中选择【凸面】选项，在"顶面焊接高度"栏中输入值"0.5"，如图 8-92 所示。

④单击【下一步】按钮，弹出【焊缝结合面】对话框，如图 8-93 所示，U9 形焊件类型需要选择所有的结合面，选择如图 8-94（a）所示的两个面为顶面，选择如图 8-94（b）所示的 4 个面为结束面，选择如图 8-94（c）所示的 4 个面为接触面。

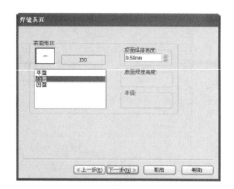

图 8-92 【焊缝表面】对话框　　　　图 8-93 【焊缝结合面】对话框

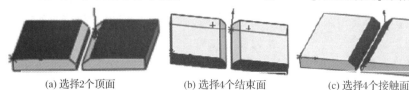

(a) 选择2个顶面　　　　(b) 选择4个结束面　　　　(c) 选择4个接触面

图 8-94　选项结合面

⑤单击【下一步】按钮，弹出【焊缝零件】对话框，如图 8-95 所示。单击【浏览】按钮，在弹出的【另存为】对话框中，选择需要保存文件的路径，输入一个新的文件名称，单击【保存】按钮，返回【焊缝零件】对话框，单击【完成】按钮，完成焊缝的创建，如图 8-96 所示。

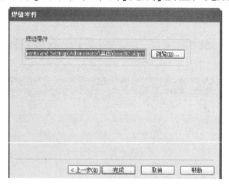

图 8-95　"焊缝零件"对话框

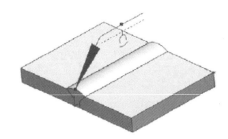

图 8-96　焊缝的创建

8.2.6　实例分析

前面介绍了焊件设计过程中各功能工具的基本应用，接下来以几个典型的案例来说明各焊件设计工具的应用及操作方法。

本节中介绍的凳子是一种日常用品，在家里都能看到各种各样的凳子。凳子的主要用途是供人们坐的。随着社会的进步，现实生活中的凳子已是千变万化了，本节将介绍一种最古老的、最简单的凳子，如图 8-97 所示。

操作步骤如下：

①打开本例练习模型，打开的练习模型中包括 2D 和 3D 草图。

②生成方形管结构构件。执行【插入】→【焊件】→【结构构件】菜单命令，或者单击【焊件】工具栏中的【结构构件】按钮，弹出

图 8-97　小方凳作品

【结构构件】面板。在【结构构件】面板中【标准】下拉列表中选择"iso"，在【类型】下拉列表中选择"方形管"，在【大小】下拉列表中选择"40×40×4"，在图形区域内选择草图线段为"组 1"的路径线段，如图 8-98(a)所示。单击【新组】按钮，增加"组 2"，在图形区域内选择草图线段为"组 2"的路径线段，如图 8-98(b)所示；单击【新组】按钮，增加"组 3"，在图形区域内选择草图线段为"组 3"的路径线段，如图 8-98(c)所示。勾选【应用边角处理】复选框，在其选项下单击【终端对接】按钮▛。最后单击【结构构件】面板中的【确定】按钮，生成"结构构件 1"特征，如图 8-99 所示。

(a) 选择"组1"路径线段　　　(b) 选择"组2"路径线段　　　(c) 选择"组3"路径线段

图 8-98　选择"结构构件 1"的路径线段

③生成管道结构构件。执行【插入】→【焊件】→【结构构件】菜单命令，或者单击【焊件】工具栏中的【结构构件】按钮▣，弹出【结构构件】面板。在【结构构件】面板中【标准】下拉列表中选择"iso"，在【类型】下拉列表中选择"管道"，在【大小】下拉列表中选择"33.7×4.0"，在图形区域内选择草图线段为"组 1"的路径线段，如图 8-100 所示。勾选【应用边角处理】复选框，在其选项下选择【水平轴】选项。最后单击【结构构件】面板中的【确定】按钮，生成"结构构件 2"特征，如图 8-101 所示。

 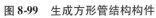  

图 8-99　生成方形管结构构件　　图 8-100　选择管道结构构件路径线段　　图 8-101　生成管道结构构件

④添加角撑板。执行【插入】→【焊件】→【角撑板】菜单命令，或者单击【焊件】工具栏中的【角撑板】按钮▤，弹出【角撑板】面板。在"结构构件 1"选择两个面作为"选择面"，如图 8-102 所示。单击【三角形轮廓】按钮，在"轮廓距离 1"和"轮廓距离 2"中分别输入值"100"，单击【倒角】按钮，在"倒角距离"中输入值"30"，在"厚度"区域中单击【两边】按钮◪，在"位置"区域中单击【轮廓定位于中点】按钮➡。最后单击【角撑板】面板中的【确定】按钮生成角撑板特征。用同样的方法生成"角撑板 2""角撑板 3"和"角撑板 4"，如图 8-103 所示。

图 8-102　选择角撑板的选择面　　　　　图 8-103　添加角撑板特征

⑤添加圆角焊缝。执行【插入】→【焊件】→【圆角焊缝】菜单命令，或者单击【焊件】工具栏中的【圆角焊缝】按钮🔲，弹出【圆角焊缝】面板。在【箭头边】下拉列表中选择"全长"，在"圆角大小"中输入值"10"，在结构构件上分别选择"面组1"和"面组2"，如图 8-104 所示。勾选【对边】复选框，在结构构件上分别选择"面组1"和"面组2"，如图 8-105 所示。

⑥单击"圆角焊缝"面板中的"确定"按钮生成"圆角焊缝1"特征。用同样的方法生成"圆角焊缝2""圆角焊缝3"和"圆角焊缝4"，如图 8-106 所示。

图 8-104　选择"箭头边"下的面组　　图 8-105　选择"对边"下的面组　　图 8-106　添加圆角焊缝特征

本章小结

在本章中，可以了解钣金零件的创建方法，要求能够熟练应用钣金特征创建钣金零件，通过实例详细了解钣金零件的设计过程。在以后的设计工作中，还要与实际生产加工方法相结合。本章还详细介绍了 SolidWorks 2010 的焊件模块的功能与焊件的基本步骤。内容包括结构构件、剪裁/延伸、顶端盖、角撑板、圆角焊缝。本章最后则以较为典型的焊件实例来说明如何利用焊件模块，让读者对本课程更容易掌握。

▶▶▶ 第9章　有限元结构分析

Simulation 插件为 SolidWorks 用户提供了易于使用的应力分析工具，可以在电脑中测试设计的合理性，无须进行昂贵而费时的现场测试，因此可以减少成本、缩短时间。Simulation 的向导界面引导完成 5 个步骤，用以制定材料、约束、载荷，并进行分析和查看结果。Simulation 支持对单实体的分析；对于多实体零件，可以一次分析一个实体；对于装配体，可以一次分析一个实体的物理模拟效应；曲面实体不受支持。本章介绍 Simulation 插件的应用，以便分析零件所受的应力，先概述有限元，再介绍 Simulation 插件的命令和一般操作步骤，最后结合实例分析。

⊙ 学习目标

了解有限元分析的概述。

掌握 SolidWorks Simulation 插件的命令。

熟练掌握有限元分析的操作步骤。

9.1　有限元结构分析概述

在现代先进制造领域中，我们经常会碰到的问题是计算和校验零部件的强度、刚度以及对机器整体或部件进行结构分析等。一般情况下，我们运用力学原理已经得到了它们的基本方程和边界条件，但是能用解析方法求解的只是少数方程，即性质比较简单、边界条件比较规则的问题。绝大多数工程技术问题很少有解析解。

处理这类问题通常有两种方法：一种是引入简化假设，使之达到能用解析解法求解的地步，求得在简化状态下的解析解，这种方法并不总是可行的，通常可能导致不正确的解答。另一种途径是保留问题的复杂性，利用数值计算的方法求得问题的近似数值解。

随着电子计算机的飞跃发展和广泛使用，已逐步趋向于采用数值方法来求解复杂的工程实际问题，而有限元法是这方面一个比较新颖并且十分有效的数值方法。

有限元是根据变分法原理来求解数学物理问题的一种数值计算方法。由于工程上的需要，特别是高速电子计算机的发展与应用，有限元法才在结构分析矩阵方法基础上，迅速地发展起来，并得到越来越广泛的应用。

有限元法所以能得到迅速的发展和广泛的应用，除了高速计算机的出现为其发展提供了充分有利的条件以外，还与有限元法本身所具有的优越性分不开，主要有以下几点：

①可完成一般力学中无法解决的对复杂结构的分析问题。

②引入边界条件的办法简单，为编辑通用化的程序带来了极大的简化。

③有限元不仅适应于复杂的几何形状和边界条件，而且能应用于复杂的材料性质问题。

它还成功地用来求解如热传导、流体力学以及电磁场、生物力学等领域的问题。它几乎适用于求解所有关于连续介质和场的问题。

有限元法的应用与电子计算机紧密相关，由于该方法采用矩阵形式表达，便于编制计算机程序，可以充分利用高速电子计算机所提供的方便。因而，有限元法已被公认为是工程分析的有效工具，受到普通的重视。随着机械产品日益向高速、高效、高精度和高度自动化技术方向发展，有限元法在现代先进制造技术中的作用和地位也越来越显著，它已经成为现代机械产品设计中的一种重要且必不可少的工具。

9.2 SolidWorks Simulation 插件

9.2.1 SolidWorks Simulation 插件的激活

SolidWorks Simulation 是 SolidWorks 组件中的一个插件，只有激活该插件后才可以使用，激活 SolidWorks Simulation 插件后，系统会增加用于结构分析的工具栏和下拉菜单。激活 Solid-Works Simulation 插件的操作步骤如下：

①选择命令。选择下拉菜单【工具】→【插件】命令，系统弹出图 9-1 所示的【插件】对话框。

②在【插件】对话框中选中 ☑ SOLIDWORKS Simulation ☑ < 1s ，如图 9-1 所示。

③单击【确定】按钮，完成 SolidWorks Simulation 插件的激活。

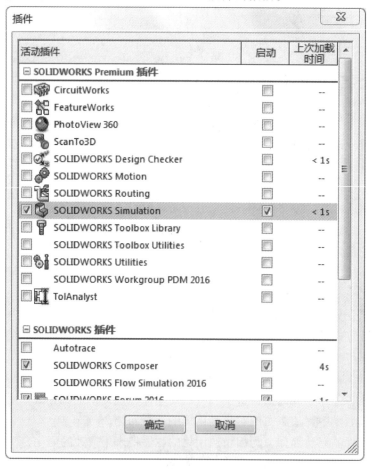

图 9-1 【插件】对话框

9.2.2　SolidWorks Simulation 工具栏命令介绍

工具栏中的命令按钮为快速进入命令及设置工作环境提供了极大的方便，使用工具栏的命令按钮能够高效地提高工作效率，用户也可以根据具体情况定制工具栏。

图 9-2　【Simulation】工具栏

图 9-2 所示的【Simulation】工具栏中按钮说明如下：

①新算例。单击该按钮，系统弹出【算例】对话框，用户可以定义一个新的算例。

②应用材料。单击该按钮，系统弹出【材料】对话框，用户可以给分析对象添加材料属性。

③生成网格。单击该按钮，系统为活动算例生成实体/壳体网格。

④运行。单击该按钮，系统为活动算例启动解算器。

⑤应用空间。单击该按钮，为所选实体定义网格控制。

⑥相触面组。单击该按钮，定义接触面组（面、边线、顶点）。

⑦跌落测试设置。单击该按钮，用户可以定义跌落测试设置。

⑧结果选项。单击该按钮，用户可以定义/编辑结果选项。

9.2.3　有限元分析一般过程

在 SolidWorks 中进行有限元分析的一般过程如下：

①新建一个集合模型文件或者直接打开一个现有的几何模型文件，作为有限元分析的几何对象。

②新建一个算例。选择下拉菜单【Simulation】→【算例】命令，新建一个算例。

③应用材料。选择下拉菜单【Simulation】→【材料】命令，给分析对象制定材料。

④添加边界条件。选择下拉菜单【Simulation】→【载荷/夹具】命令，给分析对象添加夹具和外部载荷条件。

⑤划分网格。选择下拉菜单【Simulation】→【网格】命令，系统自动划分网格。

⑥求解。在工具栏中选择【Simulation】→【运行此算例】命令，对有限元模型的计算工况进行求解。

⑦查看和评估结果。显示结果图解，对图解结果进行分析，评估设计是否符合要求。

9.2.4　有限元分析选项设置

在开始一个分析项目之前，应该对有限元分析环境进行预设置，包括单位、结果文件及数据库存放地址、默认图解显示方法、网格显示、报告格式以及各种图标颜色设置等。

选择下拉菜单【Simulation】→【选项】命令，系统弹出【系统选项 > 一般】对话框，在对画框中包括【系统选项】和【默认选项】两个选项卡，其中【系统选项】是针对所有算例的，可以对错误信息、网格颜色以及默认是数据库存放地址进行设置；【默认设置】是针对新建的算例，包括算例中的各种设置。

①选择下拉菜单【Simulation】→【选项】命令，系统弹出【系统选项 > 一般】对话框。

②在【系统选项 > 一般】对话框中单击【系统选项】选项卡，在左侧列表中选择【普通】选项，此时对话框如图 9-3 所示。

③在【系统选项＞一般】对话框中左侧列表中选择【默认库】选项，此时对话框如图 9-4 所示，可以设置数据库存放地址。

图 9-3 【系统选项＞一般】对话框

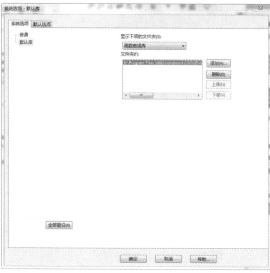

图 9-4 【系统选项－默认库】对话框

④在对话框中单击【默认选项】选项卡，在左侧列表中选择【单位】选项，此时对话框如图 9-5 所示。可以进行分析单位设置。

⑤在【默认选项】选项卡左侧列表中选择【载荷/夹具】选项，此时对话框如图 9-6 所示。可以设置载荷以及夹具符号大小和符号显示颜色。

图 9-5 【默认选项－单位】对话框

图 9-6 【默认选项－载荷/夹具】对话框

⑥在【默认选项】选项卡左侧列表中选择【网格】选项，此时对话框如图 9-7 所示。可以设置网格参数。

⑦在【默认选项】选项卡左侧列表中选择【结果】选项，此时对话框如图 9-8 所示。可以设置默认解算器以及分析结果文件存放地址。

图 9-7 【默认选项 – 网格】对话框

图 9-8 【默然选项 – 结果】对话框

⑧在【默认选项】选项卡左侧列表中选择【颜色图表】选项，此时对话框如图 9-9 所示。可以设置颜色图表显示的位置、宽度、数字格式以及其他默认选项。

⑨在【默认选项】选项卡左侧列表中选择【图解】选项，此时对话框如图 9-10 所示。可以设置各图解的结果类型以及结果分量。

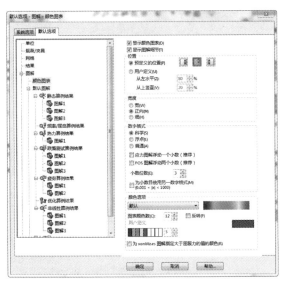

图 9-9 【默然选项 – 图解 – 颜色图表】对话框

图 9-10 【默然选项 – 图解 – 静态图解】对话框

⑩在【默然选项】选项卡左侧列表中选择【用户信息】选项，此时对话框如图 9-11 所示。可以设置用户基本信息，包括公司名称、公司标志以及作者名称。

⑪在【默认选项】选项卡左侧列表中选择【报告】选项，此时对话框如图 9-12 所示。可以设置分析报告格式。

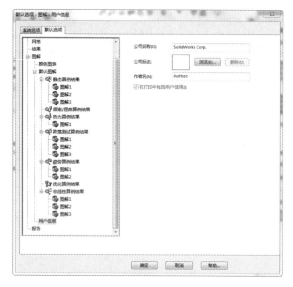

图 9-11 【默然选项 – 图解 – 用户信息】对话框

图 9-12 【报告】对话框

9.3 SolidWorks 零件有限元分析的一般过程

下面以图 9-13 所示的零件模型为例，介绍有限元分析的一般过程。

如图 9-13 所示是材料为合金钢的零件。在零件的上表面（面 1）上施加 800N 的力，零件侧面（面 2）是固定面。在这种情况下分析该零件的应力、应变及位移分布，分析零件在这种工况下是否会被破坏。

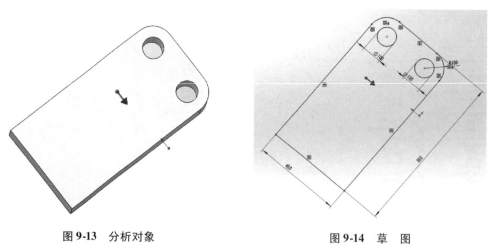

图 9-13 分析对象

图 9-14 草 图

9.3.1 建立模型，新建分析算例

①在 SolidWorks 软件中建立如图 9-14 所示的草图，拉伸高度为 100mm。

②新建一个算例。选择下拉菜单【Simulation】→【算例】命令，系统弹出图 9-15 所示的【算例】对话框。

③定义算例类型。采用系统默认的算例名称，在【算例】对话框的"类型"区域中单击【静应力分析】按钮 ，即新建一个静态分析算例。

注意：选择不同的算例类型，可以进行不同类型的有限元分析。

④单击对话框中的 ✔ 按钮，完成算例新建。

注意：新建一个分析算例后，在导航选项卡中模型下方会出现算例树，如图 9-16 所示。在有限元分析过程中，对分析参数以及分析对象的修改，都可以在算例树中进行，另外，分析结果的查看，也要在算例树中进行。

图 9-15 所示的【算例】对话框中"类型"区域各选项说明如下：

(静应力分析)：定义一个静态的分析算例。

(热力)：定义一个热力分析算例。

(频率)：定义一个频率分析算例。

(屈曲)：定义一个屈曲分析算例。

(跌落测试)：定义跌落测试分析算例。

(疲劳)：定义一个疲劳分析算例。

(压力容器设计)：定义一个压力容器分析算例。

(设计算例)：生成设计算例以优化或评估设计的特定情形。

(非线性)：定义一个非线性分析算例。

(线性动力)：定义一个线性动力的分析算例。

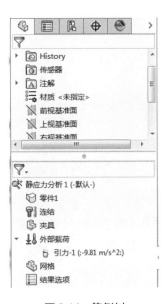

图 9-15 【算例】对话框   图 9-16 算例树

9.3.2　应用材料

①选择下拉菜单【Simulation】→【 材料(T) 】→【应用材料到所有】命令。系统弹出【材料】对话框。

②在对话框中的材料列表中依次单击【solidworks materials】→【钢】前的节点，然后在展开列表中选择【合金钢】材料。

③单击对话框中的 应用(A) 按钮，将材料应用到模型中。

④单击对话框中的 关闭(C) 按钮，关闭【材料】对话框。

注意：如果需要的材料在材料列表中没有提供，可以根据需要自定义材料，具体操作请参看本教材零件设计章节相关内容。

9.3.3　添加夹具

进行静态分析，模型必须添加合理约束，使之无法移动。在 SolidWorks 中提供了多种夹具来约束模型，夹具可以添加到模型的点、线和面上。

①选择下拉菜单【Simulation】→【载荷/夹具】→【夹具】命令。系统弹出图 9-17 所示的【夹具】对话框。

②定义夹具类型。在对话框中的" 标准(固定几何体) "区域下单击 按钮，即添加固定几何体约束。

③定义约束面。在图形区选取图 9-18 所示的模型表面为约束面，即将该面完全固定。

注意：添加夹具后，就完全限制了模型的空间运动，此模型在没有弹性变形的情况下是无法移动的。

④单击对话框中的 ✔ 按钮，完成夹具添加。

图 9-17 所示的【夹具】对话框(1)中各选项说明如下：

① 标准(固定几何体) 区域各选项说明：

（固定几何体）：也称为刚性支撑，即所有的平移和转动自由度均被限制，几何对象被完全固定。

（滚柱/滑杆）：使用该夹具使指定平面能够自由地在平面上移动，但不能在平面上进行垂直方向的移动。

（固定铰链）：使用铰链约束来指定只能绕轴运动的圆柱体，圆柱面的半径和长度在载荷下保持不变。

② 高级(使用参考几何体) 区域(图 9-19)各选项说明：

（对称）：该选项针对平面问题，它允许在平面内平位和绕平面法线的转动。

（圆周对称）：模型绕某一特定轴作圆周阵列，其中圆周阵列后得到模型的几何体约束和载荷条件与原模型相似。

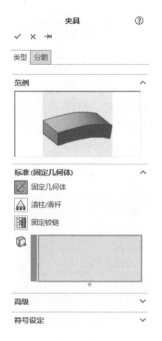

图 9-17　【夹具】对话框(1)

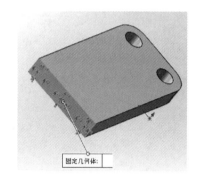

图 9-18　定义约束面

图 9-19　【夹具】对话框(2)

（使用参考几何体）：这个约束保证约束只在点、线或面设计方向上，而在其他方向上可以自由运动。可以指定所选择的基准平面、轴、边、面上的约束方向。

（在平面上）：通过对平面的 3 个主方向进行约束，可设定沿所选方向的边界约束条件。

（在圆柱面上）：与"在平面上"相似，但是圆柱面的 3 个主方向是在柱坐标系下定义的，该选项在允许圆柱面绕轴线旋转的情况下非常有用。

（在球面上）：与"在平面上"和"在圆柱面上"相似，但是球面的 3 个主方向是在球坐标系下定义的。

③" **平移** "区域(图 9-19)：主要用于设置远程载荷。

文本框：用于定义平移单位。

按钮：单击该按钮，可以设置沿基准面方向 1 的偏移距离。

按钮：单击该按钮，可以设置沿基准面方向 2 的偏移距离。

按钮：单击该按钮，可以设置垂直于基准面方向的偏移距离。

④" **符号设定** "区域：用于设置夹具符号的颜色和显示大小。

9.3.4 添加外部载荷

在模型中添加夹具后，必须向模型中添加外部载荷（或力）才能进行有限元分析。在 Solid-Works 中提供了多种外部载荷。外部载荷可以添加到模型的点、线和面上。

①选择下拉菜单【Simulation】→【载荷/夹具】→【力】命令。系统弹出图 9-20 所示的【力/扭矩】对话框。

②定义载荷面。在图形区选取图 9-21 所示的模型表面为载荷面。

图 9-20 【力/扭矩】对话框   图 9-21 定义载荷面

③定义力参数。在对话框的"力/扭矩"区域的 文本框中输入力的大小值为 800N，选中 单选项。其他选项采用系统默认设置值。

④单击对话框中的 ✔ 按钮，完成外部载荷力的添加。

图 9-20 所示的【力/扭矩】对话框中"力/扭矩"区域各选项说明如下：

（力）：单击该按钮，在模型中添加力。

（扭矩）：单击该按钮，在模型中添加扭矩。

【法向】单选项：选中该选项，使添加的载荷力与选定的面垂直。

【选定的方向】单选项：选中该选项。使添加的载荷力的方向沿着选定的方向。

下拉列表：用来定义力的单位制，包括以下 3 个选项：![SI]（公制）——国际单位制，![English (IPS)]（英制）——英寸镑秒单位制，![Metric (G)]（公制）——米制单位制。

【反向】单选项：选中该选项，使力的方向反向。

【按条目】单选项：选中该选项，如果添加的载荷力作用在多个面上，则每个面上的作用力 均为给定的力值。

【总数】单选项：选中该选项，如果添加的载荷力作用在多个面上。则每个面上的作用力总和为给定的力值。

在 SolidWorks 中提供了多种外部载荷。在算例树中右击  **外部载荷**，系统弹出图 9-22 所示的快捷菜单。在快捷菜单中选择一种载荷即可向模型中添加该载荷。图 9-22 所示的快捷菜单中各选项说明如下：

力：沿所选的参考面（边、面或轴线）所确定的方向，对一个平面、一条边或一个点施加力或力矩。注意只有在壳单元中才能施加力矩，壳单元的每个节点有 6 个自由度。可以承担力矩，而实体单元每个节点只有两个自由度，不能直接承担力矩，如果要使实体单元施加力矩，必须先将其转换成相应的分布力或远程载荷。

扭矩：适合于圆柱面。按照右手规则绕参考轴施加力矩，转轴必须在 SolidWorks 中定义。

压力：对一个面作用压力，可以是定向的或可变的，如水压。

引力：对零件或装配体指定线性加速度。

离心力：对零件或装配体指定角速度或加速度。

轴承载荷：在两个接触的圆柱面之间定义轴承载荷。

远程载荷/质量：通过连接的结果传递法向载荷。

分布质量：分布载荷就是施加到所选面，以模拟被压编（或不包含在模型中）的零件质量。

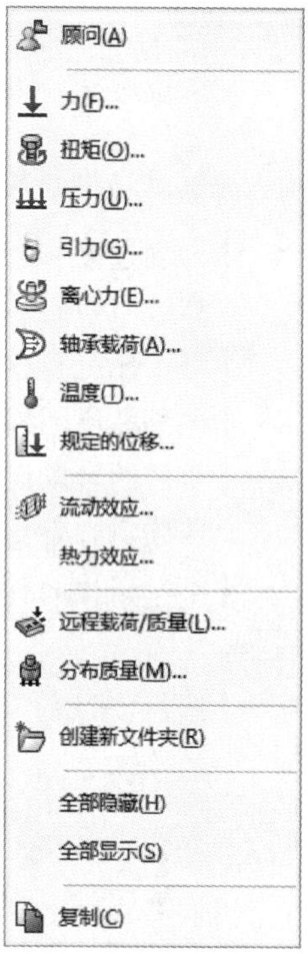

图 9-22 快捷菜单

9.3.5 生成网格

图 9-23 "网格"对话框

模型在开始分析之前的最后一步就是网格划分。模型将被自动划分成有限个单元。默认情况下，SolidWorks Simulation 采用等密度网格。网格单元大小和公差是系统基于 SolidWorks 模型的几何形状外形自动计算的。网格密度直接影响分析结果精度。单元越小。离散误差越低。但相应的网格划分和解算时间也越长。一般来说，在 Solid Works Simulation 分析中。公认的网格划分都可以使离散误差保持在可接受的范围之内，同时使网格划分和解算时间较短。

①选择下拉菜单【Simulation】→【网格】→【生成】命令，系统弹出图 9-23 所示的【网格】对话框，在对话框中采用系统默认参数设置值。

图 9-23 所示的【网格】对话框中各选项说明如下：

"网格密度"区域：主要用于粗略定义网格单元大小。

滑块：滑块越接近粗糙，网格单元越粗糙；滑块越接近良好，网格单元越精细。

重设 按钮：单击该按钮，网格参数回到默认值，重新设置网格参数。

"网格参数"区域：主要用于精确定义网格参数。

【标准网格】单选项：选中该单选项，用单元大小和公差来定义网格参数。

【基于曲率的网格】单选项：选中该单选项，使用曲率方式定义网格参数。

⬚ 文本框：用于定义网格单位制。

⬚ 文本框：用于定义网格单元整体尺寸大小，其下面的文本框用于定义单元公差值。

【自动过渡】复选框：选中此复选框，在几何模型锐边位置自动进行过渡。

"高级"区域：用于定义网格质量。

【雅可比点】文本框：用于定义雅可比值。

【草稿品质网格】复选框：选中此复选框，网格采用一阶单元，质量粗糙。

【实体的自动试验】复选框：选中此复选框，网格来用二阶单元，质量较高。

"选项"区域：用于网格的其他设置。

【不网格化而保存设置】复选框：选中此复选框，不进行网格划分，只保存网格划分参数设置。

【运行(求解)分析】复选框：选中此复选框。单击话框中的 ✔ 按钮后，系统即进行解析。

②单击对话框中的 ✔ 按钮，系统弹出图 9-24 所示的【网格进展】对话框。显示网格划分进展；完成网格划分，结果如图 9-25 所示。

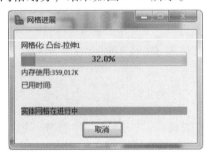

图 9-24 【网格进展】对话框

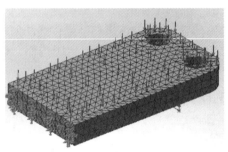

图 9-25 划分网格

9.3.6 运行算例

网格划分完成后就可以进行解算了。

①选择工具栏中【Simulation】→【运行此算例】命令。系统弹出图 9-26 所示的对话框，显示求解进程。

图 9-26 【求解】对话框

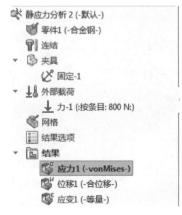

图 9-27 算例树

②求解结束之后，在算例树的结果下面生成应力、位移和应变图解，如图9-27所示。

9.3.7 结果查看与评估

求解完成后，就可以查看结果图解，并对结果进行评估。下面介绍结果的一些查看方法。

①在算例树中右击  **应力1 (-vonMises-)**。系统弹出图9-28所示的快捷菜单，在弹出的快捷菜单中选择【显示】命令，系统显示图9-29所示的应力（vonMises）图解。

注意：应力（vonMises）图解一般为默认显示图解，即解算结束之后显示出来的就是该图解了。所以，一般情况下该操作步骤可以省略。

注意：从结果图解中可以看出，在该种工况下，零件能够承受的最大应力为0.41MPa，而该种材料（前面定义的合金钢）的最大屈服应力为620MPa，即在该种工况下零件可以安全工作。

图9-28 快捷菜单

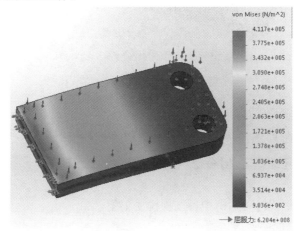

图9-29 应力（vonMises）图解

②在算例树中右击 位移1 (-合位移-)，在弹出的快捷菜单中选择【显示】命令，系统显示图9-30所示的位移（合位移）图解。

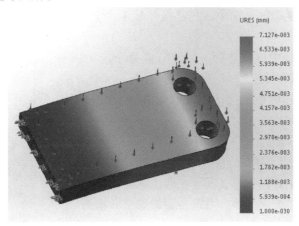

图9-30 位移（合位移）图解

注意：位移（合位移）图解反映零件在该种工况下发生变形的趋势，从图解中可以看出，在该种工况下，零件发生变形的最大位移是 0.007mm，变形位移是非常小的，这种变形在实际中也是观察不到的，在图解中看到的变形实际上是放大后的效果。

③在算例树中右击 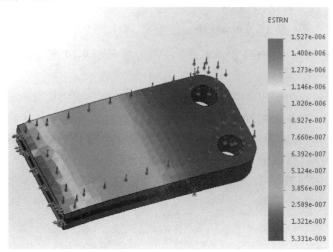 应变1 (-等量-)，在弹出的快捷菜单中选择【显示】命令，系统显示图 9-31 所示的应变(等量)图解。

图 9-31　应变(等量)图解

结果图解可以通过几种方法进行修改，以控制图解中的内容、单位、显示以及注解。在算例树中右击 应力1 (-vonMises-)，在弹出的快捷菜单中选择【编辑定义】命令。系统弹出图 9-32 所示的【应力图解】对话框。

图 9-32 所示的【应力图解】对话框中各选项说明如下。

"显示"区域主要选项说明：

下拉列表，用于拉制显示的分层。

下拉列表，用于定义单位。

"高级选项"区域主要选项说明：

【显示为张量图解】复选框，选中该复选框，显示主应力的大小和方向，如图 9-33 所示。

【波节值】单选项，选中该单选项，以波节值显示应力图解，此时应力图解看上去比较光顺。

【单元值】单选项，选中该单选项，以单元值显示应力图解，此时应力图解看上去比较粗糙。

注意：波节应力和单元应力一般是不同的数值，但是两者间的差异太大说明网格划分不够精细。

"变形形状"区域，主要用于定义图解变形比例。

【自动】单选项，选中该单选项，系统自动设置变形比例。

【真实比例】单选项，选中该单选项，图解采用真实比例变形。

图 9-32　【应力图解】对话框

【用户定义】单选项，选中该单选项，用户自定义变形比例，在  文本输入比例值。

在算例树中右击  **应力1 (-vonMises-)**，在弹出的快捷菜单中选择【图表选项】命令，系统显示图 9-34 所示的【图标选项】对话框。

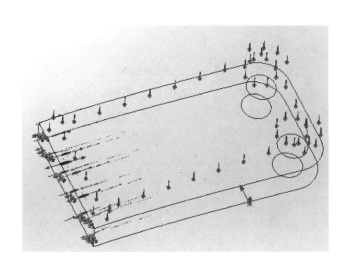

图 9-33　显示为张量图解

图 9-34　【图标选项】对话框

图 9-34 所示【图标选项】对话框中各选项说明如下：

图表选项 区域主要选项说明：

【显示最小注解】复选框，在模型中显示最小注解（图 9-35）。
【显示最大注解】复选框，在模型中显示最大注解（图 9-36）。

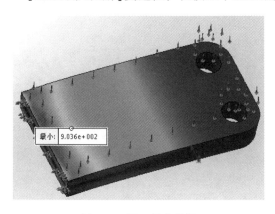

图 9-35　显示最小注解

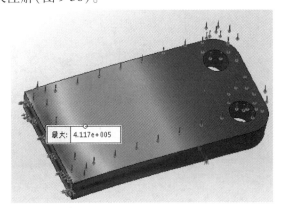

图 9-36　显示最大注解

【显示图解细节】复选框，显示图解细节，包括模型名称、算例名称、图解类型和变形比例（图9-37）。

【显示图例】复选框，显示图形（图9-38）。

【只在所示零件上显示最小/最大范围】单选项，选中该单选项，系统自动显示图例的最大值和最小值。在 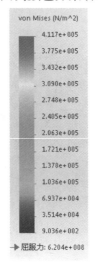 文本框中输入图例最大值，在 文本框中输入图例最小值。

"位置/格式"区域主要选项说明：

"预定义的位置"区域，用于定义显示图例的显示位置。

111.11 下拉列表，用于定义数位显示方式，包括科学、浮点和普通3种方式。

X.123 文本框，用于定义小数位数。

"颜色选项"区域，主要用于定义显示图例颜色方案（图9-39）。

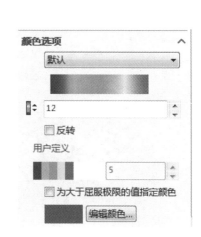

模型名称:零件1
算例名称:静应力分析 2(-默认-)
图解类型:静应力分析 节应力 应力1
变形比例:11962.5

图9-37　显示图解细节　　　　图9-38　显示图例　　　　图9-39　颜色选项区域

【默认】选项，采用默认颜色方案显示图例，一般情况下，解算后的显示均为默认颜色方案显示。

【彩虹】选项，采用彩虹颜色方案显示图形［图9-40（a）］。

【灰度级】选项，采用灰度颜色方案显示图例［图9-40（b）］。

【用户定义】选项：用户自定义颜色方案显示图例。

【反转】复选框，反转颜色显示。

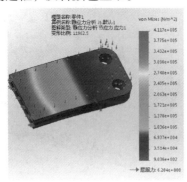
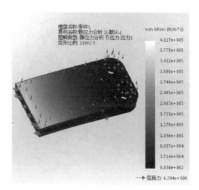

（a）彩虹颜色显示　　　　　　　　　（b）灰度级颜色显示

图9-40　颜色选项

在算例树中右击 <u>位移1 (-合位移-)</u>，在弹出的快捷菜单中选择【设定】命令，系统显示图 9-41 所示的【设定】对话框。

图 9-41 所示的【设定】对话框中各选项说明如下：

"边缘选项"区域：主要用于定义边缘显示样式。

【点】选项：边缘用连续点显示[图 9-42(a)]。

【直线】选项：边缘用曲线显示[图 9-42(b)]。

【离散】选项：边缘离散显示[图 9-42(c)]。

【连续】选项：边缘连续显示[图 9-42(d)]。

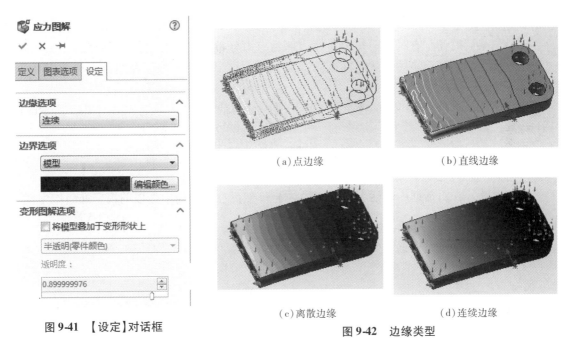

图 9-41　【设定】对话框

(a)点边缘　　　　(b)直线边缘

(c)离散边缘　　　　(d)连续边缘

图 9-42　边缘类型

"边界选项"区域：用于定义边界显示样式。

【无】选项：无边界显示[图 9-43(a)]。

【模型】选项：显示模型边界线[图 9-43(b)]。

【网格】选项：显示网格边线[图 9-43(c)]。

【编辑颜色】按钮：单击该按钮，编辑边界线颜色。

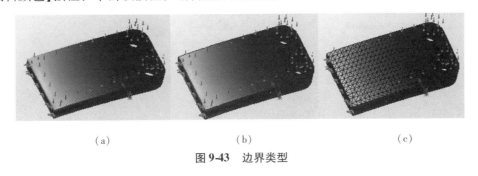

(a)　　　　　　　(b)　　　　　　　(c)

图 9-43　边界类型

"变形图解选项"区域：主要用于定义变形图解显示。

【将模型叠加于变形形状上】单选项：选中该单选项，原始模型显示在图解中(图 9-44)。

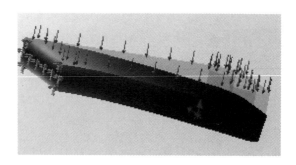

图 9-44　将模型叠加于变形形状上

9.3.8　其他结果图解显示工具及报告文件

（1）截面剪裁

在评估结果的时候，有时需要知道实体内部的应力分布情况。使用【截面剪裁】工具。可以定义一个截面去剖切模型实体。然后在剖切截面上显示结果图解。下面介绍截面剪裁工具的使用方法。

①选择下拉菜单【Simulation】→【结果工具】→【截面剪裁】命令。系统弹出图 9-45 所示的【截面】对话框。

②定义截面类型。在对话框中单击按钮 ，即设置一个平面截面。

③选取截面。在对话框中激活 后的文本框。然后在模型树中选取前视基准面作为截面。此时显示结果图解如图 9-46 所示。

注意：剪裁裁面可以根据需要最多添加 6 个截面。

图 9-45　【截图】对话框

图 9-46　图解结果显示

图 9-45 所示的【截面】对话框中各选项说明如下：

截面1 区域，用于定义截面类型和截面位置。

按钮，定义一个平面截面来剖切实体[图 9-47（a）]。

按钮，定义一个回柱面截面来剖切实体[图 9-47（b）]。

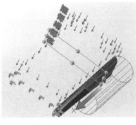
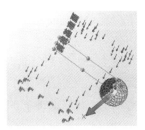

(a)平面截图   (b)圆柱截图   (c)球截面

图 9-47 截面类型

 按钮，定义一个球截面来剖切实体[图 9-47(c)]。

"选项"区域，用于定义剪裁截面显示方式。

 按钮，单击该按钮，系统图解显示多个截面交叉的部分[图 9-48(a)]。

按钮，单击该按钮。系统图解显示多个截面联合的部分[图 9-48(b)]。

【显示横截面】复选框，选中该复选框，显示横截面。

【只在截面上加图解】复选框，选中该复选框，只在界面上显示图解(图 9-49)。

【在模型的未切除部分显示轮廓】复选框，选中该复选框，在未剖切部分显示轮廓(图 9-50)。

按钮，界面显示开关。

重设 按钮，单击该按钮，重新设置截面。

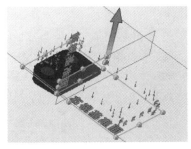
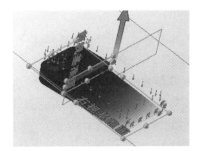

(a)交叉   (b)联合

图 9-48 截面显示方式

图 9-49 只在截面上加图解   **图 9-50 在模型的未切除部分显示轮廓**

(2)ISO 剪裁

在评估结果的时候。有时需要知道某一区间之间的图解显示。使用【ISO 剪裁】工具可以定义若干个等值区间，以查看该区间的图解显示。下面介绍 ISO 剪裁工具的使用方法。

①选择下拉菜单【Simulation】→【结果工具】→【ISO 剪裁】命令，系统弹出图 9-51 的【ISO 剪裁】对话框。

注意：在使用 ISO 剪裁工具时，应在应力显示的情况下进行。

②定义等值 1。在对话框中的【等值 1】文本框中输入数值 13000000。

③定义等值 2。在对话框中的【等值 2】文本框中输入数值 120000，图解结果如图 9-52 所示。

注意：ISO 剪裁等值可以根据需要最多添加 6 个等值。

图 9-51　【ISO 剪裁】对话框

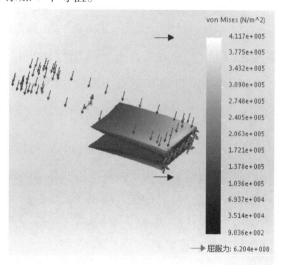

图 9-52　图解结果显示

（3）探测

在评估结果的时候，有时要知道实体上某一特定位置的参数值。使用【探测】工具可以探测某一位置上的应力值，还可以以表格或图解的形式显示图解参数值。下面介绍探测的使用方法。

①选择下拉菜单【Simulation】→【结果工具】→【探测】命令，系统弹出图 9-53 所示的【探测结果】对话框。

②定义探测类型。在【探测结果】对话框的"选项"区域选中【在位置】单选项。

③定义探测位置。在图 9-54 所示的模型位置单击。在对话框的"结果"区域显示探测结果，如图 9-54 所示。

④查看探测结果图表。在对话框的"报告选项"区域中单击【图解】按钮　，系统弹出图 9-55 所示的探测结果图表。

图 9-55 所示的【探测结果】对话框中各选项说明如下：

区域主要选项说明：

【在位置】单选项，选中该选项，选取特定的位置进行探测。

【从传感器】单选项，选中该选项，对传感器进行探测。

【在所选实体上】单选项，选中该选项，对所选择的点、线或面进行探测。选中该选项，然后选取图 9-56 所示的面为探测实体，单击时话框中的　更新　按钮，在"结果"区域显示该面上的探测结果，同时在对话框中的"摘要"区域显示主要参数值（图 9-57）。

图 9-53　【探测结果】对话框

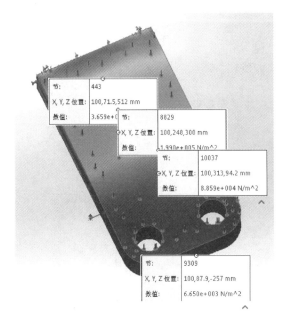

图 9-54　探测结果

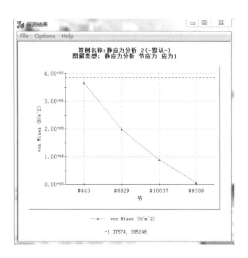

图 9-55　【探测结果】图表

选取此面为探测实体

图 9-56　定义探测实体

图 9-57　【探测结果】对话框

"报告选项"区域：用于保存探测结果文件。可以将结果保存为一个文件、图表或传感器。

（4）动画

在评估结果的时候。有时需要了解模型在工况下的动态应力分布情况，使用【动画】工具，可以观察应力动态变化并生成基于 Windows 的视频文件。下面介绍动画的操作方法：

①选择下拉菜单【Simulation】→【结果工具】→【动画】命令，系统弹出图 9-58 所示的【动画】对话框。

②在【动画】对话框的"基础"区域单击【停止】按钮 ■，在  文本框中输入画面数为"5"，然后展开"保存为 AVI 文件"区域，单击 选项... 按钮。系统弹出图 9-59 所示的【视频压缩】对话框。单击 确定 按钮，然后单击 ... 按钮，选择保存路径。单击【播放】按钮 ▶，观看动画效果。单击对话框中的 ✓ 按钮。

图 9-58 【动画】对话框　　　　　　　图 9-59 【视频压缩】对话框

（5）生成分析报告

在完成各项分析以及评估结束之后，一般需要生成一份完整的分析报告，以方便查阅、演示或存档。使用【报告】工具可以采用预先定义的报表样式生成 TML 或 WORD 格式的报告文件。下面介绍其操作方法。

①选择下拉菜单【Simulation】→【报告】命令，系统弹出图 9-60 所示的【报告选项】对话框。

②对话框中各项设置如图 9-60 所示。

③单击对话框中的 出版 按钮，系统弹出图 9-61 所示的【生成报表】对话框，显示报表生成进度。

④选择下拉菜单【文件】→【保存】命令，保存分析结果。

图 9-60 【报告选项】对话框　　　　　　图 9-61 【生成报表】对话框

本章小结

本章主要介绍了 Solidworks 软件中的 Simulation 有限元分析模块，该模块是对模型的零件进行应力分析，分析过程涉及五个操作过程，即制定材料、约束、载荷、分析和查看结果。结合零件模型进行案例分析，详述了有限元分析的整个过程和操作步骤，有利于读者较快掌握软件操作。

▶▶▶▶ 参考文献

［1］赵罘，杨晓晋，赵楠. SolidWorks 2016 机械设计从入门到精通［M］. 北京：人民邮电出版社，2016.

［2］商剑鹏. SolidWorks 2015 完全自学手册［M］. 北京：电子工业出版社，2016.

［3］CAD/CAM/CAE 技术联盟. SolidWorks 2014 中文版机械设计从入门到精通［M］. 北京：清华大学出版社，2016.

［4］张云杰，郝利剑. SolidWorks 2015 中文版基础培训教程［M］. 北京：清华大学出版社，2016.

［5］龙海. SolidWorks 2015 中文版新手从入门到精通［M］. 北京：机械工业出版社，2016.

［6］叶鹏，金国华，江思敏. SolidWorks 2014 机械设计基础与实例教程［M］. 北京：机械工业出版社，2016.

［7］詹迪维. SolidWorks 2015 机械设计教程［M］. 北京：机械工业出版社，2015.

［8］明振业. SolidWorks 2015 快速入门及应用技巧［M］. 北京：机械工业出版社，2015.

［9］丁源. SolidWorks 2015 中文版入门到精髓［M］. 北京：清华大学出版社，2015.

［10］魏峥，严纪兰，烟承梅. SolidWorks 应用与实训教程［M］. 北京：清华大学出版社，2015.

［11］湛迪强. SolidWorks 2015 快速入门、进阶与精通［M］. 北京：电子工业出版社，2015.

［12］王中行，孙志良. SolidWorks 2013 中文版机械设计案例实践［M］. 北京：清华大学出版社，2015.